全国水利水电高职教研会
中国高职教研会水利行业协作委员会　**规划推荐教材**

高职高专土建类专业系列教材

建筑识图与构造

主　编　吴伟民

U0238255

中国水利水电出版社
www.waterpub.com.cn

内 容 提 要

本书是全国高职高专土建类专业系列教材，是根据全国水利水电高职教研会制定的《建筑识图与构造》教学大纲，并结合高等职业教育的教学特点和专业需要进行设计和编写的。全书分2篇，第1篇为建筑识图，由建筑识图基础知识、建筑施工图、结构施工图、设备施工图、单层工业厂房施工图等章节组成；第2篇为房屋建筑构造，包括建筑构造概述、基础墙体与门窗构造、屋面楼板与地坪构造、建筑防水防潮构造、楼梯与电梯、建筑装修构造、工业建筑构造等内容。

本教材主要作为高等职业教育土建类专业的教学用书，也可作为岗位培训教材或供土建工程技术人员学习参考。

图书在版编目（CIP）数据

建筑识图与构造/吴伟民主编 . —北京：中国水利水电
出版社，2007（2015.1 重印）
（高职高专土建类专业系列教材）
ISBN 978 - 7 - 5084 - 4392 - 8

Ⅰ.建… Ⅱ.吴… Ⅲ.①建筑制图-识图法-高等学校：
技术学校-教材②建筑构造-高等学校：技术学校-教
材 Ⅳ.TU2

中国版本图书馆 CIP 数据核字（2007）第 020284 号

书　　名	高 职 高 专 土 建 类 专 业 系 列 教 材 全 国 水 利 水 电 高 职 教 研 会 中国高职教研会水利行业协作委员会　规划推荐教材 **建筑识图与构造**
作　　者	主编 吴伟民
出版发行	中国水利水电出版社 （北京市海淀区玉渊潭南路 1 号 D 座　100038） 网址：www. waterpub. com. cn E - mail：sales@waterpub. com. cn 电话：（010）68367658（发行部）
经　　售	北京科水图书销售中心（零售） 电话：（010）88383994、63202643、68545874 全国各地新华书店和相关出版物销售网点
排　　版	中国水利水电出版社微机排版中心
印　　刷	三河市鑫金马印装有限公司
规　　格	184mm×260mm　16 开本　18 印张　427 千字
版　　次	2007 年 3 月第 1 版　2015 年 1 月第 5 次印刷
印　　数	14001—17000 册
定　　价	**37.00 元**

凡购买我社图书，如有缺页、倒页、脱页的，本社发行部负责调换

高职高专土建类专业系列教材

编 审 委 员 会

主 任 孙五继

副主任 罗同颖 史康立 刘永庆 张 健 赵文军 陈送财

编 委（按姓氏笔画排序）

马建锋 王 安 王付全 王庆河 王启亮 王建伟

王培凤 邓启述 包永刚 田万涛 刘华平 汤能见

佟 颖 吴伟民 吴韵侠 张 迪 张小林 张建华

张思梅 张春娟 张晓战 张漂清 李 柯 汪文萍

周海滨 林 辉 侯才水 侯根然 南水仙 胡 凯

赵 喆 赵炳峰 钟汉华 凌卫宁 徐凤永 徐启杨

常红星 黄文彬 黄伟军 董 平 董千里 满广生

蓝善勇 靳祥升 颜志敏

秘书长 张 迪 韩月平

　　"建筑识图与构造"是高等职业教育土建类专业的一门必修课程，其主要任务在于阐述工业与民用建筑中房屋各组成部分的构造原理、构造方法以及建筑识图的基本知识和一般方法，并介绍建筑识图与房屋构造的现行行业规范和标准。

　　本教材是以 2004 年 11 月全国高职高专教育土建类专业教学指导委员会编写的"高等职业教育土建类专业教育标准和培养方案及主干课程教学大纲"、全国水利水电高职教研会制定的《建筑识图与构造》教学大纲为依据编写的。教材介绍了建筑识图的基本知识和全套建筑施工图的识读方法，对当前工业与民用建筑中房屋的构造组成、构造原理和构造方法进行了全面系统的阐述。本书在编写中，注意与相关学科基本理论和知识的联系，注意反映新技术、新材料、新工艺在生产中的运用，注意突出对解决工程实践问题的能力培养，力求做到层次分明、条理清晰、结构合理。

　　本教材由福建水利电力职业技术学院吴伟民任主编，黄河水利职业技术学院王付全任主审。全书由 2 篇共 12 章组成。绪论、第 2～7 章及第 12 章的第 4 节由吴伟民编写，第 1 章由华北水利水电学院水利职业学院卢德友编写，第 8 章、第 9 章由安徽水利水电职业技术学院艾思平编写，第 10 章、第 11 章由杨凌职业技术学院李俊华编写，第 12 章的第 1～3 节由四川水利水电职业技术学院李万渠编写。吴伟民承担了全书的统稿和校订工作。

　　本教材在编写中引用了大量的规范、专业文献和资料，恕未在书中一一注明。在此，对有关作者表示诚挚的谢意。

　　对书中存在的缺点和疏漏，恳请广大读者批评指正。

编者

2006 年 12 月

第2篇　房屋建筑构造

绪　　论

教学要求：

了解本课程的研究对象、任务、专业地位、作用，以及与其他课程的关系和学习方法等。

1. 本课程的研究对象和任务

建筑是艺术和技术的综合产物，它既表示营造活动，又代表这种活动的成果，即建筑设计和建筑施工的产品，通常称这种产品为建筑物或构筑物。现代建筑已逐渐发展成为集功能、技术、经济、艺术及环境等诸多科学为一体的，包含较高科技含量，与人们的生产、生活和日常活动紧密结合的工业产品。由于建筑的形式多样、构造复杂，很难用一般语言文字描述，需要用图示的方法才能形象、具体、简洁、完整地把建筑物的空间、形式、特征、构造等内容表达出来。

建筑领域所涵盖的专业很广，然而在这个领域中始终蕴涵着既能体现建筑价值的工程造价分析，又包含有保持建筑功能、延长工程寿命的维护管理。建筑工程造价分析和维护管理均是以施工图为依据进行的，只有看懂并熟悉施工图，才能准确地分析、计算、确定建筑工程造价；同时，也只有正确读懂施工图，才能了解和掌握房屋的构造组成、构造原理及构造方法，做好建筑的维护管理工作。由此可见，建筑识图与房屋构造不仅是建筑施工的基础，而且也是合理确定建筑价值和做好维护管理的重要依据。

《建筑识图与构造》包括建筑识图和房屋构造两部分内容。建筑识图部分共包括5章，系统地介绍了建筑识图的基础知识，如国家制图标准、投影原理以及如何建立空间模型；同时重点介绍了建筑工程图的成图原理和正确的识读方法，如建筑施工图的形成方法、反映的内容、节点详图的构造做法及材料的选用等，结构施工图的形成方法、构件的布置以及结构的细部要求等，设备施工图的形成方法和识读等。建筑构造是建筑设计的重要组成部分，也是建筑施工中必须给予重视的重要环节。因为建筑构造的好坏不仅影响建筑的质量，更主要的是直接影响到建筑的使用和建筑的价值，而且建筑构造也是建筑新技术、新工艺、新材料和新机具应用的具体体现。建筑构造部分共包括7章，详细介绍了民用建筑及工业建筑的构造原理和构造方法，从建筑物的整体构成到各个组成部分的细部做法。工业建筑重点是单层工业厂房的构造。

2. 本课程的专业地位和作用

《建筑识图与构造》是建筑工程经济与管理类专业领域中一门最基本的学科，具有承前启后的作用，只有了解房屋构造的基本原理，理解房屋各组成部分的要求，弄清各种不同构造的理论基础和材料的使用，并熟练地读懂施工图，才能准确地确定建筑工程造价和进行工程的维护管理，更好地为工程建设与管理服务。

3. 本课程与其他课程的关系及学习方法

《建筑识图与构造》是一门综合性和实用性很强的课程，它不如其他一些系统性较强的课程那么完整，初学时很可能会感到内容缺乏连续性，而且感觉前后不衔接。其实并非如此，要学好这门课需要有建筑材料的基本知识做基础，还需要学生具有一定的空间想象能力。就课程本身而言，建筑识图和房屋构造之间存在着密切的联系，两者前后呼应，识图是构造的基础，构造又为识图服务，从而为以后学习有关专业课程，如建筑工程计量与计价、工程造价与评估、建筑工程的维护与管理、建筑企业经济管理等课程打下基础。

本课程在学习的过程中应注意掌握知识之间的规律，并注意以下几点：

（1）从工程实例入手，结合施工图，切实掌握国家制图标准和规范，初步认识和正确识读施工图。

（2）牢固掌握房屋各组成部分的常用构造方法，通过对房屋各组成部分构造方法的理解和运用，再反馈到建筑识图中去，从而更加灵活及系统地掌握本课程的内容。

（3）紧密联系工程实践，经常参观已经建成和正在施工的房屋，在实践中印证学过的内容，以加深理解，对还没学过的内容建立感性认识。

（4）多想、多看、多绘，通过训练绘图技能，提高绘图和识读施工图的能力。

（5）经常阅读有关规范、图集等资料，了解房屋建筑发展的动态和趋势。

第 1 篇

建 筑 识 图

第1章 建筑识图基础知识

教学要求：

　　了解建筑制图标准和规范中的相关规定要求，重点掌握图样的内容、格式、基本画法、尺寸标注和常用图例。了解投影的基本知识，掌握正投影的基本规律和方法。重点放在三视图的三等关系，点、线、面的投影特征，基本体的投影特征，形体的截交线与相贯线，四坡同坡屋面和组合体的读图与画图。

1.1　建筑制图标准和规范

　　工程图样是工程界的技术语言。为了使这一语言具有通用性，工程图样必须统一标准，以便于识读与交流，从而保证制图质量，提高制图效率，使图面清晰、简明，符合设计、施工和存档的要求。国家对建筑工程图样的内容、格式和画法等颁布了统一规范，如《房屋建筑制图统一标准》（GB/T 50001—2001）、《总图制图标准》（GB/T 50103—2001）和《建筑制图标准》（GB/T 50104—2001）等。下面主要介绍图纸、基本画法、尺寸标注和常用图例等内容。

1.1.1　图幅与图框

　　1. 图幅

　　图幅即图纸的幅面大小。图纸幅面与图框尺寸，应符合表1.1的规定和图1.1的图纸格式。

表 1.1　　　　　　　　　　　　　幅面及图框尺寸　　　　　　　　　　　　　单位：mm

幅面代号 尺寸代号	A0	A1	A2	A3	A4
$B \times L$	841×1189	594×841	420×594	297×420	210×297
c		10			5
a			25		

　　图纸分横式与竖式，A0～A3图纸有横式和竖式两种格式，A4只有竖式一种格式。图纸的短边不能加长，长边可加长。

　　2. 图框

　　图框即图纸的边框。图框距图纸边距离见表1.1，图框线用粗实线绘制。

　　3. 标题栏

　　标题栏简称图标。常见图标分工程图标（图1.2）和校用图标（图1.3）。

　　校用标题栏内，图名用10号字，校名用7号字，其他用5号字。

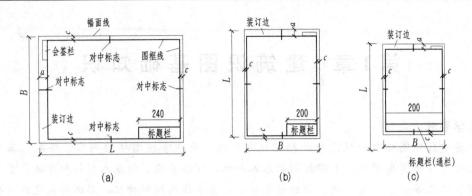

图 1.1　图纸格式

(a) A0～A3 横式幅面；(b) A0～A3 竖式幅面；(c) A4 幅面

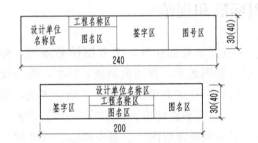

图 1.2　工程标题栏（尺寸单位：mm）

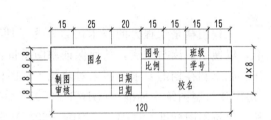

图 1.3　校用标题栏（尺寸单位：mm）

1.1.2　图线

1. 图线的种类

图线分实线、虚线、点划线、折断线和波浪线等。其中实线、虚线和点划线又分粗、中粗、细三种，折断线和波浪线均为细线。

各种图线的规格及用途见表1.2。

表 1.2　　　　　　　　　　　　　图线种类及用途

名　称		线　型	线宽	一　般　用　途
实线	粗		b	主要可见轮廓线
	中		$0.5b$	可见轮廓线
	细		$0.25b$	可见轮廓线、图例线
虚线	粗		b	见各有关专业制图标准
	中		$0.5b$	不可见轮廓线
	细		$0.25b$	不可见轮廓线、图例线
单点划线	粗		b	见各有关专业制图标准
	中		$0.5b$	见各有关专业制图标准
	细		$0.25b$	中心线、对称线等
双点划线	粗		b	见各有关专业制图标准
	中		$0.5b$	见各有关专业制图标准
	细		$0.25b$	假想轮廓线、成型前原始轮廓线
折断线			$0.25b$	断开界线
波浪线			$0.25b$	断开界线

图线宽度 b 取值为 2.0mm、1.4mm、1.0mm、0.7mm、5.0mm、0.35mm，线宽比分 b、$0.5b$、$0.25b$ 三种。线宽最小不能小于 0.18mm。同一张图纸内，相同比例的图样，应选用相同的线宽组。

绘图时，线宽一般取 0.7mm，标题栏外框线取 0.7mm，标题栏分格线、会签栏线取 0.35mm，A0、A1 图框线取 1.4mm，A2、A3、A4 图框线取 1.0mm。

2. 绘制图线应注意的事项

（1）相互平行的图线，其间隙不宜小于其中粗线宽度，且不宜小于 0.7mm。

（2）虚线、点划线的线段长度和间隙宜各自相等。

（3）点划线应以线段开始与线段结束。当图形较小，绘制有困难时，可用实线代替。

（4）点划线、虚线与实线、虚线、点划线相交时，应以线段相交；当虚线为实线的延长线时，不得与实线连接。

（5）图线不得与文字、数字或符号重叠、混淆，不可避免时，首先保证文字等的清晰。

1.1.3 字体

图纸上所需书写的文字、数字或符号等，均应笔画清晰、字体端正、排列整齐；标点符号应正确、清楚。

1. 汉字

工程图纸上的汉字一般采用长仿宋字。字高选用 3.5mm、5mm、7mm、10mm、14mm、20mm，按字高的 $\sqrt{2}$ 的比值递增。字高是字宽的 $\sqrt{2}$ 倍。

长仿字的书写要领是：横平竖直、起落有锋、结构均匀、充满方格。

见表 1.3 长仿宋字的书写示例。

表 1.3　　　　　　　　　　　　　长仿宋字的书写示例

笔划名称	笔　法	字　　例
点	⟍ ⟍ ⟋ ⟍ ⟋	热 爱 祖 国 社 会 主 义 学 习
横	一	工 程 技 术 正 投 影 地 下 室
竖	↓	材 料 技 术 计 划 构 件 概 述
撇	↲ ↰ 一	月 机 用 戈 方 东 应 利 价 称
捺	⟍ ⟍	术 木 林 森 求 是 建 延 造 速
挑	⟋	减 混 凝 浴 涂 浇 冻 地 埋 技
钩	↓ ↓ ⟍	利 刘 剂 民 心 乱 批 扎 指 泥
折	丁 乚 ㄅ	为 力 钢 团 断 局 写 改 与 屿

2. 数字与字母

数字书写要求整齐、清楚；字母分大小写。数字与字母有直书写和斜 75°书写两种形式，如图 1.4 数字与字母的书写示例。

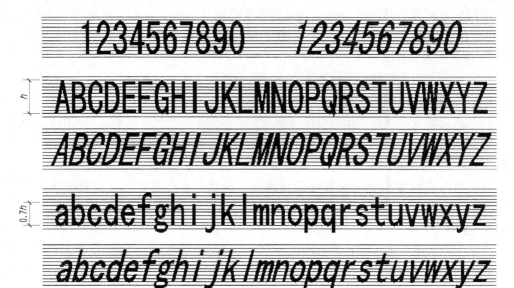

图 1.4　数字与字母的书写示例

1.1.4　比例

图样的比例是指图形与实物相对应的线性尺寸之比。比例的大小是指比值的大小。

比例应注写在图名的右侧，字的基准线应取平，比例的字高比图名字高小一号或二号。

绘图时所用比例，应根据图样的用途与被绘制对象的复杂程度从表 1.4 中选用，并优先选用表中常用比例。

表 1.4　　　　　　　　　　　　　　绘 图 所 用 的 比 例

常用比例	1:1　1:2　1:5　1:10　1:20　1:50　1:100　1:150　1:200　1:500　1:1000　1:2000 1:5000　1:10000　1:20000　1:50000　1:100000　1:200000
可用比例	1:3　1:4　1:6　1:15　1:25　1:30　1:40　1:60　1:80　1:250　1:300 1:400　1:600

一般情况下，一个图样应选一种比例。根据专业制图需要，同一图样可选两种比例。特殊情况下也可自选比例，此时除应注出绘图比例外，还应在适当位置绘出相应的比例尺。

按比例绘制的图形，必须按实际尺寸标注。

1.1.5　尺寸标注

1. 尺寸四要素

尺寸界线、尺寸线、尺寸起止符号和尺寸数字即为尺寸四要素，见图 1.5。

　　尺寸界线应用细实线绘制，一般应与被注长度垂直，其一端应离开图形轮廓线不小于2mm，另一端宜超出尺寸线2～3mm。图样轮廓线可做尺寸界线。

　　尺寸线应用细实线绘制，与被注长度平行。图样本身的任何线均不得作尺寸线。

　　尺寸起止符号一般用中粗斜短线绘制，其倾斜方向与尺寸界线成顺时针45°角，长度约为2～3mm。半径、直径、角度和弧长的起止符号用箭头，见图1.6。

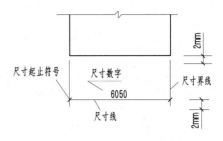

图1.5　尺寸的组成

　　2. 尺寸数字

　　图样上的尺寸，以尺寸数字为准，不得从图上直接量取。尺寸单位除标高及总平面图以米为单位外，其他均以毫米为单位。

　　尺寸数字的方向，应按图1.7（a）的规定注写。在30°斜线区域内，尺寸数字按图1.7（b）的形式注写。

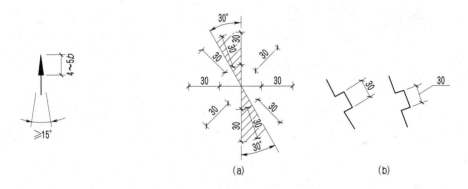

图1.6　箭头起止符号　　　　图1.7　尺寸数字的注写方向（尺寸单位：mm）

　　尺寸数字按其方向注写在靠近尺寸线的上方中部。如果没有足够的注写位置，最外的尺寸数字可注写在尺寸线的外侧，中间相邻的尺寸数字可错开注写，见图1.8。

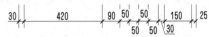

图1.8　尺寸数字的注写位置
（尺寸单位：mm）

　　3. 尺寸的排列与布置

　　尺寸应标注在图样轮廓线以外，不得与图线、文字及符号等相交；互相平行的尺寸线，应从被注写的图样轮廓线由近向远整齐排列，较小尺寸应离轮廓线较近，较大尺寸应离轮廓线较远；图样轮廓线以外的尺寸界线，距图样最外轮廓之间的距离，不宜小于10mm；平行排列的尺寸线的距离，宜为7～10mm，并保持一致；总尺寸的尺寸界线应靠近所指部位，中间的分尺寸的尺寸界线可稍短，但其长度应相等，如图1.9所示。

　　4. 半径、直径、球的尺寸标注

　　半径的尺寸线应一端从圆心开始，另一端画箭头指向圆弧，半径数字前应加注半径符号"R"；标注圆的直径尺寸时，尺寸线应通过圆心，两端画箭头指向圆弧，直径数字前应加直径符号"ϕ"，如图1.10所示。

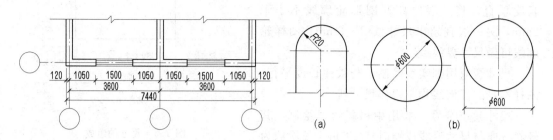

图1.9　尺寸的排列　　　　图1.10　半径、直径的标注（尺寸单位：mm）
（尺寸单位：mm）　　　　　　　（a）半径的标注；（b）直径的标注

较小圆弧的半径、较大圆弧的半径与较小圆的直径尺寸标注，见图1.11。

标注圆球的半径尺寸时应在尺寸前加注符号"SR"，标注圆球的直径尺寸时应在尺寸数字前加注符号"$S\Phi$"。注写方法与圆弧半径和圆直径的尺寸标注方法相同。

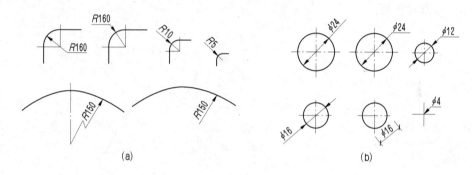

图1.11　小圆弧、大圆弧的半径与小圆的直径尺寸标注（尺寸单位：mm）
（a）小圆弧、大圆弧半径的标注；（b）小圆直径的标注

5. 角度、坡度的标注

角度的尺寸线以圆弧表示。该圆弧的圆心是该角的顶点，角的两条边为尺寸界线。起止符号以箭头表示，如果没有足够的位置画箭头，可用圆点代替。角度数值一律按水平书写，见图1.12。

坡度标注时，应加注坡度符号"　"，箭头指向下坡方向。坡度也可以用直角三角形形式标注，如图1.13所示。

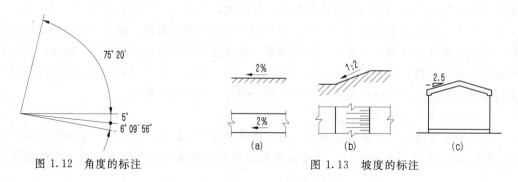

图1.12　角度的标注　　　　　　　　图1.13　坡度的标注

1.1.6 符号

1. 剖切符号

剖切符号由剖切位置线与投影方向线组成，均应以粗实线绘制。剖切位置线的长度为 6～10mm；投影方向线垂直剖切位置线，长度为 4～6mm。绘制时，剖切符号不得与其他图线相接触，如图 1.14 所示。

剖视剖切符号的编号采用阿拉伯数字，按顺序由左至右、由下至上连续编排，并注写在剖视方向线的端部。需要转折的剖切位置线，应在转角的外侧加注与该符号相同的编号。建（构）筑物剖面图的剖切符号注写±0.000 标高的平面图上。

断面的剖切符号只用剖切位置线表示，并以粗实线绘制，长度为 6～10mm，如图 1.15 所示。

断面剖切符号的编号采用阿拉伯数字，按顺序连续编排，并注写在剖切位置线的一侧；编号所在的一侧为该断面的剖视方向。

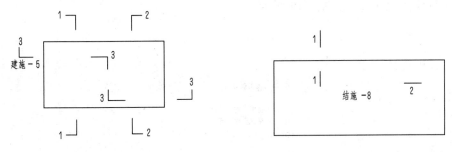

图 1.14 剖视的剖切符号　　　　图 1.15 断面的剖切符号

2. 索引符号与详图符号

（1）索引符号。图样中的某一局部或构件，如需另见详图，应以索引符号索引。索引符号是由直径为 10mm 的圆和水平直径组成，圆及水平直径均以细实线绘制，如图 1.16（a）所示。

索引符号应以下列规定编写：

索引出的详图，如与被索引的详图在同一张图纸内，应在索引符号的上半圆中用阿拉伯数字注明该详图的编号，并在下半圆中间画一段水平细实线，如图 1.16（b）所示。

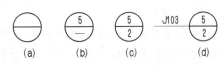

图 1.16 索引符号

索引出的详图，如与被索引的详图不在同一张图纸内，应在索引符号的上半圆中用阿拉伯数字注明该详图的编号，在索引符号的下半圆中用阿拉伯数字注明该详图所在图纸的编号，如图 1.16（c）所示。数字较多时，可加文字标注。

索引出的详图，如采用标准图，应在索引符号水平直径的延长线上加注该标准图册的编号，如图 1.16（d）所示。

索引符号用于索引剖视详图，应在被剖切的部位绘制剖切位置线，并以引出线引出索引符号，引出线所在的一侧应为投射方向，如图 1.17 所示。索引符号的编写同上述规定。

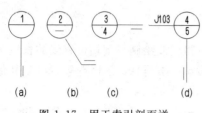

图 1.17 用于索引剖面详
图的索引符号

（2）详图符号。详图的位置和编号，应以详图符号表示。详图符号的圆用直径为 14mm 的粗实线绘制。详图应以下列规定编写：

详图与被索引的图样在同一张图纸内，应在详图符号内用阿拉伯数字注明详图的编号，如图 1.18（a）所示。

详图与被索引的图样不在同一张图纸内时，应用细实线在详图符号内画一水平线，在上半圆中注明该详图的编号，在下半圆中注明被索引的图纸编号，如图 1.18（b）所示。

3. 对称符号

对称符号由对称线和两端的两对平行线组成。对称线用细点画法绘制；平行线用细实线绘制，长度为 6～10mm，每对的间距为 2～3mm；对称线垂直平分于两对平行线，两端超出平行线 2～3mm，如图 1.19 所示。

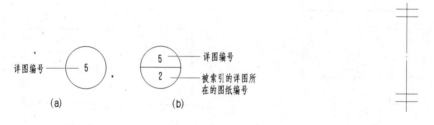

图 1.18 详图符号

图 1.19 对称符号

4. 指北针

指北针的形状如图 1.20 所示，其圆的直径为 24mm，用细实线绘制；指针尾部的宽度为 3mm，指针头部应注"北"或"N"字。需用较大直径绘指北针时，指北针尾部宽度为直径的 1/8，如图 1.20（a）所示。

5. 风玫瑰图

风玫瑰图是根据某一地区多年平均统计的各方向吹风次数的百分数值，按一定比例绘制在 8 或 16 个方位上所形成的闭合图形。风的吹向是指从外向内（中心）吹，实线表示全年风向频率，虚线表示夏季风向频率，如图 1.20（b）所示。各地区风向资料参阅《建筑设计资料集》。

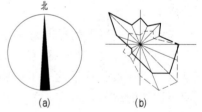

图 1.20 指北针与风玫瑰图

1.1.7 常用建筑材料图例

常用建筑图例应按表 1.5 画法绘制。

1.1.8 绘图的基本技能

1. 绘图工具

（1）铅笔。绘图铅笔根据硬度分 H 和 B 两类，标有 H、2H、…、6H 为硬铅笔，B、2B、…、6B 为软铅笔，HB 为中等硬度铅笔。字母前的数字越大表示越硬或越软。绘图

表 1.5　　　　　　　　　　　　　　**常用建筑材料图例**

序号	名　称	图　例	备　注
1	自然土壤		包括各种自然土壤
2	夯实土壤		
3	砂、灰土		靠近轮廓线绘较密的点
4	砂砾石、碎砖三合土		
5	石材		
6	毛石		
7	普通砖		包括实心砖、多孔砖、砌块等砌体；断面较窄不易绘出图例线时，可涂红
8	耐火砖		包括耐酸砖等砌块
9	空心砖		指非承重砖砌体
10	饰面砖		包括铺地砖、马赛克、陶瓷锦砖、人造大理石等
11	焦渣、矿渣		包括水泥、石灰等混合而成的材料
12	混凝土		1. 本图例指能承重的混凝土及钢筋混凝土； 2. 包括各种强度等级、骨料、添加剂的混凝土
13	钢筋混凝土		1. 在剖面图上画出钢筋时，不画图例线； 2. 断面图形小，不易画出图例线时，可涂黑
14	多孔材料		包括水泥珍珠岩、沥青珍珠岩、泡沫混凝土、非承重加气混凝土、软木、蛭石制品等
15	纤维材料		包括矿棉、岩棉、玻璃棉、麻丝、木丝板、纤维板等
16	泡沫塑料材料		包括聚苯乙烯、聚乙烯、聚氨酯等多孔聚合物类材料
17	木材		1. 上图为横断面，上左图为垫木、木砖或木龙骨； 2. 下图为纵断面

续表

序号	名 称	图 例	备 注
18	胶合板		应注明为×层胶合板
19	石膏板		包括圆孔、方孔石膏板、防水石膏板等
20	金属		1. 包括各种金属； 2. 图形小时，可涂黑
21	网状材料		1. 包括金属、塑料网状材料； 2. 应注明具体材料名称
22	液体		应注明具体液体名称
23	玻璃		包括平板玻璃、磨砂玻璃、夹丝玻璃、钢化玻璃、中空玻璃、加层玻璃、镀膜玻璃等
24	橡胶		
25	塑料		包括各种软、硬塑料及有机玻璃等
26	防水材料		构造层次多或比例大时，采用上面图例
27	粉刷		本图例采用较稀的点

注　图例中的斜线、短斜线、交叉短斜线等一律为45°。

时一般用 H、2H 铅笔画底图，HB、B 铅笔用于加深图线。铅笔应从无标志的一端削，铅笔削法见图 1.21。

（2）针管笔。用于描绘底图。使用方法同普通钢笔，但不能用于写字，分 0.1～1.2mm 等规格，用来绘制细、中粗、粗线，见图 1.22。

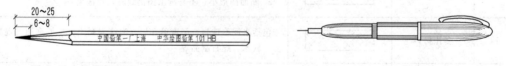

图 1.21　铅笔的削法（尺寸单位：mm）　　　　　图 1.22　针管笔

（3）圆规与分规。常用三件或四件套圆规，内装铅笔圆规、墨线圆规、分规及加长杆。圆规用于画圆，分规用于量距或等分线段，加长杆用于画大圆。

（4）图板。用于固定图纸。常用图板有 0 号（900×1200）、1 号（600×900）和 2 号（400×600）图板，根据需要选用。使用图板时要注意工作面与工作边，见图 1.23。

（5）丁字尺。由尺头和尺身组成的有机玻璃尺。有刻度的一边为工作边，用于画水平线，尺头部位与图板紧密配合，上下滑动，见图1.24。

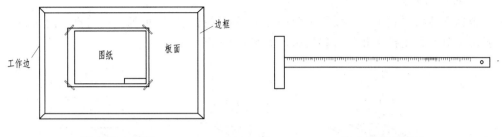

图1.23 图板 图1.24 丁字尺

（6）三角板。有两块，一块为45°直角三角板，另一块为30°、60°直角三角板。三角板可以画特殊角，如15°、30°、45°、60°、75°等，与丁字尺配合可以画垂线。

（7）其他工具。如小刀、橡皮、胶带纸等。

2. 常见绘图步骤

（1）选比例定图幅。

（2）固定图纸。用胶带纸将图纸的四角固定在图板上。

（3）画图框和标题栏。注意此时不要填写标题栏，以免图纸脏。

（4）布置图面。根据比例估计图形所占面积，按制图要求布置图面。

（5）画底图。先选基准，再画轮廓，最后画细部（用H或2H铅笔）。

（6）检查修改。

（7）加深图线。按先细线后粗线，先虚线后实线，先圆弧后直线的顺序加深图线，再加深尺寸线和注尺寸数字，最后注写文字与填写标题栏。

（8）描图。描图基本同加深图形。

1.2 投影的基本知识

1.2.1 投影的方法和分类

1. 投影法

光线照射物体，物体在地面或墙面上得到一片黑，称为影子。假定物体透明，光线照射物体，物体在落影面上得到物体的轮廓，这种方法称投影法。光线、物体和落影面（也称投影面），称为投影的三要素。投影面上的图形，叫投影图（也称视图），如图1.25

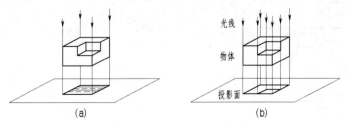

图1.25 影子与投影
（a）影子；（b）投影

所示。

2. 投影的分类

根据光线的形式不同，投影可分中心投影和平行投影；根据光线与投影面的关系，平行投影又分平行正投影和平行斜投影，如图 1.26 所示。

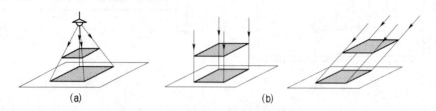

(a)　　　　　　　　　　(b)

图 1.26　中心投影与平行投影
(a) 中心投影；(b) 平行投影

1.2.2　三面视图与对应关系

1. 三面视图

物体在一个投影面上的投影，叫单面投影。但是，单面投影图常不能确定空间物体的形状。如图 1.27 所示，一个单面投影图有可能对应多个物体。

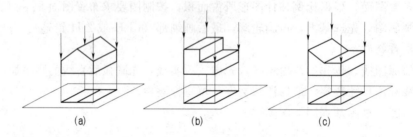

(a)　　　　　　(b)　　　　　　(c)

图 1.27　物体的单面投影

一般情况下，三面投影图可以确定物体的空间形状，如图 1.28 所示。

（1）三面投影体系。由正投影面（V 投影面）、水平投影面（H 投影面）、侧投影面（W 投影面）三个投影面，OX、OY、OZ 三个投影轴及坐标原点 O 组成。三个投影面之间、三个投影轴之间两两相互垂直，如图 1.29 所示。

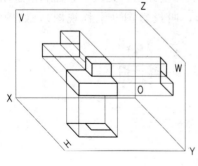

图 1.28　物体的三面投影图

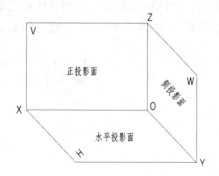

图 1.29　三面投影体系

（2）三面视图的形成。如图 1.28 所示，在三面投影体系中，对物体从上向下正投影，在 H 面上得到水平投影图，称俯视图；从前向后正投影，在 V 面上得到正投影图，称正视图；从左向右正投影，在 W 面上得到侧面投影图，称左视图。

（3）三面视图的展开。V 面不动，H 面向下转 90°，W 向后转 90°，使三面视图在一个平面上，如图 1.30 所示。

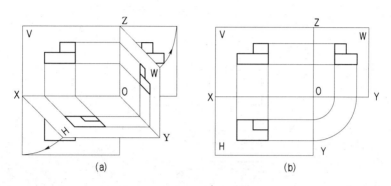

图 1.30　三面视图的展开

2. 三面视图的对应关系

物体左右方向的尺寸叫长，前后方向的尺寸叫宽，上下方向的尺寸叫高。

（1）三面视图的三等关系。如图 1.31（a）所示，正视图与俯视图长对正，正视图与左视图高平齐，俯视图与左视图宽相等，简称"长对正，高平齐，宽相等"。

（2）三面视图的方位关系。如图 1.31（b）所示，正视图反映物体的左、右、上、下方位，俯视图反映物体的左、右、前、后方位，左视图反映物体的前、后、上、下方位。因此，"正、左视图看上下；正、俯视图分左右；俯、左视图辨前后（远离正视图的为前，近离正视图的为后）。"

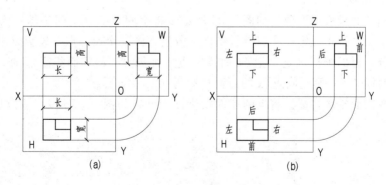

图 1.31　三面视图的对应关系

【例 1.1】　已知如图 1.32 所示的形体，作三视图。

作图过程如图 1.33 所示。

已知形体作三视图时，要注意宽相等的作法。

如图 1.33（c）所示，宽相等有三种做法：45°分角线法、45°斜线法和圆弧法。

图 1.32　已知形体

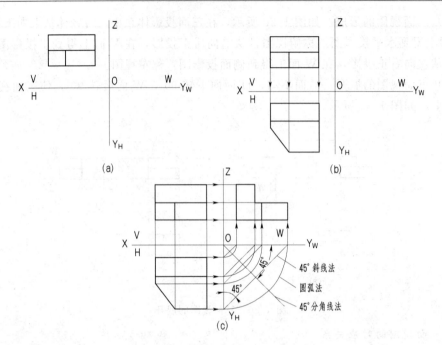

图 1.33　形体作三视图

(a) 根据尺寸作正视图；(b) 根据"长对正"作俯视图；
(c) 根据"高平齐，宽相等"作左视图

1.2.3　点、直线、平面的三面投影特征

点、线、面是构成形体的最基本的几何元素。因此，点、线、面的投影是绘制建筑工程图的基础。

1. 点的三面投影

(1) 点的三面投影的形成。如图 1.34 所示，将空间点 A（空间字母用大写字母）分别向三个投影面进行正投影，在三个投影面上分别得到三个投影点（投影点用小写字母）。为了便于区分，根据国标规定，把 H 面投影点不加撇"′"，V 面投影点加一撇"′"，W 面投影点加两撇"″"，则空间点 A 的三面投影为 a、a′、a″。

(2) 点的三面投影特征。将点的三面投影图展开，如图 1.35 所示，可以得到以下投影规律：

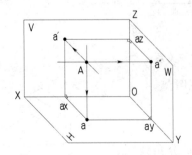

图 1.34　点的三面投影的形成

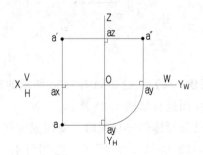

图 1.35　点的三面投影规律

1）点 A 的正面投影与水平面投影连线垂直于 OX 轴，即 a'a⊥OX。

2）点 A 的正面投影与侧面投影连线垂直于 OZ 轴，即 a'a''⊥OZ。

3）点 A 的水平投影距 OX 轴距离等于点 A 的侧面投影距 OZ 轴的距离，即 aax＝a''az。

（3）点的重影性。两点中，其中一点在另一点的正前、正上、正左时，两点发生重影。发生重影的点，须判别可见性。在正前、正上、正左的点可见，其他被挡的点不可见。不可见的点，在标记时用括号括住，如图 1.36 所示。

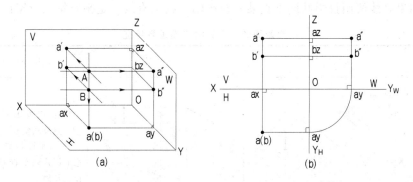

图 1.36 点的重影性

2．线的三面投影特征

直线的三面投影的求法：只要求出直线上任两点的同面投影，然后连线，即求出直线的三面投影。

直线相对投影面的位置有以下三种情况：

（1）一般位置直线。直线与三个投影面都倾斜，这种位置直线叫一般位置直线，如图 1.37 所示。一般位置直线的三面投影与三个投影轴都倾斜，三面投影的长度都比直线的实长短。

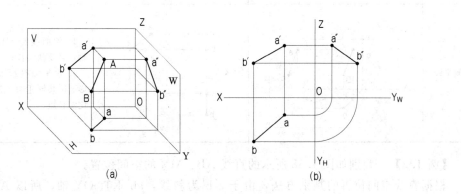

图 1.37 一般位置直线的投影

（2）投影面的平行线。直线与一个投影面平行，与另两个投影面都倾斜，这种位置的直线叫投影面的平行线。投影面平行线分三种：

1）平行 V 面，与 H、W 面都倾斜的直线，称正平行。

2）平行 H 面，与 V、W 面都倾斜的直线，称水平线。

3）平行 W 面，与 H、V 面都倾斜的直线，称侧平线。

投影面的平行线的三面投影特征，见表 1.6。

由表 1.6 可知投影面的平行线的投影特征：直线平行一个投影面，与之平行的投影面上的投影反映实长，另两投影面上的投影比实长短，且共同垂直某一投影轴。

由投影图判别投影面的平行线空间位置的方法：

1）只要直线一面投影为斜线（与投影轴倾斜），另一面投影与投影轴垂直，则该直线一定平行斜线所在投影面。

2）如果直线两面投影共同垂直某一投影轴，则该直线一定平行第三投影面。

表 1.6　　　　　　　　　　　　　投影面的平行线的三面投影特征

名称	立 体 图	投 影 图	投 影 特 征
正平线			1. 正面投影 a′b′倾斜投影轴，且反映实长； 2. 水平面投影 ab、侧面投影 a″b″共同垂直 OY 轴，且都比实长短
水平线			1. 水平面投影 ab 倾斜投影轴，且反映实长； 2. 正面投 a′b′、侧面投影 a″b″共同垂直 OZ 轴，且都比实长短
侧平线			1. 侧面投影 a″b″倾斜投影轴，且反映实长； 2. 水平面投影 ab、正面投影 a′b′共同垂直 OX 轴，且都比实长短

【例 1.2】　　判别如图 1.38 所示的直线 AB、MN 的空间位置。

根据直线空间位置的判别方法，由于 a′b′为斜线，ab 垂直 OY 轴，所以 AB 为正平线；由于 m′n′、m″n″共同垂直 OZ 投影轴，所以 MN 为水平线。

（3）投影面的垂直线。直线与一个投影面垂直，必定与另两个投影面都平行，这种位置的直线称投影面的垂直线。投影面垂直线分三种：

1）垂直 V 面，必定与 H、W 面都平行的直线，称正垂线。

2）垂直 H 面，必定与 V、W 面都平行的直线，称铅垂线。

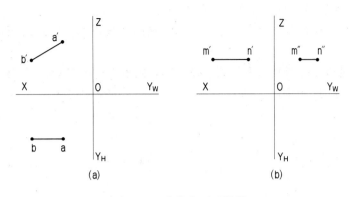

图 1.38　直线的两面投影

3）垂直 W 面，必定与 H、V 面都平行的直线，称侧垂线。

投影面的垂直线的三面投影特征见表 1.7。

表 1.7　　　　　　投影面的垂直线的三面投影特征

名称	立体图	投影图	投影特征
正垂线			1. 正面投影 a′（b′）积聚一点； 2. 水平面投影 ab、侧面投影 a″b″共同平行 OY 轴，且反映实长
铅垂线			1. 水平面投影 a（b）积聚一点； 2. 正面投影 a′b′、侧面投影 a″b″共同平行 OZ 轴，且反映实长
侧垂线			1. 侧面投影 b″（a″）积聚一点； 2. 水平面投影 ab、正面投影 a′b′共同平行 OX 轴，且反映实长

由表 1.7 可知，投影面的垂直线的投影特征：直线垂直一个投影面，与之垂直的投影面上的投影积聚为一点，另两投影面上的投影反映实长，且共同平行某一投影轴。

由投影图判别投影面的垂直线空间位置的方法：

1）只要直线一面投影积聚为一点，另一面投影与投影轴平行，则该直线一定垂直积聚点所在投影面。

2）如果直线两面投影共同平行某一投影轴，则该直线一定垂直第三投影面。

【**例 1.3**】　判别如图 1.39 所示的直线 AB、MN 的空间位置。

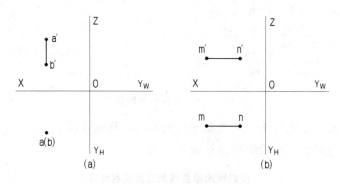

图 1.39　直线的两面投影

根据直线空间位置的判别方法，由于水平投影 a（b）积聚为一点，$a'b'$ 平行 OZ 轴，所以 AB 为铅垂线；由于 $m'n'$、$m''n''$ 共同平行 OX 投影轴，所以 MN 为侧垂线。

3. 平面的三面投影特征

平面的三面投影的求法：只要求出平面上任三点的同面投影，然后连线，即求出平面的三面投影。

平面相对投影面的位置分以下三种情况：

（1）一般位置平面。平面与三个投影面都倾斜，这种位置平面称为一般位置平面，如图 1.40 所示。一般位置平面的三面投影都为类似线框。

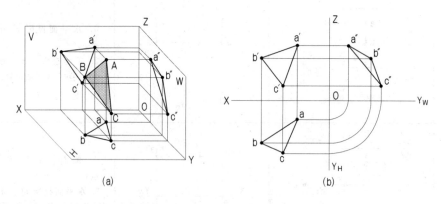

图 1.40　一般位置平面的投影

（2）投影面的平行面。平面与一个投影面平行，必定与另两个投影面都垂直，这种位置的平面叫投影面的平行面。投影面的平行面分三种：

1）平行 V 面，与 H、W 面都垂直的平面，称正平面。

2）平行 H 面，与 V、W 面都垂直的平面，称水平面。

3）平行 W 面，与 H、V 面都垂直的平面，称侧平面。

投影面的平行面的三面投影特征，见表 1.8。

由表 1.8 可知，投影面的平行面的投影特征：平面平行一个投影面，与之平行的投影面上的投影为反映实形的线框，另两投影面上的投影积聚为直线，且共同垂直某一投影轴。

表 1.8　　　　　　　　　　　　投影面的平行面的三面投影特征

名称	立 体 图	投 影 图	投 影 特 征
正平面			1. 正面投影 a'b'c' 为反映实形的线框； 2. 水平面投影 abc、侧面投影 a"b"c" 积聚为直线，且共同垂直 OY 轴
水平面			1. 水平面投影 abc 为反映实形的线框； 2. 正面投影 a'b'c'、侧面投影 a"b"c" 积聚为直线，且共同垂直 OZ 轴
侧平面			1. 侧面投影 a"b"c" 为反映实形的线框； 2. 水平面投影 abc、正面投影 a'b'c' 积聚为直线，且共同垂直 OX 轴

由投影图判别投影面的平行面空间位置的方法：

1）只要平面的一面投影为线框（且反映实形），另一面投影积聚为直线，且与投影轴垂直，则该平面一定平行线框所在投影面。

2）如果平面的两面投影都为直线，且共同垂直某一投影轴，则该平面一定平行第三投影面。

【例 1.4】　判别如图 1.41 所示的平面 ABC、MNP 的空间位置。

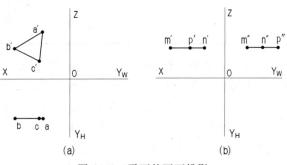

图 1.41　平面的两面投影

根据平面空间位置的判别方法，由于 a′b′c′ 为线框，abc 为直线，且垂直 OY 轴，所以 ABC 为正平面；由于 m′n′p′、m″n″p″ 都为直线，共同垂直 OZ 投影轴，所以 MNP 为水平面。

（3）投影面的垂直面。平面与一个投影面垂直，必须与另两个投影面都倾斜，这种位置的平面叫投影面的垂直面。投影面垂直面分三种：

1）垂直 V 面，必须与 H、W 面都倾斜的平面，称正垂面。

2）垂直 H 面，必须与 V、W 面都倾斜的平面，称铅垂面。

3）垂直 W 面，必须与 H、V 面都倾斜的平面，称侧垂面。

投影面的垂直面的三面投影特征，见表 1.9。

表 1.9　　　　　　　　　　投影面的垂直面的三面投影特征

名称	立 体 图	投 影 图	投 影 特 征
正垂面			1. 正面投影 a′b′c′ 积聚为与投影轴相倾斜的直线； 2. 水平面投影 abc、侧面投影 a″b″c″ 为类似线框
铅垂面			1. 水平面投影 abc 积聚为与投影轴相倾斜的直线； 2. 正面投影 a′b′c′、侧面投影 a″b″c″ 为类似线框
侧垂面			1. 侧面投影 a″b″c″ 积聚为与投影轴相倾斜的直线； 2. 水平面投影 abc、正面投影 a′b′c′ 为类似线框

由表 1.9 可知，投影面的垂直面的投影特征：平面垂直一个投影面，与之垂直的投影面上的投影积聚为一条与投影轴倾斜的直线，另两投影面上的投影为类似线框。

由投影图判别投影面的垂直面空间位置的方法：只要平面的一面投影积聚为直线，且该直线与投影轴倾斜，另一面投影为线框，则该平面一定垂直直线所在投影面。

【例 1.5】　判别如图 1.42 所示的平面 ABC 的空间位置。

根据平面空间位置的判别方法，由于 a′b′c′ 为积聚线，abc 为线框，所以 ABC 为正垂面。

注意：如果两面投影都为线框，不能直接确定它就是投影面的垂直面，它也可能是一般位置平面。因此，判别这类问题时要作出第三面投影。如果第三面投影是线框，则它为一般位置平面；如果第三面投影是积聚线，则它为投影面的垂直面。

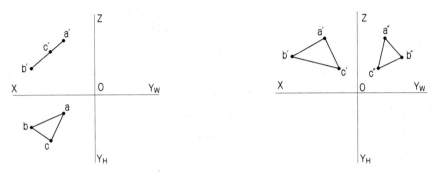

图 1.42　平面的两面投影　　　　　　　图 1.43　平面的两面投影

【例 1.6】　判别如图 1.43 所示的平面 ABC 的空间位置。

因为平面的两面投影都为线框，故不能直接确定它的空间位置。因此，需作出第三面投影。如图 1.44 所示，作出水平面投影，发现它的第三面投影为一条积聚线，因此，它为铅垂面。

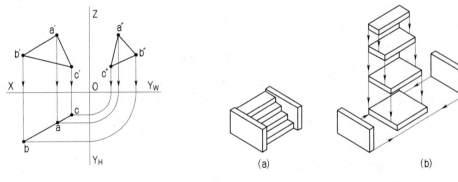

图 1.44　作第三面投影　　　　　　　　图 1.45　台阶

1.2.4　基本体的投影特征

在投影理论的研究中，只考虑空间物体的形状和大小，并把这样的空间物体称为形体。各种建筑物都是由不同形体组成。如图 1.45 所示台阶，由边墙与踏步组成。

根据组成形体的复杂程度，将形体分基本体、简单体和组合体。一般情况下，形体通过拆分，不可再分的形体，称为基本体。简单体是基本体通过简单的组合或切割而得到的形体。组合体是基本体通过一定方式的叠加或切割而成的比较复杂的形体。

一个形体无论有多么复杂，都可以将其拆分若干个基本形体。基本体根据其表面情况，分平面体和曲面体。

1. 平面体的投影特征

平面体表面由平面围成，因此平面体也叫棱面体。组成平面体的表面叫棱面，棱面的

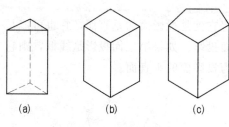

图 1.46 棱柱体

(a) 三棱柱；(b) 四棱柱；(c) 五棱柱

交线叫棱线。根据棱面的形状不同，棱面体又分棱柱、棱锥和棱台。

这里研究的平面体是规则的直棱体。所谓规则的直棱体，就是棱体的轴线与底面垂直，底面为正多边形。

（1）棱柱。棱柱由上下两底面和棱面组成。棱柱表面形状为矩形，底面为正多边形，棱面与底面垂直。根据底面多边形的边数不同，棱柱可分三棱柱、四棱柱、五棱柱……如图 1.46 所示。

下面以五棱柱为例，叙述棱柱的投影特征及画图方法。

选择五棱柱的底面与 H 面平行，其中后棱面与 V 面平行。如图 1.47（a）所示对五棱柱进行正投影，在三个投影面上得到五棱柱的三面投影图。

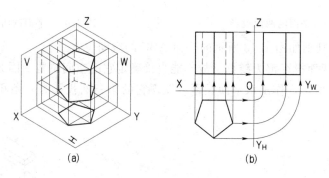

图 1.47 五棱柱的投影

由三面投影图可知，H 面上投影反映五棱柱底面正五边形；V 面投影为两个棱面的并列矩形，后面被挡的棱面不可见，不可见的线用虚线画出；W 面为两个棱面的矩形，右边的棱面被挡，正好与左边两棱面重合，后边的棱面积聚为一条直线。

五棱柱三视图的画图方法：

1）在俯视图中画底面正五边形。

2）量出五棱柱的高，根据长对正，画出正面视图中的矩形。

3）根据高平齐，宽相等，画出左视图，如图 1.47（b）所示。

由五棱柱的三视图可以归纳棱柱体的投影特征：一面投影为正多边形，另两面投影为矩形或并列的矩形。

（2）棱锥。棱锥由底面和棱面组成。棱锥表面形状为等腰三角形，底面为正多边形，锥顶距底面中心的高与底面垂直。根据底面多边形的边数不同，棱锥可分三棱锥、四棱锥、五棱锥……如图 1.48 所示。

下面以五棱锥为例，叙述棱锥的投影

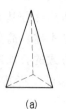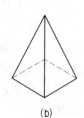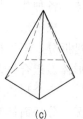

图 1.48 棱锥体

（a）三棱锥；（b）四棱锥；（c）五棱锥

特征及画图方法。

选择五棱锥的底面与 H 面平行，则五棱锥的高线与 H 面垂直，底面平行于 OX 轴。如图 1.49（a）所示对五棱锥进行正投影，在三个投影面上得到五棱锥的三面投影图。

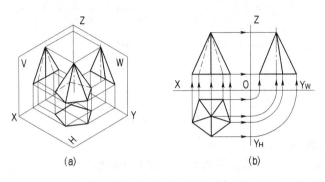

图 1.49　五棱锥的投影

由三面投影图可知，H 面上投影反映五棱锥底面正五边形，五边形内部为棱面的投影；V 面投影为两个棱面的并列三角形，后面被挡的棱面不可见，不可见的线用虚线画出；W 面为两个棱面的三角形，右边的棱面被挡，正好与左边两棱面重合，后边的棱面积聚为一条直线。

五棱锥三视图的画图方法：

1）在俯视图中画底面正五边形，找到五边形的中心，连接五条棱线。

2）量出五棱锥的高，找到五棱锥的顶点，根据长对正，画出正面视图中的三角形。

3）根据高平齐，宽相等，画出左视图，如图 1.49（b）所示。

由五棱柱的三视图可以归纳棱柱体的投影特征：一面投影为正多形，另两面投影为三角形，或并列的三角形。

（3）棱台。棱台由上下两底面和棱面组成。棱台表面形状为梯形，上、下底面为大小不等，形状相似的正多边形，上、下底面中心

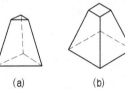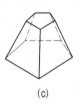

图 1.50　棱台体
(a) 三棱台；(b) 四棱台；(c) 五棱台

连线（高线）与底面垂直。根据底面多边形的边数不同，棱台可分三棱台、四棱台、五棱台……如图 1.50 所示。

下面以五棱台为例，叙述棱台的投影特征及画图方法。

选择五棱台的底面与 H 面平行，其中后棱面与 W 面垂直。如图 1.51（a）所示对五棱台进行正投影，在三个投影面上得到五棱台的三面投影图。

由三面投影图可知，H 面上投影反映五棱台上、下底面正五边形，两五边形之间连线为棱线；V 面投影为两个棱面的并列梯形，后面被挡的棱面不可见，不可见的线用虚线画出；W 面为两个棱面的梯形，右边的棱面被挡，正好与左边两棱面重合，后边的棱面积聚为一条直线。

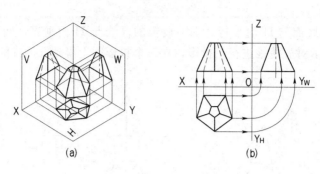

图 1.51 五棱台的投影

五棱台三视图的画图方法：

1）在俯视图中画上、下底面正五边形，连接五条棱线。

2）量出五棱台的高，根据长对正，画出正面视图中的梯形。

3）根据高平齐，宽相等，画出左视图，如图 1.51（b）所示。

由五棱台的三视图可以归纳棱台体的投影特征：一面投影为正多边形，另两面投影为梯形，或并列的梯形。

2. 曲面体的投影特征

曲面体是指母线绕轴线旋转一周，所得的封闭形体，如图 1.52 所示：

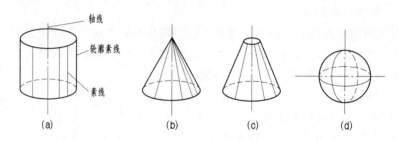

图 1.52 曲面体

(a) 圆柱；(b) 圆锥；(c) 圆台；(d) 圆球

当母线为直线且与轴线平行，母线绕轴线旋转一周所得曲面体为圆柱；

当母线为直线，且与轴线相交，母线绕轴线旋转一周所得曲面体为圆锥；

当母线为直线，且与轴线倾斜，但不相交，母线绕轴线旋转一周所得曲面体为圆台；

当母线为半圆弧，且与轴线相交，母线绕轴线旋转一周所得曲面体为圆球。

注意：圆台也可以理解为圆锥被一个与底面平行的平面相切而成。

名词：

1）轴线：母线旋转时所围绕的线。

2）母线：人们选定绕轴线旋转的线。

3）素线：母线旋转时任意停留的位置线。

4）轮廓线：形体最外素线，也叫最外轮廓线。

曲面体的投影特征见表 1.10。

表 1. 10　　　　　　　　　　　　**曲面体的投影特征**

种类	立 体 图	投 影 图	投 影 特 征
圆柱			1. H 面投影为圆； 2. 另两投影面上的投影为矩形
圆锥			1. H 面投影为圆； 2. 另两投影面上的投影为三角形
圆台			1. H 面投影为同心圆； 2. 另两投影面上的投影为梯形
圆球			圆球的三面投影都为圆

1. 2. 5　形体的截交线与相贯线

1. 形体的截交线

用一个截切平面切割形体，截切面与形体的表面交线称为截交线。如图 1. 53 所示为三棱锥被截切。形体被截切主要是求形体截切后的截交线。

名词：

1）截切面：截切形体的面。

2）截交线：截切面与形体的表面交线。

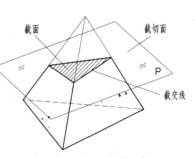

图 1. 53　平面截切立体

3）截面：形体截切后与截切面接触的面，也称断面或截断面。

截交线的特征：截交线是首尾相连的空间封闭线，具有封闭性；截交线是截切面与形体表面共有的线，具有公有性。

（1）平面体的截交线。平面体的截交线的求法：只要求出平面体的表面棱线与截切面的交点，然后把交点连接起来，即为平面体的截交线。

【例 1.7】　如图 1.54（a）所示，求三棱锥被截平面 PV 截切后的截交线。

由图 1.54（a）可知 PV 垂直 V 面，首先求出 PV 与棱线 SA、SB、SC 的 V 面交点 $1'$、$2'$、$3'$，根据长对正在 H 面上求出 SA、SB、SC 上的投影点 1、2、3，连接 1、2、3 即得三棱锥的截交线，如图 1.54（b）所示。

【例 1.8】　如图 1.55（a）所示，求三棱柱被截平面截切后 H、W 面的投影。

由图 1.55（a）可知三棱柱被三个截切面所截切。首先要找到三棱柱的棱线与三个截切面的交点及截面交点，然后再在 H、W 面上找出对应的截交点，最后连线。

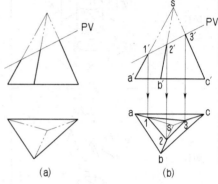

图 1.54　三棱锥的截切

作图步骤：

1）在 V 面上标出棱线与截切面的交点及截面交点。

2）根据长对正在 H 面上找出截交点对应的点。

3）根据高平齐和宽相等作出 W 面上的对应点。

4）连接截交点。

结果如图 1.55（b）所示。

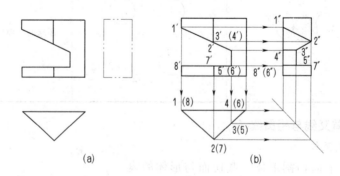

图 1.55　三棱柱被截切

（2）曲面体的截交线。不同的曲面体的截交线形状也不相同，这里介绍圆柱与圆锥两种情况。

1）圆柱：圆柱被截切有三种情况，如图 1.56 所示。

2）圆锥：圆锥被截切有五种情况，如图 1.57 所示。

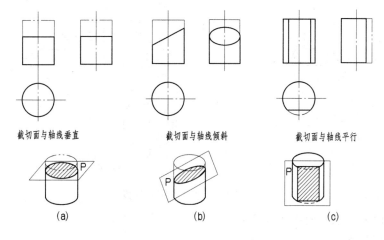

图 1.56　圆柱截切的三种情况
（a）圆；（b）椭圆；（c）矩形

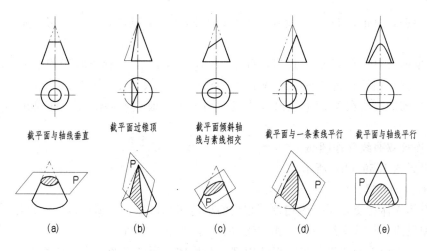

图 1.57　圆锥截切的五种情况
（a）圆；（b）三角形；（c）椭圆；（d）抛物线；（e）双曲线

曲面体的截交线的求法：首先求特殊点，一般情况下，极值点、拐点、转折点为特殊点，再求 2～3 个一般点，最后连线。

【例 1.9】　求如图 1.58（a）所示圆柱的 H、W 投影。作图过程略。

【例 1.10】　求如图 1.59（a）所示圆锥的 H、W 投影。

由图 1.59（a）可知圆锥被两截切面所截，一个是与轴线平行的截切面，另一个是与轴线垂直的截切面，两截切面相交。因此，该圆锥的截交线是一段双曲线与圆弧组成。

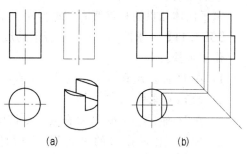

图 1.58　求带槽口的圆柱的投影

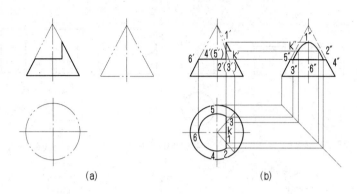

(a)   (b)

图 1.59　求截切后圆锥的投影

求作截交线时，注意双曲线的作图方法。

作图过程如下：

1）在 V 面标出截交线的特殊点 1′、2′、3′、4′、5′、6′，其中 2′、3′为转折点，其余为极值点。

2）根据长对正在 H 面上找到 6 点，以底圆圆心为圆心，圆心到 6 点长度为半径作圆弧。

3）根据长对正在 H 面上找到转折点 2、3，双曲线在 H 面上投影积聚为 23 线段。

4）根据宽相等、高平齐作出 W 面上特殊点 1″、2″、3″、4″、5″、6″。

5）用辅助线法在 V 面上找出双曲线上的一个一般点，如图 k′，同时求出 H、W 面上 k、k″点。

6）连接双曲线并作圆弧。

结果如图 1.59（b）所示。

2. 形体的相贯线

两形体立体相交，叫形体相贯。相贯的形体叫相贯体。立体相贯，相贯体表面产生交线，叫相贯线。与截交线一样，相贯线也有封闭性和公有性。

一形体表面上的线贯入另一形体内部，与形体表面产生的交点，叫相贯点。这里所说的相贯线是指相贯体表面的交线，贯入形体内部的线不表达，即相贯点之间的形体内部的线不表达。

（1）两平面体相贯。只要求出一平面体的表面棱线与另一平面体的表面的交点，即相贯点，然后连线。

求平面体相贯的相贯线有积聚性法、辅助线法与辅助平面法。

【例 1.11】　求图 1.60（a）所示的坡屋面与烟囱的表面交线。

作图步骤：

1）在 H 面过屋脊点与 1 点作 m1 直线，交前檐口线于 m 点。

2）过 m 点求作 m′点。

3）在 V 面上连接 m′与屋脊点，交烟囱线于 1′，1′即为烟囱与屋面的相贯点。

4）过 1′点作前檐口的平行线，交烟囱另一边线于 3′，即得烟囱前面与屋面的相贯线。

5）同理求出 $2'4'$。因 $2'4'$ 为烟囱后面与屋面的交线，不可见，所以为虚线。结果如图 1.60（b）所示。

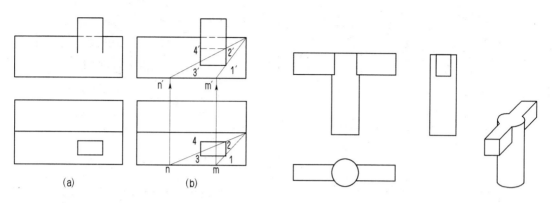

图 1.60 坡屋面与烟囱的交线　　　　图 1.61 四棱柱与圆柱相贯的相贯线

（2）平面体与曲面体相贯。需求出平面体的表面棱线与曲面体的表面交点，同时也要求出曲面体的轮廓线与平面体的表面交点。图 1.61 所示为四棱柱与圆柱相贯的相贯线。

（3）两曲面体相贯。曲面体相贯的情况比较复杂，这里只讲圆柱与圆柱相贯。圆柱与圆柱相贯，分等径相贯与不等径相贯。图 1.62 所示为圆柱与圆柱相贯的情况。

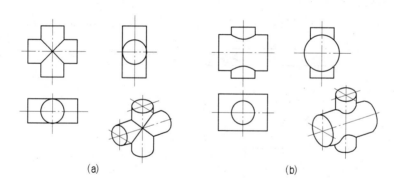

图 1.62 圆柱相贯
（a）圆柱等径相贯；（b）圆柱不等径相贯

1.2.6 同坡屋面

在房屋建筑中，坡屋面是常见的屋顶形式。如果同一屋顶上各个坡面与水平面的倾角相等，则称为同坡屋面。同坡屋面的交线是形体的截交线与相贯线的工程实例。

图 1.63 所示为同坡屋面的三种形式。

要注意同坡屋面中的几个名称，介绍如下。

1. 同坡屋面的投影

两坡同坡屋面的投影，如图 1.64 所示。

2. 歇山屋面的投影

歇山屋面的投影，如图 1.65 所示。

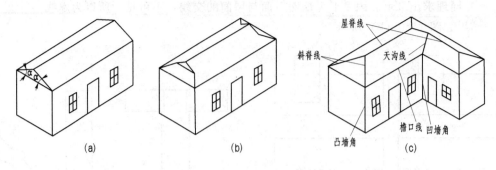

图 1.63　同坡屋面的三种形式

（a）两坡同坡屋面；（b）歇山屋面；（c）四坡同坡屋面

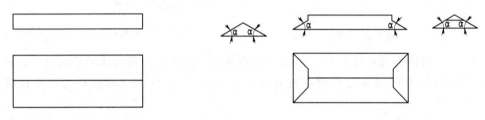

图 1.64　两坡同坡屋面的投影　　　　　　图 1.65　歇山屋面的投影

3. 四坡同坡屋面的投影

由图 1.63（c）四坡同坡屋面作出四坡同坡屋面的投影，如图 1.66 所示。

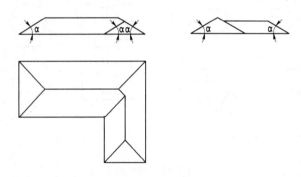

图 1.66　四坡同坡屋面的投影

四坡同坡屋面的特点与投影规律：

（1）当前后（或左右）檐口线平行且等高时，前后（或左右）坡面必相交成水平的屋脊线。屋脊线的水平投影，必平行于两檐口线的水平投影，且位于正中间（即平行等距）。

（2）当两檐口线相交时，该两坡面必交成倾斜的斜脊线或天沟线。其水平投影为两檐口线水平投影夹角的分角线。当两檐口线相交成直角时，其与檐口线的投影成 45°角（即角平分线）。

（3）屋顶上若有两条脊线（包括屋脊线、斜脊线和天沟线）相交于一点时，则必有第三条脊线通过该点。其水平投影一般为三线交于一点（即一点三线）。

作如图 1.67（a）所示为四坡同坡屋面投影。作图过程如下：

（1）分线框找房间。在 H 面上线框转折几次，就有几间房间，如图 1.67（b）所示。

（2）在两檐口线正中间作所有房间的屋脊线，如图 1.67（c）所示。

（3）过墙角画45°线，作斜脊线或天沟线，如图 1.67（d）所示。

（4）擦去同坡上脊线和辅助线，如图 1.67（e）所示。

（5）根据长对正，作 V 面脊线或脊点，如图 1.67（f）所示。

（6）根据高平齐，作 W 面脊线或脊点，如图 1.67（g）所示。

结果如图 1.66 所示。

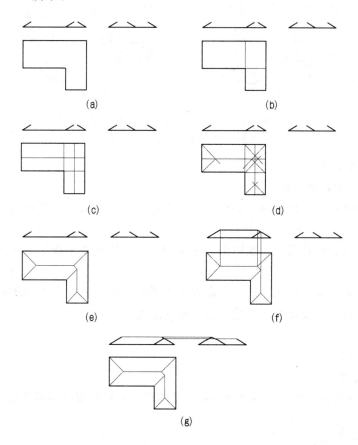

图 1.67　四坡同坡屋面投影的作图过程

1.2.7　组合体三视图

1. 组合体的分类

组合体按其组合形式常分叠加、切割和混合三种类型，如图 1.68 所示为组合体的组合形式。

组合体中的各基本几何体表面之间有平齐、不平齐、相切和相交四种表现形式，如图 1.69 所示。

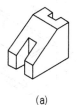

（a）　　　　　　（b）　　　　　　（c）

图 1.68　组合体的组合形式

（a）切割；（b）叠加；（c）混合

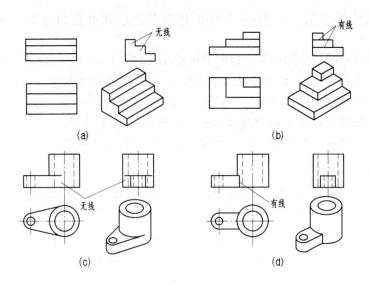

图 1.69 基本几何体表面之间的关系
(a) 平齐；(b) 不平齐；(c) 相切；(d) 相交

2. 组合体的画图

（1）组合体的画图步骤。

1）对组合体进行形体分析：分析组合体由哪几部分组成，以及他们之间的相对位置及组合方式。

2）选择主视方向：常把正视图作为主视图，以最能反映组合体形状特征的投影作为主视图。

3）布置图面：布图要求匀称，并合理利用图纸，视图之间有足够的空间标注尺寸。

4）画组合体的主要轴线、对称中心线和基准线。

5）画底图。

6）检查、修改。

7）加深底图。

（2）形体分析法。将组合体分解成若干基本形体，然后对基本形体进行分析，这种方

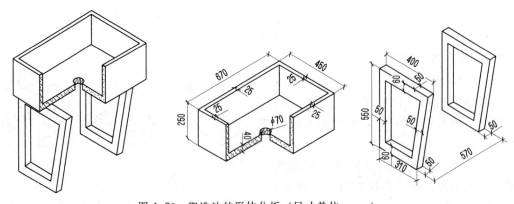

图 1.70 盥洗池的形体分析（尺寸单位：mm）

法叫形体分析法。对于叠加体来说，按照堆砌或拼合形体的方法，逆过程拆分组合体；对切割体来说，首先将切割体恢复为一个方箱，按照切割顺序，一步步切割；对混合体来说，结合上述两种方法综合运用。

如图 1.70（a）所示，将盥洗池可以拆分为水槽和支架两部分。对水槽和支架分别分析各自形状，然后按照先支架后水槽的顺序画出主视图，最后画出俯视图与左视图。

作图过程及结果，如图 1.71 所示。

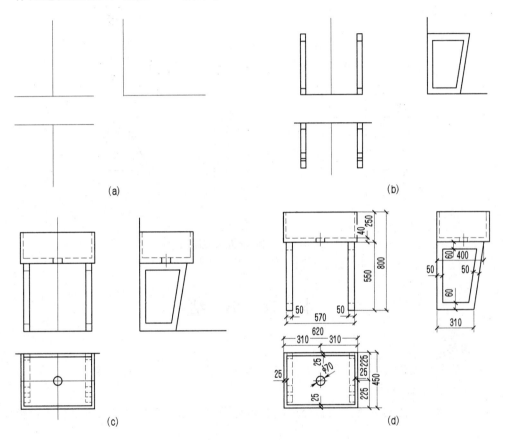

图 1.71 盥洗池的投影作图（尺寸单位：mm）
(a) 画作图基准；(b) 画支架；(c) 画水槽；(d) 检查、修改并加深

3. 组合体的读图

组合体的读图方法有形体分析法和线面分析法。

（1）形体分析法。形体分析法常适用于叠加形体。其基本思路是：首先从能反映形体特征的视图入手，分解成若干个线框，针对每一个线框找另两视图。根据"三等"关系，想象每一线框所对应的基本形体的形状，最后综合想象出整体形状。

如图 1.72 所示，已知涵洞的三视图，综合想象涵洞的形状。

（2）线面分析法。分析视图中的点、线及线框所代表的意义，根据点、线、面的投影特征分析视图表达的形体形状。如图 1.73 所示为线面分析法读图。

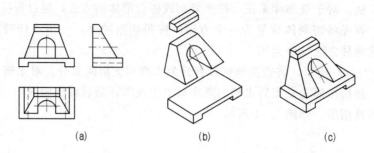

图 1.72 涵洞三视图的读图

(a) 涵洞三视图；(b) 形体分析；(c) 综合整体

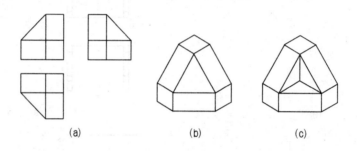

图 1.73 线面分析法的读图

(a) 形体的三视图；(b)、(c) 形体分析

本 章 小 结

1. 国标

主要掌握：图幅与图框、图线、文字、比例、尺寸标注、图例和符号。

2. 投影的基本知识

（1）投影的方法与分类。投影分中心投影与平行投影，平行投影又分平行正投影和平行斜投影。

（2）三面视图与对应关系。

1）三等关系：长对正，宽相等，高平齐。

2）对应关系：正、左视图看上、下，正、俯视图分左、右，俯、左视图远正是前，近正是后。

（3）点、线、面的投影特征。

1）点的三面投影特征：H 面投影不带撇，V 面投影带一撇，W 面投影带两撇。

2）直线的投影特征：投影面的垂直线，一点对着两直线；投影面的平行线，一斜线对着两直线；一般位置线，三面投影为斜线。

3）平面的投影特征：投影面的垂直面，一斜线对两线框；投影面的平行面，两直线对一线框；一般位置平面，三面投影为三线框。

（4）基本体的投影特征。

1）平面体的投影特征：棱柱，一多边形对两矩形或并列的矩形；棱锥，一多边形对两三角形或并列的三角形；棱台，一多边形对两梯形或并列的梯形。

2）曲面体的投影特征：圆柱，一圆对两矩形；圆锥，一圆对两三角形；圆台，一同心圆对两梯形；圆球，三面投影为圆。

（5）形体的截交与相贯。

1）截交：用一个截切平面截切形体，形体与截切面相接触的面叫截面。截面的轮廓线叫截交线。

2）相贯：一形体插入另一形体叫相贯。两相贯的形体的表面交线叫相贯线。

（6）同坡屋面。坡度相同，檐高相等的屋面，叫同坡屋面。重点在四坡同坡屋面。

（7）组合体。由若干个基本体通过一定的方式组合而成的形体叫组合体。组合体组合方法：叠加法、切割法和混合法。组合体的读图方法：形体分析法和线面分析法。

思　考　题

1.1　国标中规定的线型有哪些种类及用途？

1.2　尺寸的四要素是什么？标注尺寸有哪些要求？

1.3　三面投影的对应关系有哪些？

1.4　点、线、面的投影规律各有哪些？

1.5　基本体有何投影特征？

1.6　在三视图中标出图 1.74 中的平面，判别各是什么平面，并填表。

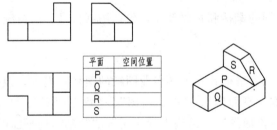

平面	空间位置
P	
Q	
R	
S	

图 1.74　在三视图中标注 P、Q、R、S 四平面

1.7　作出图 1.75 同坡屋面的三面投影。

1.8　作出图 1.76 中的 W 面投影。

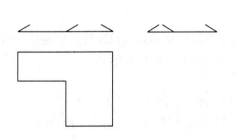

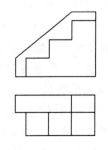

图 1.75　作同坡屋面的三面投影图　　　　　　图 1.76　补画 W 面投影

第2章 建筑施工图

教学要求：

了解房屋建筑施工图设计阶段、设计成果、内容、用途、图示方法和查阅方法，区别房屋施工图与建筑施工图的不同。掌握建筑总平面图、建筑平面图、建筑立面图、建筑剖面图的形成、内容、图示和识读方法，了解建筑详图的内容和作用。

.2.1 概　　述

2.1.1　建筑设计与房屋施工图

建造房屋要经过设计与施工两个阶段。

房屋施工图是建造房屋的技术依据。一般要经过初步设计阶段、技术设计阶段（各专业间协调阶段）和施工图设计阶段才会形成完整的、详细的全套房屋施工图。

一套房屋施工图组成及编排顺序是：首页、建筑施工图、结构施工图、设备施工图（水、暖、电等）等。各专业施工图纸又具体分为基本图（全面性内容的图纸）和详图（某构件或详细构造和尺寸等）两部分。各专业施工图编排依施工的先后、图纸的主次、全面与局部关系而定。

首页是整套施工图的概括和必要补充，包括图纸目录、门窗统计表、标准图统计表及设计总说明等。

1. 图纸目录

图纸目录一般均以表格形式列出各专业图纸的图号及内容，以便查阅。如"建施1"、"1层平面图"、"标准层平面图"、"正立面图"、"背立面图"、"右侧立面图"、"详图"、"屋面排水平面图"、"剖面图"、"结构设计说明"、"基础结构平面图"等。

2. 门窗统计表

一般将该建筑物的门窗列成表格，可直观反映各编号门、窗的规格、数量、材料类型等。如 M1 门，规格 1300×2000、数量 4、电控门；如 C1 窗，规格 2400×1700、数量 10、图集编号 92SJ704（一）等。

3. 标准图统计表

一般将该建筑施工过程中所用的建筑标准图以表格形式做出统计，以便施工技术人员及施工管理人员等准备和查阅。标准图有国标、省标、院标等形式。

4. 设计总说明

设计总说明内容一般有本施工图的设计依据、工程地质情况、工程设计的规模与范围、设计指导思想、技术经济指标（见表 2.1）等。图纸未能详细注写的材料、构造作法等，也可写入说明中。对于较简单的施工图纸，也可不设首页而将设计总说明等排在建筑施工图中。

表 2.1 主要技术经济指标表

序号	名　称	单位	数　量	备　注
1	总用地面积	m²		
2	总建筑面积	m²		地上、地下部分可分列
3	建筑基底总面积	m²		
4	道路广场总面积	m²		含停车场面积，并应注明停车泊位数
5	绿地总面积	m²		可加注公共绿地面积
6	容积率			(2) / (1)
7	建筑密度	%		(3) / (1)
8	绿地率	%		(5) / (1)
9	小车停车泊位数	辆		室内、室外应分列
10	其他			

2.1.2　建筑施工图的内容与用途

建筑施工图（简称建施）根据其内容与用途可分为：总平面图、建筑平面图、建筑立面图、建筑剖面图及详图等。

建筑总平面图是新建房屋在基地范围内的总体布置图，可以反映某区域的建筑位置、层数、朝向、道路规划、绿化、地势等；建筑平面图主要反映建筑物各层的布置状况（各层房间的分隔和联系、出入口、走廊、楼梯等的位置）、平面形状和大小，门、窗的类型和位置等；建筑立面图用以表示建筑物外型、建筑风格、局部构件在高度方向的相互位置关系，室外装修方法等；建筑剖面图反映房屋全貌、构造特点、建筑物内部垂直方向的高度、构造层次、结构形式等；建筑详图可以表达构配件的详细构造，如材料、规格、相互连接方法、相对位置、详细尺寸、标高等。

2.1.3　建筑施工图的图示方法

绘制与识读建筑施工图，应根据投影原理并遵守《房屋建筑制图统一标准》（GB/T 50001—2001）及《建筑制图标准》（GB/T 50104—2001）的规定。

1. 图线

建筑专业制图所采用的各种图线，应符合表 2.2 的规定。

2. 比例

建筑专业制图选用的比例，宜符合表 2.3 的规定。

3. 标高

标高反映建筑物中某部位与所确定的水准基点的高差，可分为绝对标高和相对标高。绝对标高是以我国青岛附近黄海平均海平面为零点的标高，用于总平面图的标注；相对标高是为了避免施工图中采用绝对标高的数字繁琐、不直观的缺点，通常把底层室内主要地坪高度定为零点的标高，用于除总平面图以外其他施工图的标注。

标高符号是用直角等腰三角形表示并用细实线绘制，总平面图室外地坪标高符号用涂黑的三角形表示。标高尖端一般应向下，当位置不够时也可向上。标高数字应注写在标高符号的左侧以米为单位，注写到小数点以后第 3 位。在总平面图中，可标注到小数点以后第 2 位。零点应注写为 ±0.000，正数标高不注写"＋"，负数标高应注写"－"。在图样同一位置表示几个不同标高时，标高数字应按下图所示注写。具体画法见图 2.1。

表 2.2 　　　　　　　　建筑专业制图采用的各种图线

名　称		线　型	线宽	一 　般 　用 　途
实线	粗		b	平、剖面图中被剖切的主要建筑构件（包括构配件）的轮廓线，建筑立面图的外轮廓线，建筑构配件详图（被剖切的主要部分）的轮廓线，建筑构配件详图中的外轮廓线，平、立、剖面图的剖切符号
	中		0.5b	平、剖面图中被剖切的次要建筑构件（包括构配件）的轮廓线，建筑平、立、剖面图的外轮廓线，建筑构造、建筑构配件详图中的一般轮廓线
	细		0.25b	＜0.5b 的图形线、尺寸线、尺寸界线、图例线、索引线符号、标高符号、详图材料做法引出线等
虚线	粗		b	建筑构造详图及建筑构配件不可见的轮廓线，机械轮廓线，拟扩建的轮廓线
	中		0.5b	图例线、＜0.5b 的不可见轮廓线
	细		0.25b	不可见轮廓线、图例线
单点长画线	粗		b	起重机轮廓线
	细		0.25b	中心线、对称线等
折段线			0.25b	不需画全的断开界限
波浪线			0.25b	不需画全的断开界限、构造层次的界限

表 2.3 　　　　　　　　建筑专业制图选用的比例

图　　名	比　　例
建筑物或构筑物的平面图、立面图、剖面图	1：50　1：100　1：150　1：200　1：300
建筑物或构筑物的局部放大图	1：10　1：20　1：25　1：30　1：50
配件及构造图	1：1　1：2　1：5　1：10　1：15　1：20　1：25　1：30　1：50

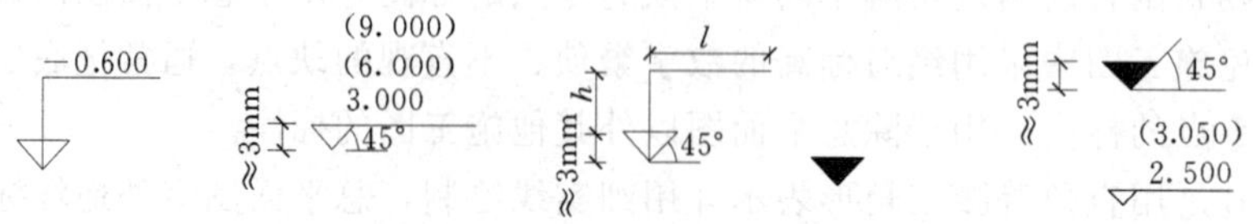

图 2.1　标高的标注方法

4. 定位轴线及编号

定位轴线是施工定位、放线的依据，也是确定主要构件位置的基线。依规定轴线应用细点画线绘制，编号应注写在轴线端部的圆内，圆采用直径为 8mm 的细实线绘制。对于详图，轴线圆直径可增加为 10mm，且圆内不注写轴线编号。

平面图上定位轴线的编号，横向轴线编号用阿拉伯数字，从左至右顺序注写；竖向轴线用大写拉丁字母从下至上顺序注写。应注意拉丁字母中的 I、O、Z 不得用于轴线编号，以免与阿拉伯数字中的 1、0、2 相混。字母不够时，可增用双字母或单字母加数字脚注，如 AA、BB 或 A_1、B_1 等。

对于与主要构件联系的次要构件，它的轴线可采用附加轴线。附加轴线编号用分数来

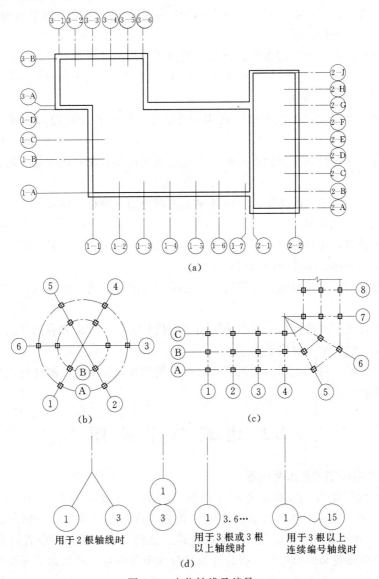

图 2.2 定位轴线及编号

（a）轴线的分区编号；（b）圆形平面；（c）折线形平面；（d）详图的轴线编号

表示，分母表示前一轴线编号，分子表示附加轴线编号（用阿拉伯数字
按顺序编写）。Ⓐ号轴线前附加轴线分母用⓪Ⓐ表示，①号轴线前的附加轴
线分母用⓪①表示，分子用阿拉伯数字表示。一个详图适用几根轴线时，
应同时注明各有关轴线编号。具体方法见图 2.2、图 2.3。

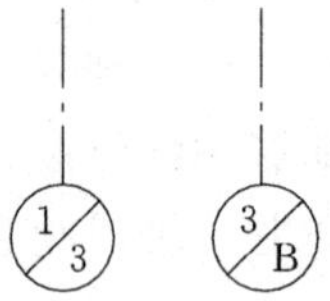

图 2.3　附加轴线

2.1.4　建筑构配件标准图的查阅方法

1. 标准图

标准图是把许多建筑物所需的各类构件和配件按照统一模数设计成几种不同规格的标准图集，这些统一的构件及配件图集，经国家建筑部门审查批准后称标准图。

建筑构件是指建筑物骨架的单元，承受荷载的物件，如柱子、梁、板等，简称构件。在标准图集中常用代号"G"表示。如 96G101 为混凝土结构施工图平面整体表示方法、制图规则和构造详图标准图。

建筑配件是指建筑物中起维护、分割、美观等作用的非承重物件，如门、窗等（简称配件）。在标准图集中常用代号"J"表示。如 99J201（一）为平屋面建筑构造标准图。

2. 构配件标准图的分类

（1）经国家建设部门批准的全国通用构件、配件图可在全国范围内使用，简称"国标"。

（2）由各省（自治区、直辖市）地方批准的通用构件、配件图可供各地区使用，简称"省标"。

（3）各设计单位编绘的图集，仅供各单位内部使用，简称"院标"。

3. 标准图的查阅方法

（1）根据说明，先找图集。先根据施工图中的设计说明、图纸目录或索引符号上所注明的标准图集的名称、编号查找选用的图集。

（2）明确要求，注意细则。根据选用的标准图集的总说明，明确其各项要求及注意事项等。

（3）了解含义，查找目标。了解选用图集的代号、编号含义和表示方法。代号和编号表明构件和配件的类型、规格及大小。

（4）选中所需，对号入座。根据所选标准图集的目录和构件、配件的代号与编号，在本图集内查到所需详图。

2.2　建 筑 总 平 面 图

2.2.1　建筑总平面图的形成和内容

建筑总平面图是按正投影法和相应图例绘制的，一般采用 1：500、1：1000、1：2000 的比例绘制。主要表达内容有：新建建筑的名称、定位及坐标、朝向、标高，占地范围（红线）、外轮廓形状、层数，与原有建筑、道路、铁路的相对位置，各类管线的坐标及尺寸，绿化布置和地形地貌，指北针及风玫瑰图等内容。建筑总平面图是新建建筑定位、土建施工及其他专业平面布置图的依据。

建筑总平面图的常用图例见表 2.4。

表 2.4 建筑总平面图的常用图例

名　称	图　例	说　明
新建筑物	8　　▲	用粗实线表示，需要时，可用▲表示出入口，可在图形内右上角用点数或数字表示层数
原有建筑物		细实线
计划扩建的预留地或建筑物		中虚线
拟拆建筑物		细实线加交叉
新建的地下建筑物或构筑物		粗虚线
铺砌地面		细实线
冷却塔（池）		中实线
水塔、储罐		轮廓线用中实线，轴线用细点画线
水池、坑槽		细实线且部分涂黑
围墙及大门		上图用于实体性质围墙，下图用于通透性质围墙
挡土墙		被挡土在图例虚线一侧
台阶		箭头指向表示向下
坐标	X105.00 Y425.00	测量坐标
	A131.51 B278.25	建筑坐标
填挖边坡		1. 边坡较长时，可在一端或两端局部表示； 2. 下边线为虚线是表示填方
护坡		
室内设计标高（注到小数点后二位）	151.00（±0.00）	
室外标高	▼ 143.00	
针叶乔木		
阔叶乔木		
花卉		
修剪的树篱		
草地		
花坛		
原有道路		
拟建道路		
拟拆道路		
公路涵管涵洞		
公路桥		

2.2.2　建筑总平面图的识读

以图 2.4 为例，介绍建筑总平面图的识读方法。

（1）了解工程性质、图纸比例，阅读文字说明，熟悉图例。由于总平面图要表达的范围都比较大，所以要用较小的比例画出。总平面图标注的尺寸以米（m）为单位。从图 2.4 中可知，该图的比例是 1：300，要建的是一座商场。

（2）了解新建建筑的基本情况、用地范围、四周环境、道路布置等。

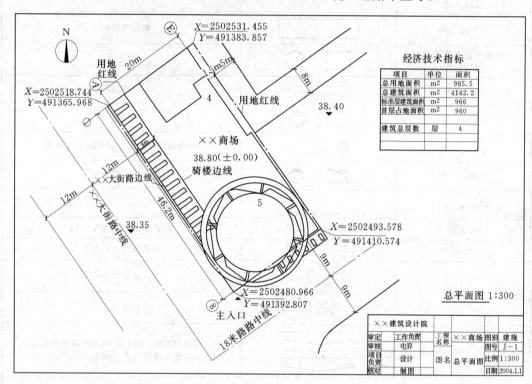

图 2.4　某商场总平面图

总平面图用粗实线画出新建建筑的外轮廓，从图 2.4 中可知，该商场的平面形状基本上为矩形，主入口处为圆形造型。商场①轴至⑧轴的长度为 46.2m，④轴至⑤轴的长度为 20m，由图中标注的数字可知该商场的层数，除圆形造型处为 5 层外，其余各处为 4 层。

从图 2.4 的用地红线可了解该商场的用地范围。由商场用地范围四角的坐标可确定用地的位置。商场三面有道路，西南面是 24m 宽大街，东南面是 18m 宽道路，东北面是 5m 宽和 8m 宽的道路。

由标高符号可知，24m 大街路中地坪的绝对标高为 38.35m，商场室内地面的绝对标高为 38.80m。

（3）了解新建建筑物的朝向。根据图中指北针可知该商场的朝向大致为坐东北向西南。

（4）了解经济技术指标。从经济技术指标表可了解该商场的总用地面积、总建筑面积、标准层建筑面积、首层占地面积、建筑总层数等指标。

46

2.3 建筑平面图

2.3.1 建筑平面图的形成和内容

假想用一个水平的剖切平面（为视线高），沿着房屋的门窗洞口处将房屋剖切开，对剖切平面以下部分所作的水平投影图，称为建筑平面图，简称平面图。平面图上与剖切平面相接触的墙、柱等的轮廓线用粗实线画出，断面画上材料图例（当图纸比例较小时，砖墙断面可不画出图例，钢筋混凝土柱和钢筋混凝土墙的断面涂黑表示）；门的开启扇、窗台边线用中实线画出，其余可见轮廓线和尺寸线等均用细实线画出。

建筑平面图主要反映建筑物各层的平面形状和大小，各层房间的分隔和联系（出入口、走廊、楼梯等的位置），墙和柱的位置、厚度和材料，门、窗的类型和位置等情况。建筑平面图是施工放线、砌墙、安装门窗、编制预算、备料等的基本依据。

一般情况下，房屋有几层，就应画出几层的平面图，并在图下方标明图名，如首层平面图、二层平面图、三层平面图等。对于平面布置完全相同的楼层，可共用一平面图，称为"×—×层平面图"或"标准层平面图"。

常用构造及配件图例见表2.5。

表 2.5　　　　　　　　　　常用构造及配件图例

名　称	图　例	名　称	图　例
坡道		电梯	
孔洞		墙内单扇推拉门	
坑槽			
墙顶留洞	宽×高或直径	单扇双面折叠门	
墙顶留槽	宽×高×深或直径		
烟道		对开折叠门	
通风道			
楼梯顶层		双面弹簧门	
楼梯标准层			
楼梯首层		单扇门	

名　称	图　例	名　称	图　例
双扇门		单层内开下悬窗	
卷门		单层外开平开窗	
单扇固定窗		左右推拉窗	
单层内开上悬窗		上推窗	
单层中悬窗			

2.3.2　建筑平面图的识读

以图 2.5 为例，介绍建筑平面图的识读方法。

(1) 了解图名和比例。图 2.5 是商场的首层平面图，比例 1∶100。

(2) 了解建筑物的朝向。从图纸左上角的指北针，说明该商场的朝向是坐东北向西南。

(3) 了解建筑物的平面形状、大小和剖切情况。从图 2.5 可知，该商场首层平面基本是矩形，主入口位于右下角，为圆弧形。由标注的尺寸可知，首层纵向长度为 47.7m，横向长度左、右不同，左边 20.4m，右边 21.6m。

由剖切符号可知，该商场有两个剖面图表达其内部构造，1—1 剖切平面位于ⓒ、ⓓ轴之间，剖切后向后投影，表达的是商场纵向的布置情况，包括中间楼梯的布置情况。2—2 剖切平面位于④轴、⑤轴之间，剖切后向左投影，表达的是商场横向的布置情况。

(4) 了解承重构件布置情况。从图 2.5 中涂黑的柱块看出，该商场的承重构件为柱，没有剪力墙，是框架结构建筑。由图 2.5 中定位轴线间的距离可知柱网的布置情况。

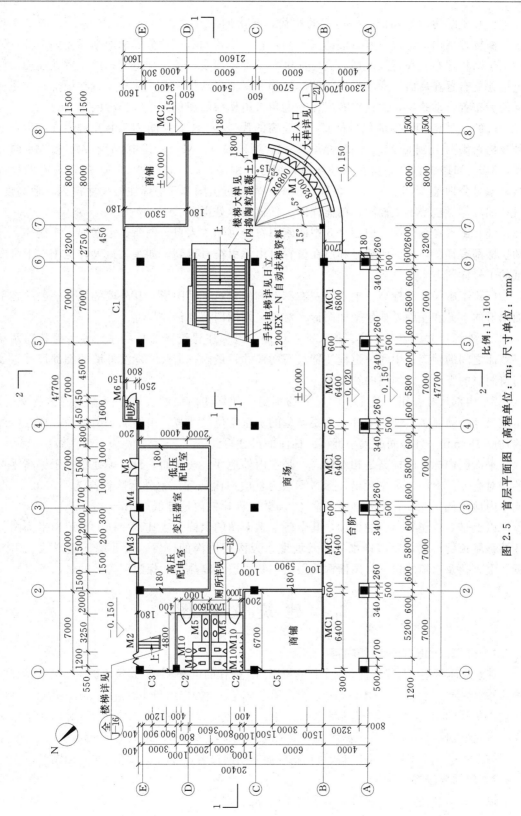

图 2.5 首层平面图（高程单位：m；尺寸单位：mm）

（5）了解房间分隔情况、房间的用途、各房间的联系、门窗的配置等。从图 2.5 可知，商场首层内部主要设有分隔的大空间，在左下角和右上角分隔出两个独立的商铺，男女卫生间相邻布置在首层左面，高压配电室、变压器室、低压配电室相邻布置在后面，配电房独立布置在后面，商场设置了两部楼梯和一部自动扶梯，主楼梯布置在中部，在主楼梯两旁布置自动扶梯，次楼梯布置在左上角，由楼梯的图例可了解楼梯的走向。

门的代号是 M，窗的代号是 C，门连窗的代号是 MC。从图 2.5 中看出，首层门有七种规格，编号分别是 M1、M2、M3、M4、M5、M6、M10，其中 M1～M4 和 M6 向外开，M5、M10 向内开。窗有四种规格，编号分别是 C1、C2、C3、C5。门连窗有两种规格，编号分别是 MC1、MC2。各种门、窗的宽度可由图 2.5 中标注的尺寸得到，但高度、材料和具体做法要由立面图、门窗详图、门窗表等处得到。

（6）了解详图情况。由图 2.5 中的索引符号可知主入口、厕所、主楼梯、次楼梯、自动扶梯都有详图，详图的编号和所在位置可由索引符号得到，如主入口大样见 J—21 号图纸的 1 号详图。

（7）了解尺寸和标高。上下、左右都对称的建筑平面图形，其外墙的尺寸一般注在平面图形的下方和左侧，如果平面图形不对称，则四周都要标注尺寸。

1）外部尺寸：一般标注三道尺寸，最外一道标注建筑物的总尺寸，表示建筑物两端外墙面之间的距离；中间一道标注轴线间的尺寸；最内一道尺寸标注外墙的细部尺寸，如门窗洞口的宽度、窗间墙的宽度等。

2）内部尺寸：用来补充外部尺寸的不足，如标注内墙的长度，内墙上门窗的宽度、定位尺寸、墙厚、其他构配件、主要设备的定型定位尺寸等。由图 2.5 中可知，该层内外墙均厚 180mm，各房间的大小都可由标注的尺寸得到。

平面图中标注的标高是相对标高，是室内外地坪、楼地面、台阶等处相对于标高零点的相对高度。由图 2.5 中看出，标高零点为首层室内地坪，室外台阶标高为 −0.020，即比室内地坪低 0.02m；室外地坪标高 −0.150，即比室内地坪低 0.15m。

以上是对首层平面图的识读，其余各层平面图的识读方法基本一样，而屋顶平面图表达的是屋顶的形状，屋面排水方向及坡度，天沟或檐沟的位置，女儿墙、屋脊线、雨水管、上人孔及水箱的位置，屋面构造层次（防水层、隔热层、保温层等）的做法等。

2.4 建 筑 立 面 图

2.4.1 建筑立面图的形成和内容

建筑立面图是在与建筑物立面平行的投影面上所作的正投影图。建筑立面图主要表达建筑物的外形特征，门窗洞、雨篷、檐口、窗台等在高度方向的定位和外墙面的装饰。建筑立面图应包括投影方向可见的建筑外轮廓和墙面线脚、构配件、墙面做法及必要的尺寸和标高等。

有定位轴线的建筑物，根据两端定位轴线编号命名立面图，如①～⑧立面图、Ⓐ～Ⓔ立面图等；无定位轴线的建筑物可按建筑物各面的朝向命名，如南立面图、东立面图等。

2.4.2 建筑立面图识读

以图 2.6 为例，介绍建筑立面图的识读方法。

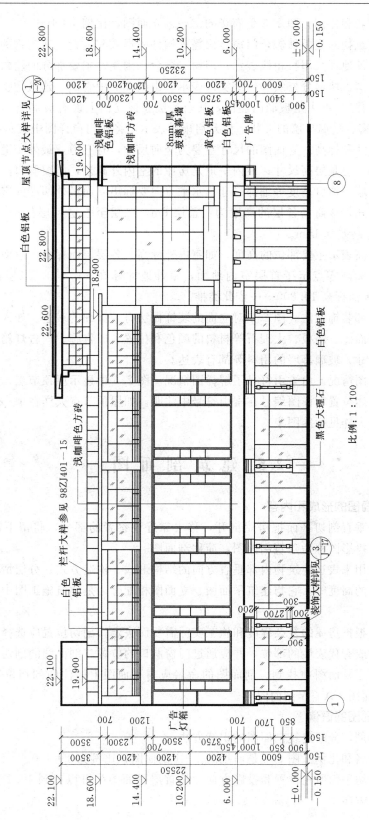

图 2.6 ①～⑧立面图 (高程单位: m; 尺寸单位: mm)

比例 1:100

（1）了解图名和比例。图2.6是商场的①～⑧立面图，比例1∶100。

（2）了解建筑物的立面外貌，门窗、雨篷等构件的形式和位置。建筑物的外形轮廓用粗实线表示，室外地坪线用特粗线表示；门窗、阳台、雨篷等主要部分的轮廓线用中实线表示，其他如门窗、墙面分格线等用细实线表示。由图2.6中看出，建筑物①～⑧立面基本上也是矩形，首层MC1是玻璃门连窗，其余各层在该立面上设有玻璃窗，没有门。图2.6中表达了门窗、玻璃幕墙的形状，但开启扇没表示，将在门窗详图中表示。

（3）了解尺寸和标高。立面图的尺寸主要为竖向尺寸，有三道，最外一道是建筑物的总高尺寸；中间一道是层高尺寸；最内一道是房屋的室内外高差，门窗洞口高度，垂直方向窗间墙、窗下墙、檐口高度等细部尺寸。水平方向要标出立面最外两端的定位轴线和编号。由图2.6可知，该商场各层的高度为：首层6m，二层至五层每层都是4.2m，总高23.25m。室内外高差0.15m。

立面图的标高表示主要部位的高度，如室内外标高、各层层面标高、屋面标高等。由图2.6中看出，标高零点定于首层室内地面，室外地坪标高-0.150，二层楼板面标高6.000，三层楼板面标高10.200……依此类推。

（4）了解外部装饰做法。图2.6对立面的装饰做法有较详细的表达。如入口处雨篷的形状和饰面，饰面砖、铝板、大理石等材料的颜色和位置，广告牌、广告灯箱的位置和形状，装饰柱的尺寸，玻璃幕墙的用料等都有表达。

（5）了解详图情况。由索引符号了解详图情况。图2.6中显示屋顶节点、栏杆、装饰柱都有大样，具体位置和详图编号在索引符号中注明。如屋顶节点大样在J—20的1号详图中表示，栏杆大样见标准图集。

2.5 建筑剖面图

2.5.1 建筑剖面图的形成和内容

设想用一个垂直剖切平面把房屋剖开，移去靠近观察者的部分，将留下部分作正投影，所得到的正投影图称为建筑剖面图，简称剖面图。

建筑剖面图用来表达建筑物内部垂直方向的结构形式、构造方式、分层情况、各部分的联系、各部位的高度等。它与建筑平面图、立面图相配合，是建筑施工图中重要的图样之一。

剖面图数量根据房屋的复杂程度和施工实际需要而决定。剖切位置应选择在内部结构和构造比较复杂或有代表性的部位，并应通过门窗洞口的位置。剖面图的剖切位置和投影方向，可以从首层平面图中找到。剖面图的命名应与平面图上标注的剖切位置的编号一致，如1—1剖面图、A—A剖面图等。

2.5.2 建筑剖面图的识读

以图2.7为例，分绍建筑剖面图的识读方法。

（1）了解图名和比例。图2.7是商场的1—1剖面图，比例为1∶100。

（2）了解剖切平面所在位置和投影方向。从首层平面图中可以得到1—1剖切平面所在的位置及投影方向。

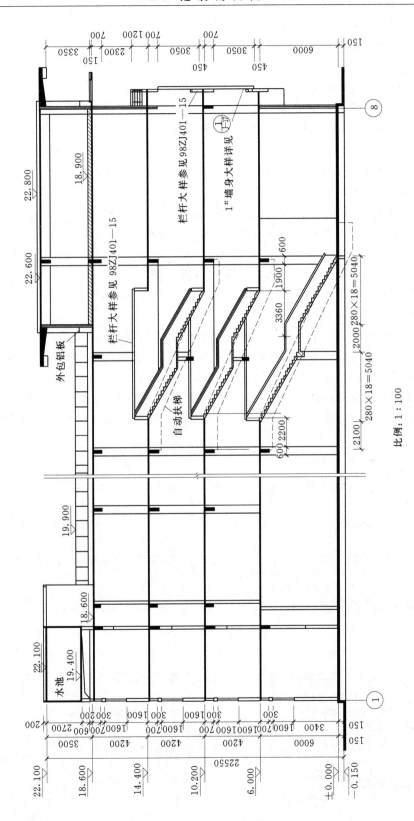

图 2.7　1—1 剖面图（高程单位：m；尺寸单位：mm）

（3）了解剖面图所表达的建筑物内部构造情况。剖面图中，地坪线用特粗线表示，一般不画基础部分。由于剖面图所用比例较小，剖切到的砖墙一般不用画图例，钢筋混凝土柱、梁、板、墙涂黑表示。

由图 2.7 可以看到商场分四层，局部五层。自动扶梯布置在中部，水池布置在左上方。还可以看到楼板、梁、墙的布置情况。

（4）了解尺寸和标高。建筑剖面图中尺寸和标高的标注与立面图类似，这里不再重复。

（5）了解某些部位的用料说明。通过标注的文字了解某些部位的用料，如图 2.7 中所说明的"外包铝板"、"内捣陶粒混凝土"等。

（6）了解详图情况。由索引符号了解详图情况。图 2.7 中栏杆大样有两种，一种用于楼梯，一种用于窗台，参见图集；墙身大样见 J—17 号图纸中的 1 号详图。

2.6　建　筑　详　图

2.6.1　建筑详图的作用和内容

建筑详图，也称大样图，是用较大比例画出建筑物细部或构配件的形状、大小、材料和做法的正投影图。建筑详图是建筑平面图、立面图、剖面图的补充和深化，是建筑工程细部施工、建筑构配件制作及编制预算的依据。

建筑详图主要表达在平面图、立面图、剖面图或文字说明中无法交待或交待不清的建筑细部或构配件的构造，如檐口、窗台、明沟、楼梯、楼地面、屋面、栏杆、门窗等的形

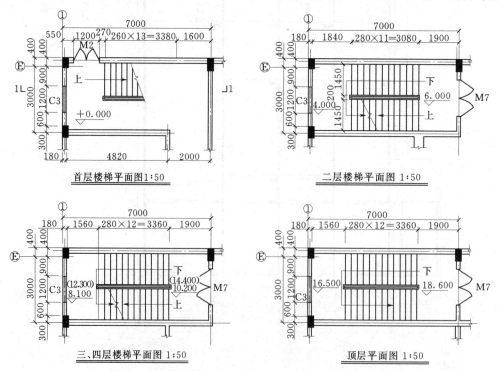

图 2.8　楼梯平面图（高程单位：m；尺寸单位：mm）

式、做法、用料、尺寸等。

2.6.2 建筑详图的识读

下面以楼梯详图（图2.8，图2.9）为例，介绍建筑详图的识读方法。

楼梯详图包括楼梯平面图和楼梯剖面图。楼梯平面图是用一水平剖切平面，在该层往上走的第一梯段（休息平台下）的任一位置将楼梯剖切开，然后向下投影所得的剖面图。剖切到的梯段在图中用45°折断线表示。一般每一层都要画一个楼梯平面图，如果中间几层的楼梯构造、结构、尺寸等均相同时，可只画出底层、中间层、顶层三个楼梯平面图。楼梯平面图可表达楼梯间的开间、进深、梯段的水平投影长度、梯级踏面的宽度、楼梯的级数、休息平台的宽度和标高等内容。楼梯剖面图可表达层高、每跑梯段的高度和级数、梯级踢面的高度、休息平台的标高、栏杆（板）的形式和高度等内容。

（1）了解图名和比例。图2.8是首层至屋面楼梯平面图，比例是1：50。注意各层楼梯平面图的区别。图2.9是1—1楼梯剖面图，比例为1：50，剖切平面的位置和投影方向在首层楼梯平面图中表示。

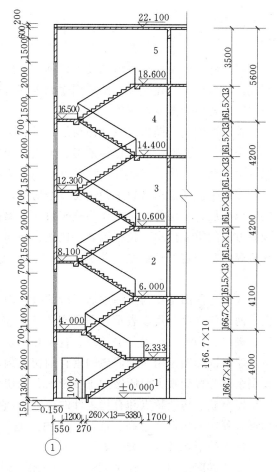

图 2.9 楼梯 1—1 剖面图 1：50（尺寸单位：mm）

（2）了解楼梯的类型和走向。该楼梯首层为三跑楼梯，其余层为双跑楼梯，由标注的"上"、"下"箭头可知楼梯的走向。

（3）了解楼梯间的尺寸。由图2.8中标注的尺寸可知，楼梯间的开间为3000mm，进深为7000mm。

（4）了解休息平台的宽度和标高。休息平台分为中间平台和楼层平台。如三层楼梯平面图中，中间平台净宽1560mm，楼层平台宽1900mm；二层、三层之间的中间平台标高为8.10m，楼层平台的标高是10.20m。

（5）了解梯段的级数、水平长度和踏步面的宽度、高度。这些数据都可以由图2.8中标注的尺寸得到。如三层楼梯平面图中标注"280×12＝3360"，说明这一梯段共12＋1＝13级，每级踏步面的宽度是280mm，所以这一梯段的水平长度是3360mm。对应剖面图中该段的尺寸标注为"161.5×13＝2100"，说明这一梯段共13级，每级踏步的高度是161.5mm，这一梯段的高度是2100mm。

本 章 小 结

房屋施工图是建造房屋的技术依据，一般要经过初步设计阶段、技术设计阶段和施工图设计阶段形成。建筑施工图依用途和内容可分为首页、总平面图、建筑平面图、建筑立面图、建筑剖面图及详图等。

首页通常包括图纸目录、门窗统计表、标准图统计表及设计总说明等；建筑总平面图一般采用较小比例绘制，包括地形、地物、坐标网、建筑物和构筑物的定位、平面形状、层数、道路、管线、指北针、建筑红线、高程系统等。

建筑平面图是用假想平面剖切整个房屋，其下部分的水平正投影。一般剖切面取在一层、标准层、顶层等，主要作为施工放线、墙体砌筑、门窗安装、室内装修及编制施工图预算方面的重要依据。包括图名、比例、朝向、定位轴线及编号、平面各部分尺寸、门窗编号等，其中定位轴线是作为施工定位、放线的依据及确定主要构件、配件位置的重要依据。

建筑立面图是在与房屋立面平行的投影面上所做的正投影图。一般分为正立面、背立面、两个侧立面，用以表示建筑物外形与局部构件在高度方向的相互位置关系。如门、窗、檐口、阳台、雨篷、引条线、台阶和主要室外装修等。

建筑剖面图是用一个假想的垂直剖切面剖切房屋移去剖切平面与观察者之间的部分，将剩余部分按剖视方向所做的正投影图。剖切位置一般标注在底层平面图上（应选在能反映房屋全貌、构造特点和有代表性的位置），它用来表示建筑内部垂直方向构造层次、结构形式等，如建筑物总高、层高、室内外地坪标高、门窗的高度、主要构件间的构造联系、屋顶的形式及排水坡度等。

建筑详图是用于弥补平面图、立面图、剖面图由于受图幅和比例小而无法表达的细部、构配件详细构造等的不足，而选用大比例绘制的施工图。如外墙、檐口、泛水、阳台、雨篷、勒脚、饰面、楼梯、厨房、卫生间、烟道，以及室内装修等，有时可选用有关标准图集。

思 考 题

2.1 房屋施工图包括哪些内容？

2.2 建筑施工图包括哪些内容？

2.3 什么是绝对标高、相对标高、建筑红线？

2.4 什么是定位轴线？如何进行编号？

2.5 总平面图包括哪些内容？

2.6 建筑平面图是如何得来的？如何识读？

2.7 建筑立面图是如何得来的？如何识读？

2.8 建筑剖面图是如何得来的？如何识读？

第3章 结构施工图

教学要求：

了解结构施工图的主要内容、用途和常用构件施工图的表示方法，熟悉混凝土、钢筋混凝土和钢结构的基本概念，掌握钢筋混凝土结构平面整体表示法、钢筋混凝土楼梯、钢结构的连接方式及图示方法，熟读施工图。

3.1 概　　述

结构施工图主要表示房屋结构系统的结构类型、结构布置、构件种类及数量、构件的内部构造和外部形状大小以及构件间的连接构造等，是建筑结构施工的技术依据。通常简称"结施"。在建筑工程中，常用的结构形式有钢筋混凝土结构、钢结构、砖混结构等，不同的结构，其表达方法也不同。

3.1.1 结构施工图的主要内容和用途

1. 结构施工图的主要内容

（1）结构设计说明。包括选用结构材料的类型、规格、强度等级，地基情况，施工注意事项，选用标准图集等。

（2）结构布置平面图。包括基础平面图，楼层结构布置平面图，屋面结构平面图。

（3）结构详图。包括板、梁、柱及基础结构详图；楼梯结构详图；屋架结构详图；其他详图等。

2. 结构施工图的用途

结构施工图是结构设计的最终成果图，也是结构施工的指导性文件。它是进行构件制作、结构安装、编制预算和安排施工进度的依据。

3.1.2 常用构件的表示方法

为了简明扼要地图示各种结构构件，"国标"规定了各种常用构件的代号，见表3.1。表3.1中的代号是用构件名称中主要单词的汉语拼音的第一个字母或几个主要单词的汉语拼音的第一个字母组合表示的。

表 3.1　　　　　　　　　　常用构件代号（GBJ 105—1987）

名　称	代　号	名　称	代　号	名　称	代　号
板	B	密肋板	MB	墙板	QB
屋面板	WB	楼梯板	TB	天沟板	TGB
空心板	KB	盖板或沟盖板	GB	梁	L
槽形板	CB	挡雨板或檐口板	YB	屋面梁	WL
折板	ZB	吊车安全走道板	DB	吊车梁	DL

名 称	代 号	名 称	代 号	名 称	代 号
圈梁	QL	框架	KJ	水平支撑	SC
过梁	GL	刚架	GJ	梯	T
连系梁	LL	支架	ZJ	雨篷	YP
基础梁	JL	柱	Z	阳台	YT
楼梯梁	TL	基础	J	梁垫	LD
檩条	LT	设备基础	SJ	预埋件	M
屋架	WJ	桩	ZH	天窗端壁	TD
托架	TJ	柱间支撑	ZC	钢筋网	W
天窗架	CJ	垂直支撑	CC	钢筋骨架	G

3.2 钢筋混凝土构件简介

3.2.1 混凝土和钢筋混凝土

混凝土是由水泥、石子、砂和水按一定比例配合，经搅拌、捣实、养护而成的一种人造石。混凝土是脆性材料，抗压强度高，抗拉强度低，在受拉状态下容易断裂。在混凝土里加入一定数量的钢筋就成为钢筋混凝土。钢筋抗拉强度高，而且能与混凝土良好粘结，可弥补混凝土的缺点，因此，钢筋混凝土构件的承载能力大为提高。

混凝土的强度等级一般分为 C10、C15、C20、C25、C30、C35、C40、C45、C50、C60、C65、C70、C75、C80 十四个等级，数字愈大，混凝土的抗压强度愈高。

混凝土可塑性强，可按要求浇筑成不同形状和尺寸的构件，也可在其表面制成各种花饰图案，使其具有装饰效果。

3.2.2 钢筋

1. 钢筋的分类和作用

在钢筋混凝土结构中配置的钢筋按其作用不同可分为以下几种，见图 3.1。

（1）受力筋。承受拉、压作用的钢筋，用于梁、板、柱、剪力墙等钢筋混凝土构

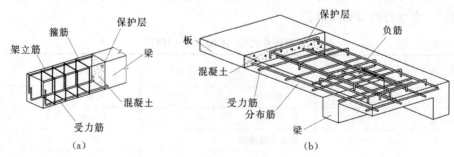

图 3.1 钢筋混凝土构件中钢筋的种类

（a）钢筋混凝土梁；（b）钢筋混凝土板

件中。

（2）架立筋。用于梁内，作用是固定箍筋位置，使梁内钢筋骨架成型。

（3）箍筋。梁、柱中承担剪力的钢筋，同时起固定受力筋和架立筋形成钢筋骨架的作用。

（4）分布筋。分布筋布置于板中，与受力筋垂直，主要作用是固定受力筋的位置，并将板面上的荷载均匀地传给受力筋。同时还可抵抗由于混凝土硬化收缩和温度变化而产生的变形。

（5）其他类型钢筋。指按构件的构造要求和施工安装要求而配置的构造筋，如腰筋、吊筋等。

2．钢筋的等级和代号

建筑工程中常用钢筋的等级和代号，见表3.2。

表 3.2 常用钢筋的等级和代号

种 类		代 号	种 类		代 号
热轧钢筋	Ⅰ	ϕ	冷拉钢筋	Ⅰ	ϕ^l
	Ⅱ	$\underline{\Phi}$		Ⅱ	$\underline{\Phi}^l$
	Ⅲ	$\underline{\Phi}$		Ⅲ	$\underline{\Phi}^l$
	Ⅳ	Φ		Ⅳ	Φ^l
热处理钢筋		Φ^{ht}	冷拔低碳钢筋		ϕ^a

3．保护层和弯钩

为保护钢筋、防蚀防火，并加强钢筋与混凝土的粘结力，钢筋至构件表面应有一定厚度的混凝土，这层混凝土称为保护层。保护层的厚度要符合规范规定，梁、柱的保护层最小厚度为25mm，板、墙的保护层厚度为10～15mm。

为了使钢筋与混凝土具有良好的粘结力，应在光圆钢筋两端做成半圆弯钩或直弯钩；带纹钢筋与混凝土的粘结力强，两端可不做弯钩。箍筋两端在交接处也要做出弯钩。

3.2.3 钢筋混凝土结构施工图的图示特点

钢筋混凝土结构施工图中，为了突出钢筋的配制状况，剖到或可见的墙身和基础的轮廓线用中实线表示，可见的钢筋混凝土构件轮廓线用细实线表示。在结构平面图中，不可见的构件、墙身轮廓线用中虚线表示。钢筋用粗实线表示，在剖面图和断面图中，钢筋的断面用黑圆点表示。钢筋的具体表示方法见表3.3。

钢筋的标注方法有两种形式。第一种是标注钢筋的根数、级别和直径，如"3 $\underline{\Phi}$ 20"，其中"3"表示钢筋根数为3根，"$\underline{\Phi}$"表示钢筋为Ⅱ级钢筋，"20"表示钢筋直径为20mm，"3 $\underline{\Phi}$ 20"即表示3根直径20mm的Ⅱ级钢筋；第二种是标注钢筋的级别、直径和间距，如"ϕ 8@200"，其中"ϕ"表示钢筋为Ⅰ级钢筋，"8"表示钢筋直径为8mm，"@"是钢筋相等的中心距符号，"200"表示200mm，"ϕ 8@200"即表示直径8mm的Ⅰ级钢筋间距200mm。

表 3.3   钢 筋 表 示 方 法

序号	名 称	图 例	说 明
1	钢筋横断面	●	表示长短钢筋投影重叠时可在短钢筋的端部用 45°短划线表示
2	无弯钩的钢筋端部		
3	带直钩的钢筋端部		
4	带丝扣的钢筋端部		
5	带丝扣的钢筋端部		
6	无弯钩的钢筋搭接		
7	带半圆弯钩的钢筋搭接		
8	带直钢筋搭接		
9	套管接头（花篮螺丝）		
10	在平面图中配置双层钢筋时，底层钢筋弯钩应向上或向左，顶层钢筋则向下或向右	底层　　　顶层	
11	配双层钢筋的墙体，在配筋立面图中，面钢筋的弯钩应向上或向右，而近面钢筋则向下或向右（GM：近面；YM：远面）	GM　　YM　　GM　　YM	
12	如在断面图中不能表示清楚钢筋布置，应在断面图外增加钢筋大样图		
13	图中所表示的箍筋、环筋，如布置复杂，应加画钢筋大样及说明	或	

3.3 楼层结构平面图

3.3.1 楼层结构平面图的形成和表示方法

楼层结构平面图是假想用一个平行于水平面的剖切平面沿楼面板剖切得到的全剖面图，用来表示楼板配筋情况及其下方的墙、梁、柱等承重构件的平面布置。

楼层结构平面图一般应分层画出。对于结构相同的楼层，可共用一张结构平面图，称为"标准层结构平面图"或"×—×层结构平面图"。在楼板结构平面图中，楼板轮廓线用中实线表示，楼板下方不可见的墙、梁、柱等轮廓线用中虚线表示；被剖切到的柱的断面轮廓用粗实线表示，并画上材料图例（当图样比例较小时，钢筋混凝土材料可涂黑表示）；用粗实线画出板中钢筋，每一种钢筋只画一根，同时画出一个重合断面，表示板的形状、厚度和标高；配筋相同的板，可画出其中一块板的配筋，并标出该类板的编号，如 B1、B2 等，其余板不需再重复标注配筋；楼梯间的结构布置一般

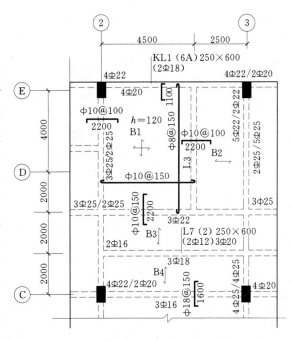

图 3.2 楼层结构平面图（局部）（尺寸单位：mm）

不在楼层结构平面图中表示，只用双对角线表示，其内容在楼梯结构详图中表示。楼层结构平面图（局部）见图 3.2。

3.3.2 平面整体表示法的制图规则

结构施工图平面整体表示方法简称平法，《混凝土结构施工图平面整体表示方法整体规则和构造详图》（96G101）图集是国家建筑标准设计图集，在全国推广使用。所谓"平法"是把结构构件的尺寸和配筋等，按照平面整体表示方法的制图规则，直接表达在各类构件的结构平面布置图上，再与标准构造详图相配合，构成一套新型完整的结构施工图。这样做改变了传统的将构件从结构平面布置图中索引出来，再逐个绘制配筋详图的繁琐方法。

3.3.2.1 柱平法施工图的表示方法

柱平法施工图在柱平面布置图上采用列表注写方式或截面注写方式表达。

1. 列表注写方式

用列表注写方式来表示柱平法施工图，是指在柱平面布置图上，分别在同一编号的柱中选择一个或几个截面标注几何参数代号，在柱表中注写柱号、柱段起止标高、几何尺寸（含柱截面对轴线的偏心情况）与配筋的具体数值，并配以各种柱截面形式及其箍筋类型

图的方法,见图 3.3。

2. 截面注写方式

用截面注写方式来表达柱平法施工图,是指在按标准层绘制的柱平面布置图上,分别在同一编号的柱中选择一个截面,以直接注写截面尺寸和配筋具体数值的方式,见图 3.4。

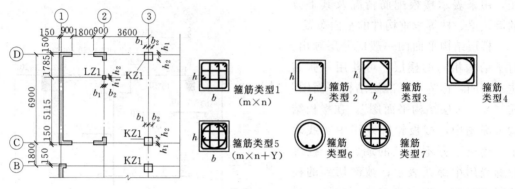

柱表

柱号	标高(m)	$b \times h$ (圆柱直径D)	b_1	b_2	h_1	h_2	全部 纵筋	角筋	b边一侧 中部筋	h边一侧 中部筋	箍筋 类型号	箍筋	备注
KZ1	−0.030—19.470	750×700	375	375	150	550	24Φ25				1(5×4)	Φ10@100/200	
	19.470—37.470	650×600	325	325	150	450		4Φ22	5Φ22	4Φ20	1(4×4)	Φ10@100/200	
	37.470—59.070	550×500	275	275	150	350		4Φ22	5Φ22	4Φ20	1(4×4)	Φ8@100/200	
XZ1	−0.030—8.670						8Φ25				按标准 构造详图	Φ10@200	③×⑧轴KZ1 中设置

图 3.3 柱平法施工图列表注写方式(尺寸单位:mm)

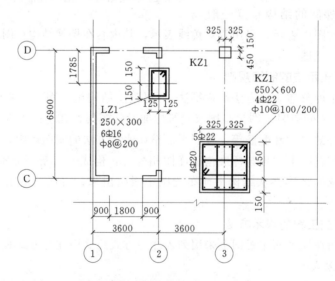

图 3.4 柱平法施工图截面注写方式(尺寸单位:mm)

3.3.2.2 梁平法施工图的表示方法

梁平法施工图在梁平面布置图上可采用平面注写方式或截面注写方式表达。

1. 平面注写方式

平面注写方式是指在梁平面布置图上，分别在不同编号的梁中各选一根梁，在其上注写截面尺寸和配筋具体数值的方式。平面注写包括集中标注和原位标注。集中标注表达梁的通用数值，原位标注表达梁的特殊数值。当集中标注中的某项数值不适用于梁的某个部位时，则采用原位标注（图3.5），施工时原位标注取值优先。

（1）集中标注。梁集中标注的内容，有五项必注值及一项选注值。五项必注值为梁编号、梁截面尺寸、梁箍筋、梁上部通长筋或架立筋、梁侧面纵向构造筋或受扭筋，选注值为梁顶面标高高差。

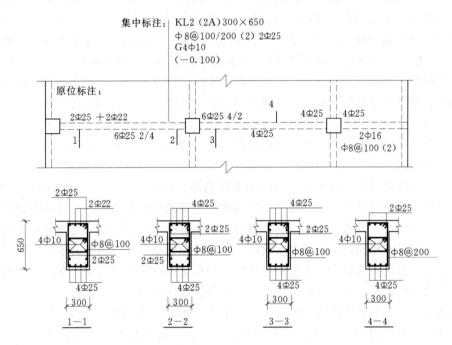

图3.5　梁平面注写方式（尺寸单位：mm）

注：本图四个梁截面采用传统表示方法绘制，用于对比按平面图注写方式表达的同样内容。实际采用平面注写方式表达时，不用绘制梁截面配筋图和相应截面符号。

梁的编号由梁类型、代号、序号、跨数及有无悬挑代号几项组成，如 WKJ12（3A）表示屋面框架梁、12号、3跨、一端悬挑，括弧中"A"表示一端悬挑，"B"表示两端悬挑，悬挑不计入跨数。

梁截面尺寸的标注，当为等截面梁时，用 b（宽）$\times h$（高）表示。

梁箍筋的标注包括钢筋级别、直径、加密区与非加密区间距及肢数。箍筋加密区与非加密区的不同间距及肢数需用斜线"/"分隔，箍筋肢数应写在括号内，见图3.6。

当同排纵筋中既有通长筋又有架立筋时，应用加号"+"将通长筋和架立筋相连，并将架立筋写在加号后面的括号内，以示与通长筋的区别。

当梁腹板高度 $h_w \geqslant 450\text{mm}$ 时，须配置纵向构造钢筋，以大写字母"G"打头，连续注写设置在梁两侧的总配筋值；当梁侧配置受扭纵向筋时，以大写字母"N"打头，连续注写配置在梁两侧的总配筋值。

63

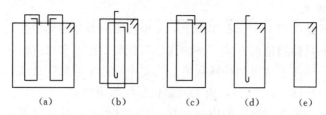

图 3.6　箍筋的形式

(a) 6 肢箍；(b) 5 肢箍；(c) 4 肢箍；(d) 3 肢箍；(e) 2 肢箍

梁顶面标高的高差，指梁顶面标高相对于结构层楼板面标高的高差值，对于结构夹层的梁，则指相对于结构夹层楼面标高的高差。有高差时，写入括号内，无高差时不注。

图 3.5 中的集中标注，其含义如下：框架梁 KL2 共两跨，一端有悬挑；梁截面尺寸为 300mm 宽、650mm 高；箍筋用直径 8mm 的 Ⅰ 级钢筋，加密区箍筋间距 100mm，非加密区箍筋间距 200mm，箍筋用 2 肢箍；梁上部有 2 根直径 25mm 的 Ⅱ 级钢筋作通长筋；梁两侧面共配置 4 根直径 10mm 的 Ⅰ 级钢筋作纵向构造钢筋，每侧面各配置 2 根；梁顶面标高比结构层楼面标高低 0.1m。

（2）原位标注。梁支座上部纵筋的标注包含贯通筋在内的所有纵筋。当上部纵筋多于一排时，用斜线"/"将各排纵筋自上而下分开。如梁支座上部纵筋注写为"6 ϕ 25 4/2"，表示梁上部纵筋是 6 根直径 25mm 的 Ⅱ 级钢筋，分两排布置，上排 4 根，下排 2 根。当同排纵筋有两种直径时，用加号"＋"将两种直径的纵筋相连，注写时将角部纵筋写在前面。当梁中间支座两边的上部纵筋不同时，须在支座两边分别标注配筋值；当梁中间支座两边的上部纵筋相同时，可仅在支座的一边标注配筋值，另一边省去不注。梁下部纵筋的表示方法与上部纵筋的表示方法基本相同。当梁下部纵筋不全部伸入支座时，将梁支座下部纵筋减少的数量写在括号内。例如，梁下部纵筋注写为"6 ϕ 25（－2）/4"时，表示上排纵筋为 2 ϕ 25，且不伸入支座，下排纵筋为 4 ϕ 25，全部伸入支座。

以图 3.5 中框架梁 KL2 第一跨的原位标注为例，说明梁左端支座纵筋共有 4 根，其中 2 根是直径 25mm 的 Ⅱ 级钢筋，分别放在两端角部，另 2 根是直径 22mm 的 Ⅱ 级钢筋；右端支座纵筋为 6 根直径 25mm 的 Ⅱ 级钢筋，分两排布置，上排 4 根，下排 2 根；梁底部

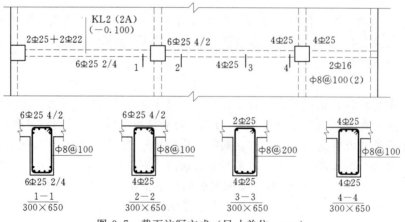

图 3.7　截面注写方式（尺寸单位：mm）

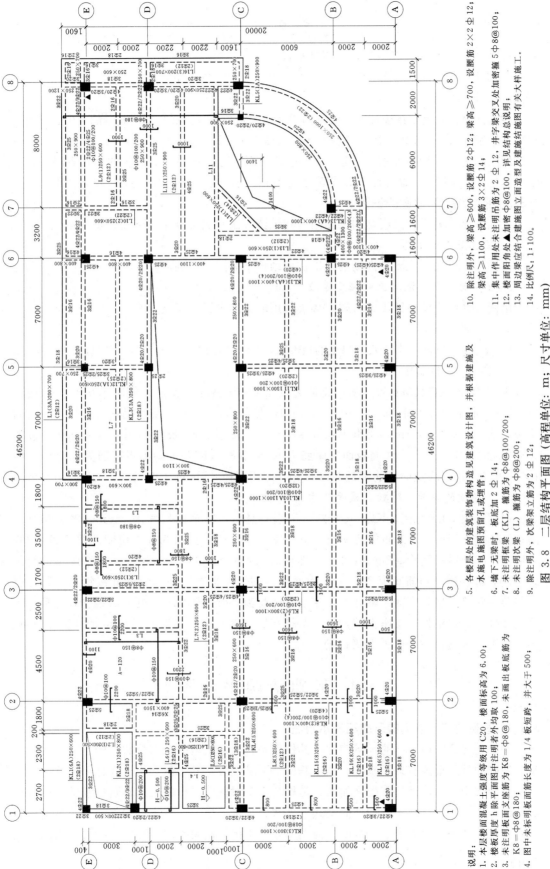

图 3.8 二层结构平面图（高程单位：m；尺寸单位：mm）

说明：
1. 本层楼面混凝土强度等级用 C20，楼面标高为 6.00；
2. 楼板厚度 h 除平面图中注明者外均取 100；
3. 未注明板面支座筋为 K8＝Φ8@180，未画出板底筋为 K8＝Φ8@180；
4. 图中未标明板面筋长度为 1/4 板短跨，并大于 500；
5. 各楼层处的建筑装饰物构造见建筑设计图，并根据施工及水施电施图预留孔或埋管；
6. 墙下无梁时，板底加 2 Φ14；
7. 未注明框架梁（KL）箍筋均加 2 Φ14；
8. 未注明次梁（L）箍筋为 Φ8@200；
9. 除注明外，次梁立筋为 2 Φ12；
10. 除注明外，梁宽≥600，设腰筋 3×2 Φ14；梁高≥700，设腰筋 3×2 Φ14；梁高≥1100，设腰筋 3×2 Φ14；
11. 集中作用处未注明吊筋为 2 Φ12，井字梁交叉处加密箍 5 Φ8@100；
12. 楼面阴角处Φ8加密箍 Φ8@100，详见结构总说明；
13. 周边梁应结合建筑造型及建施图立面施工，井字梁交叉处有大样加工。
14. 比例尺，1：100。

有 6 根直径 25mm 的 Ⅱ 级钢筋，分两排布置，上排 2 根，下排 4 根。

附加箍筋或吊筋直接画在平面图中的主梁上，注明总配筋值。

2. 截面注写方式

截面注写方式是指在按标准层绘制的梁平面布置图上，分别在不同编号的梁中各选择一根梁，指用剖面号引出配筋图，并在其上注写截面尺寸和配筋具体数值的方式，将图 3.7 中的断面图与图 3.5 中的断面图对比可见，这种截面注写方式的配筋数值的标注省略了指引线，简化了作图过程。截面注写方式既可以单独使用，也可与平面注写方式结合使用。

3.3.3 楼层结构平面图的识读

图 3.8 是某商场的二层结构平面图，其识读方法一般可分为以下几个步骤：

1. 了解图名和比例

由图 3.8 可知，该图是商场的二层楼板结构平面图，比例 1：100。

2. 了解楼板所用混凝土的强度等级

由图 3.8 中说明的第 1 条可知，楼板所用的混凝土强度等级为 C20。

3. 了解楼板的厚度

B1 板厚为 120mm，其余没标厚度的板由图 3.8 中说明的第 2 条可知，这些板厚为 100mm。

4. 了解楼板的配筋情况

B1 板底部钢筋双向布置，短向钢筋为直径 10mm 的 Ⅰ 级钢筋，间距 150mm；长向钢筋为直径 8mm 的 Ⅰ 级钢筋，间距 150mm；B1 板与 B2 板交接处支座钢筋为直径 10mm 的 Ⅰ 级钢筋，长度 2200mm，间距 100mm；B2 板、B3 板、B4 板底筋图中没有标明，按图 3.8 中说明的第 3 条 "未注明板面支座筋为 K8＝φ8@180，未画出板底筋为 K8＝φ8@180" 可知，这三块板的底筋都是 φ8@180，即用直径 8mm 的 Ⅰ 级钢筋，间距 180 mm。

5. 了解梁的编号、跨数、截面尺寸和配筋情况

以框架梁 KL1 为例，KL1 共 6 跨，一端有悬臂，梁截面尺寸为 250mm 宽、600mm 高；2 根直径 18mm 的钢筋作架立筋，箍筋图中没注明，按图 3.8 中说明的第 7 条可知，未注明的框架梁箍筋为 φ8@100/200，即箍筋为直径 8mm 的 Ⅰ 级钢筋，加密区箍筋间距 100mm，非加密区箍筋间距 200mm；梁底部钢筋为 4 根直径 20mm 的 Ⅱ 级钢筋；第二跨梁与第一跨梁交接处（即②轴处）支座上部钢筋为 4 根直径 22mm 的 Ⅱ 级钢筋，与第三跨梁交接处（即③轴处）支座上部钢筋分两排布置，第一排为 4 根直径 22mm 的 Ⅱ 级钢筋，第二排为 2 根直径 20mm 的 Ⅱ 级钢筋。

3.4 基 础 结 构 平 面 图

3.4.1 基础结构平面图的形成和表示方法

基础是建筑物最下部的承重构件，其作用是将上部结构的全部荷载连同自重传递给地基。基础的常见形式有条形基础、独立基础、桩基础等，其类型和构造详见第 7 章。

基础结构平面图简称基础平面图，是用与水平投影面平行的面沿建筑物基础剖切得到的全剖面图。主要反映基础构件的型式、做法、位置、尺寸、标高、构件编号及墙、柱的位置、尺寸和编号等内容。在基础平面图中，只画出被剖切到的墙和柱的断面、基础底面

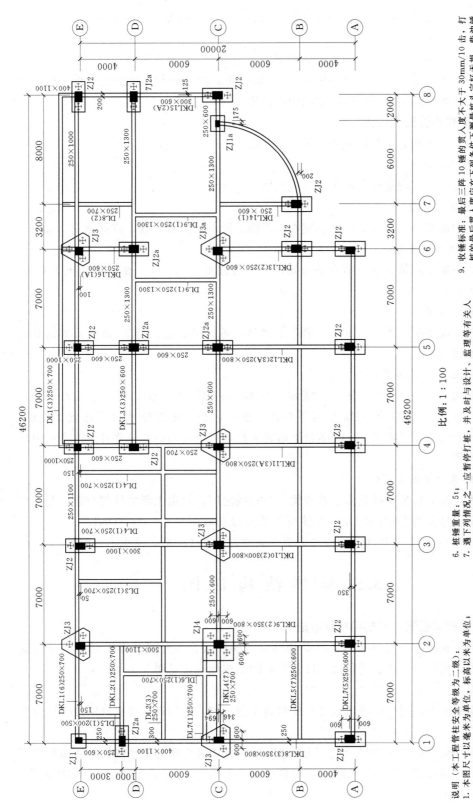

图 3.9 桩基础图

比例 1:100

说明（本工程管柱柱安全等级为二级）：
1. 本图尺寸以毫米为单位，标高以米为单位；
2. 本工程采用预应力管桩，桩径400；
3. 桩承台混凝土强度等级 C30，垫层混凝土 C10，垫层厚度 100，周边各种伸出 100，
   垫层厚度 35m，桩身混凝土强度等级为 C80，
4. 本工程单桩竖向承载力特征值为1400kN；周边管桩 φ400 管桩竖向承载力特征值为1400kN；
5. 桩长暂定 35m，桩身混凝土强度等级为 C80，

6. 桩锤重量：5t；
7. 遇下列情况之一应暂停打桩，并及时与设计、监理等有关人员研究处理：贯入度突变、桩头混凝土剥落、破碎；地面明显隆起、跑位、桩身移动过大；总锤击数超过第 10 条规定值，桩身回弹曲线不规则，然倾斜，邻桩上浮或桩身移动不规则；
8. 每根桩的总锤击数应符合下列规定：PC桩总锤击数不超过2000，最后 1m 沉桩锤击数不宜超过250，桩总锤击数不超过2000，最后 1m 沉桩锤击数不宜超过数执行。
9. 收锤标准：最后三阵10锤应在下列条件下测量桩头大于30mm/10 击，打桩的最后贯入度应在下列条件下测量桩头完好无损，桩身无损；打桩动正常；桩帽、桩锤、送桩器及桩身中心线重合；垫厚度等正常，打桩结束前立即测定有关规范和规程处理；预应力混凝土管桩的打桩设备、机具选择，施工规范和规程；
10. 预应力混凝土管桩的打桩设备、机具选择，应按现行规定执行。

轮廓线、基础梁及其中心线等。基础的具体形状、大小、材料等在基础详图中表示，在基础平面图中可以不画。

在基础平面图中，墙和柱断面的轮廓线用粗实线表示，并画上相应的材料图例（当图样比例较小时，钢筋混凝土材料可涂黑表示）；基础底的轮廓线和基础梁轮廓线用中实线表示，基础梁也可只用粗点画线画出它的中心位置。

3.4.2 基础结构平面图的识读

下面以图 3.9 为例介绍基础平面图的识读方法。

1. 了解图名和比例

由图 3.9 可知，该图是桩基础平面图，比例 1：100。

2. 了解基础的类型

由图 3.9 中说明第 2 条可知，该建筑物采用的是锤击预应力管桩，桩直径 400mm。

3. 了解混凝土强度等级

由图 3.9 中说明的第 3 条、第 5 条可知，桩承台混凝土为 C30，垫层混凝土为 C10，桩身混凝土为 C80。

4. 了解施工要求

由图 3.9 中说明第 4 条、第 6 条、第 7 条、第 8 条、第 9 条、第 10 条可了解到对施工质量、施工做法的要求。

5. 了解基础的平面布置情况

由图 3.9 可知，每根柱下都有桩基础，桩基础的编号有 ZJ1、ZJ1a、ZJ2、ZJ2a、ZJ3、ZJ3a、ZJ4 7 种，ZJ1 和 ZJ1a 承台下布置 1 根桩，ZJ2 和 ZJ2a 承台下布置 2 根桩，ZJ3 和 ZJ3a 承台下布置 3 根桩，ZJ4 承台下布置 4 根桩。桩孔的中心位置可由图 3.9 中所标注的尺寸得到。

6. 了解地梁的平面布置情况

由图 3.9 可知，每根轴线处都设有地梁；在轴线之间，根据上部墙体的布置情况也设有地梁。地梁编号分为 DKL 和 DL，并注明梁的跨数及截面尺寸。如"DKL5（7）250×600"等。地梁的表示方法和楼板结构平面图中梁的表示方法一样，这里不再重复。

3.5 楼 梯 结 构 详 图

3.5.1 楼梯结构平面图的形成和表示方法

楼梯结构平面图主要反映各构件（如楼梯梁、梯段板、平台板及楼梯间的门窗过梁等）平面布置、代号、大小、定位尺寸以及它们的结构标高，见图 3.10。

其内容如下：

（1）楼梯结构平面图中的轴线编号与建筑施工图一致，剖切符号仅在底层楼梯结构平面图中表示。

（2）楼梯结构平面图是设想沿上一楼层平台梁顶剖切后所作的水平投影。剖切到的墙用中实线表示；楼梯梁、板的轮廓线，可见的用细实线表示，不可见的则用细虚线表示；墙上的门窗洞口不表示。

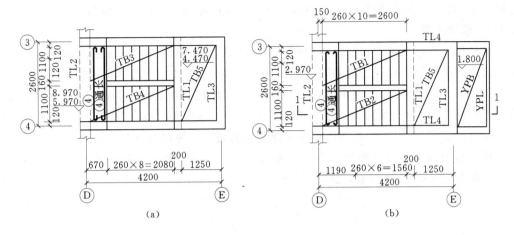

图 3.10 楼梯结构平面图（高程单位：m；尺寸单位：mm）

（a）楼层楼梯结构平面图；（b）底层楼梯结构平面图

　　图 3.10 是现浇板式楼梯的结构平面图。从图中可以看出平台梁 TL2 设置在 ⓓ 轴线上兼作楼层梁，底层楼梯平台通过平台梁 TL3，TL4 与室外雨篷 YPL、YPB 连成一体；楼梯平台是平台板 TB5 与 TL1、TL3 整体浇筑而成的；楼梯段分别为 TB1、TB2、TB3、TB4，它们分别与上、下的平台梁 TL1，TL2 整体浇筑；TB2、TB3、TB4 均为折板式梯段，其水平部分的分布钢筋连通而形成楼梯的楼层平台，平面图上还表示了该处双层分布钢筋 4 的布置。

3.5.2　楼梯结构剖面图

　　楼梯结构剖面图表示楼梯承重构件的竖向布置、形状和连接构造等情况，见图 3.11。

　　由 1—1 剖面图，并对照底层平面图 3.10 可以看出楼梯是"左上右下"的布置方法。第一个梯段是长跑，第二个梯段是短跑，剖切在第二梯段一侧，因此在 1—1 剖面图中，短跑及与短跑平行的梯段、平台均被剖切到，涂黑表示其断面。长跑侧，则只画其可见轮廓线，用细线表示。

　　楼梯结构剖面图上，标注了各构件代号，并说明各构件的竖向布置情况，

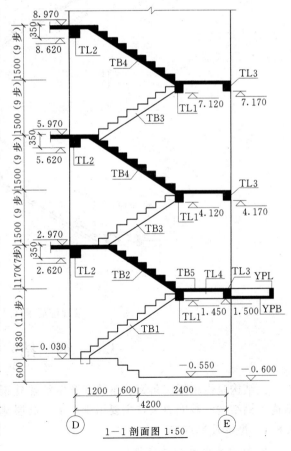

图 3.11　楼梯结构剖面图

（高程单位：m；尺寸单位：mm）

还标注了梯段平台梁等构件的结构高度及平台板顶、平台梁底的结构标高。

3.5.3 楼梯配筋图

在楼梯结构剖面图中，因比例较小，不能详细表示楼梯板和楼梯梁的配筋时，可以用较大的比例画出每个构件的配筋图，见图3.12。从图3.12中可看出，楼梯板下层的受力筋采用①φ10@150，分布筋采用④φ6@250；在楼梯段的两端、斜板截面的上部配置支座受力钢筋②和③φ10@150，分布筋④φ6@250；在楼板与楼梯段交接处，按构造配置支座受力筋③φ10@150。当钢筋布置不能表示清楚时，可以画钢筋详图表示。

外形简单的梁，可只画断面表示。如图3.12中 TL1 为矩形梁，梁底配置 2φ14 主筋，梁顶配置 2φ12 架立筋，箍筋用 φ6@200。

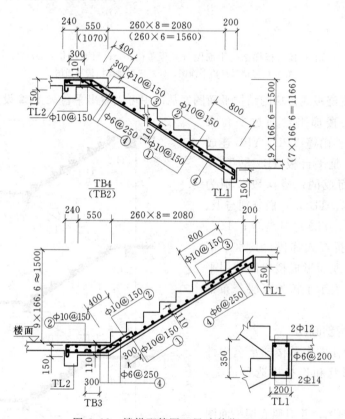

图 3.12 楼梯配筋图（尺寸单位：mm）

3.6 钢 结 构 图

钢结构是由钢板、角钢、钢管和圆钢等热轧钢材或冷加工成型的薄壁型钢制作而成的结构。钢结构承载能力大，主要用于厂房、高层建筑和大跨度建筑。

3.6.1 型钢及其连接

1. 钢的代号及标注方法

钢结构中所使用的钢材是由轧钢厂按标准规格（型号）轧制而成的，称为型钢。其标注方法见表3.4。

表 3.4　　　　　　　　　　　　　　型 钢 的 标 注 方 法

序号	名　称	断　面	标　注	说　明
1	等边角钢	∟	∟$b×t$	b 为肢宽，t 为肢厚
2	不等边角钢	∟	∟$B×b×t$	B 为长肢宽，b 为短肢宽
3	工字钢	I	IN　Q，IN	轻型工字钢时加注 Q 字，N 工字钢的型号
4	槽钢	[	[N　Q，[N	轻型槽钢时加注 Q 字，N 槽钢的型号
5	方钢	b	b	
6	扁钢	b	—$b×t$	
7	钢板		$\dfrac{-b×t}{t}$	$\dfrac{宽×厚}{板长}$
8	圆钢	●	ϕd	
9	钢管	○	DN××　$b×t$	内径　外径×壁厚
10	薄壁方钢管	□	B□$h×t$	
11	薄壁等肢角钢	∟	B∟$b×t$	
12	薄壁等肢卷边角钢		$B$$b×a×t$	薄壁型钢时加注 B 字
13	薄壁槽钢		B[$h×b×t$	
14	薄壁卷边槽钢		B[$h×b×a×t$	
15	薄壁卷边 Z 型钢		$B$$h×b×a×t$	
16	起重机钢轨		ꚍ QU××	×× 起重机钢轨型号
17	轻轨和钢轨		ꚍ ××kg/m 钢轨	×× 轻轨和钢轨型号

71

2. 型钢的连接

型钢的连接主要采用焊接、螺栓和铆钉连接。其中最常用的是焊接，见图 3.13。

（1）焊接。焊件经焊接以后所形成的结合部分称为焊缝。在焊接的钢结构图纸上，必须把焊缝的位置、型式和尺寸标注清楚。焊缝要按"国标"的规定采用焊缝代号标注。焊缝代号主要由基本符号、补充符号和指引线等部分组成。

1）基本符号表示焊缝断面的基本形式，采用近似于横剖面形状的符号表示，见表 3.5。

2）补充符号表示焊缝某些特征的辅助要求，见表 3.6。

3）指引线表示焊缝的位置，一般由箭头和两条基准线（一条细实线，一条细虚线）组成，见图 3.14。

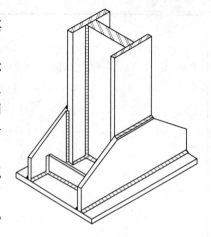

图 3.13　焊接连接示意图

表 3.5　　　　　　　　　　　　　　常用焊缝符号及标注示例

焊接名称	焊接型式	基本符号	标注示例
I 形焊缝		‖	
V 形焊缝		V	
单边 V 形焊缝		⋁	
角焊缝		◺	
带钝边 U 形焊缝		⋃	
封底焊缝		⌣	
点焊缝		○	
塞焊缝		⊓	

表 3.6　　　　　　　　　　　**焊缝补充符号及标注示例**

名称	补充符号	形式及标注示例	说　明
三面焊缝符号	⊏	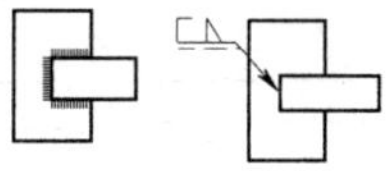 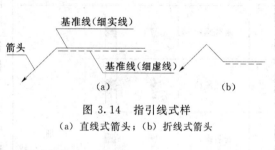	工件三面施焊,开口方向与实际方向一致
周围焊缝符号	○	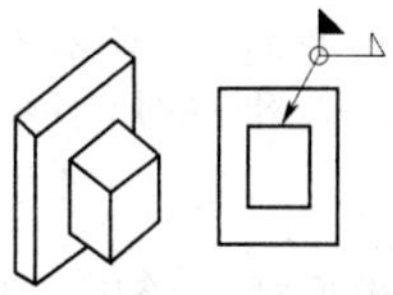	表示现场沿工件周围施焊
现场施缝符号	▶		
带垫板符号	▭	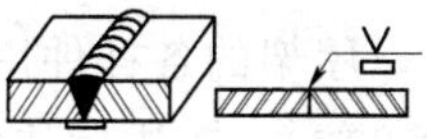	表示V形焊缝背面底部有垫板
尾部符号	 ◇90°	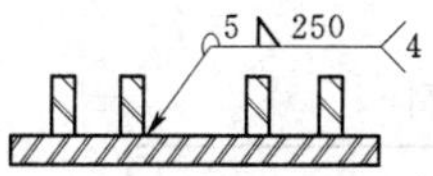	表示有4条相同的角焊缝

　　基准线的虚线既可以画在实线的下面,也可画在上面。基准线一般应与图样的底边平行。在标注焊缝符号时,如箭头指向施焊面,则焊缝符号标注在基准线的实线一侧,见图3.15;如箭头指向施焊面的背面,则将焊缝符号标记在基准线的虚线一侧,见图3.16;如标注对称焊缝及双面焊缝时,基准线的虚线可以省略不画,见图3.17。

图 3.14　指引线式样
(a) 直线式箭头;(b) 折线式箭头

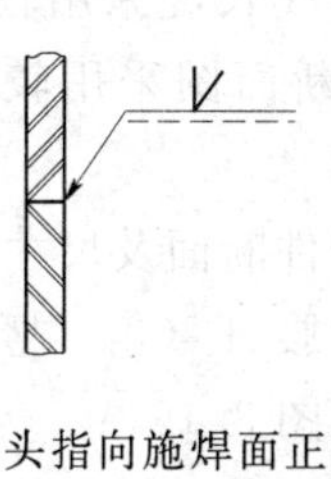

图 3.15　箭头指向施焊面正面时的标记

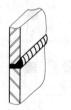
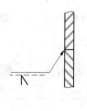

图 3.16　箭头指向施焊面背面时的标记

　　(2) 栓、孔、电焊铆钉连接钢结构构件图中的螺栓、孔、电焊铆钉的图例,见表3.7。

3.6.2　钢屋架结构施工图

　　钢屋架结构施工图是表示钢屋架的型式、大小、型钢的规格、杆件的组合和连接情况的图。主要包括屋架简图、屋架详图、杆件详图、连接板详图、预埋件详图以及钢材用量表等,见图3.18。

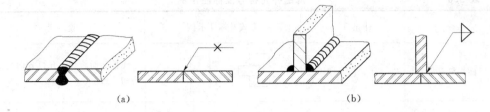

图 3.17　省略基准线的虚线

(a) 对称焊缝；(b) 双面焊缝

1. 屋架简图

屋架简图主要表示屋架的结构形式、跨度、高度、各杆件的几何轴线长度，是屋架制作和安装的依据。屋架上方的杆件称为上弦杆，下方的杆件称为下弦杆，中间的杆件（斜杆、竖杆）称为腹杆。在简图中，屋架的各杆件用单线画出，一般画在图纸的左上角。屋架的左半边标注尺寸（以 mm 为单位），右边标注内力（以 kN 为单位），比例常用 1∶100 或 1∶200。

表 3.7　螺栓孔、电焊铆钉图例

序号	名 称	图 例		说 明
1	永久螺栓			1. 细 "+" 线表示定位线　2. 必须标注螺栓孔、电焊铆钉的直径
2	高强螺栓	ϕd		
3	安装螺栓			
4	圆形螺栓孔			
5	长圆形螺栓孔	a		
6	电焊铆钉			

2. 屋架详图

屋架详图是用较大的比例画出的屋架立面图。对于对称的屋架可以只画出一半多点后折断，如图 3.18 中只画出了左半部分。各杆相交处为节点，在节点处用钢板（节点板）把各杆件连接在一起。

屋架详图除画屋架立面图外，还画出屋架上、下弦杆的平面图，屋架端部和屋架跨中的侧面图。此外还画出节点板、垫板等的形状和大小。

(1) 屋架详图的比例。通常采用两种比例，即屋架轴线长度采用较小的比例（1∶20），杆件的断面图采用较大的比例（1∶10）。

(2) 各杆件断面及尺寸。屋架杆件包括上、下弦杆和腹杆（斜、竖腹杆）三部分，其杆件断面见图 3.19。

详图中对每种不同形状、不同尺寸的杆件和零件都进行编号，编号位置在直径为 6mm 细实线的圆圈内，并用引出线指向杆件。

例如图 3.18 中，杆①为上弦杆，是由两根不等边角钢(∟100×80×6)以短边相连组成的 T 形断面，由材料表 3.8 查得其长度为 9030mm，长肢宽为 100mm，短肢宽为 80mm，厚度为 6mm。㉛、㉜和㉝为杆件中的垫板，尺寸查材料表 3.8。㉚为加劲板，尺寸见材料表 3.8。⑯、⑰等为节点板，尺寸见材料表 3.8。

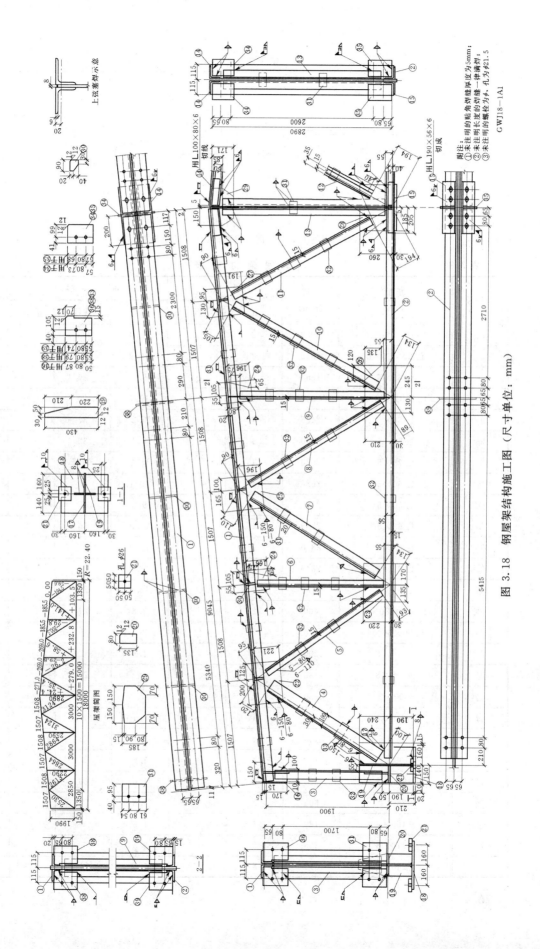

图 3.18　钢屋架结构施工图（尺寸单位：mm）

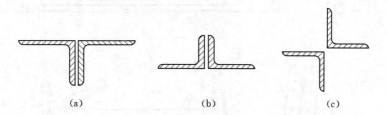

图 3.19 杆件断面

(a) T 形断面；(b) 倒 T 形断面；(c) 十字形断面

表 3.8　　　　　　　　　　　　　钢 屋 架 材 料 表

零件号	断面 (mm)	长度 (mm)	数量		重 量（kg）			备注
			正	反	每个	共计	合计	
①	∟ 100×80×6	9030	2	2	75.4	302		
②	∟ 90×56×6	8810	2	2	59.2	237		
③	∟ 63×5	1865	4		9.0	36		
④	∟ 100×63×6	2300			17.4	70		
⑤	∟ 50×5	2425	4		9.2	37		
⑥	∟ 50×5	2160	4		8.1	32		
⑦	∟ 75×5	2620	4		15.2	61		
⑧	∟ 50×5	2685	4		10.1	40		
⑨	∟ 50×5	2460	4		9.3	37		
⑩	∟ 63×5	2885	4		13.9	56		
⑪	∟ 63×5	2840	2		13.9	27		
⑫	∟ 63×5	2840	2		13.7	27		
⑬	∟ 63×5	2750	2		13.3	27		
⑭	∟ 100×80×6	400	2		3.3	27		
⑮	∟ 90×56×6	410	2		2.7	5		
⑯	−150×8	200	2		1.9	4		
⑰	−315×8	430	2		10.5	21		
⑱	−300×20	380	2		17.9	36	1209	
⑲	−80×8	430	4		2.1	8		
⑳	−80×8	135	2		0.7	3		
㉑	−100×20	100	4		1.6	6		
㉒	−235×8	325	2		4.8	10		
㉓	−250×8	305	2		4.8	10		
㉔	−160×8	180	2		1.8	7		
㉕	−210×8	265	2		3.5	7		
㉖	−240×8	375	2		5.6	11		

零件号	断面 (mm)	长度 (mm)	数 量		重 量 (kg)			备注
			正	反	每个 ·	共计	合计	
㉗	−205×8	225	2		2.9	6		
㉘	−290×8	370	1		6.7	7		
㉙	−185×8	300	1		3.5	4		
㉚	−70×8	901	6		0.4	6		
㉛	−60×8	100	19		0.4	8		
㉜	−60×8	80	42		0.3	13		
㉝	−60×8	120	4		0.5	2		
㉞	−140×8	210	2		1.9	4		
㉟	−140×8	205	2		1.8	4		
㊱	−145×8	225	4		2.1	8		
㊲	−135×8	195	4		1.7	7		
㊳	−145×8	215	4		2.0	8		
㊴	−145×8	210	4		1.9	8		

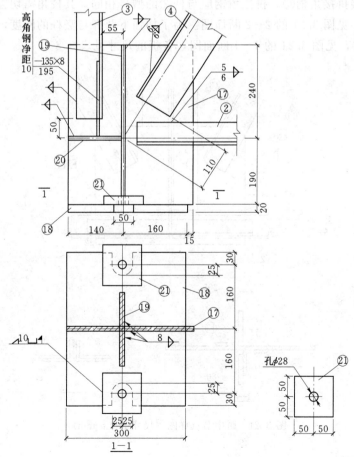

图 3.20 支座节点详图（尺寸单位：mm）

（3）杆件中的垫板。因各杆件均由双角钢组成，为保证两根角钢能共同工作，必须每隔一定距离在两根角钢间加设垫板。㉚加劲板的宽度由构造要求决定，一般为 50～80mm。T 形断面的垫板应伸出角钢肢间 10～15mm。如为十字断面的垫板，则从肢间缩进 10～15mm，以便焊接。

（4）屋架的节点。

1）节点板的形状和厚度：节点板的形状为矩形、梯形或平行四边形。它的轮廓尺寸决定于腹杆和弦杆的宽度、腹杆的斜度及腹杆的焊缝长度。

2）支座节点：支座节点是下弦杆②、竖杆③和斜杆④的连接点，见图 3.20。用⑰节点板连接这些杆件，在它的下端连接一块底板⑱，底板上有两个缺口，便于柱顶内的预埋螺栓穿过，然后把垫板㉑套在螺栓上拧紧螺母。垫板是在安装后再与底板⑱焊接的，用现场安装焊缝表示，见图 3.20 中的 1—1 剖面图。为加强连接的刚度，在节点板⑰与底板⑱之间焊了两块劲肋板⑲、⑳和两块 －135×8/195 劲板。各板的尺寸见材料表 3.8。

3）下弦杆的跨中节点：跨中节点连接了下弦杆②、竖杆⑬和斜杆⑪、⑫，用节点板连接这些杆件。在跨中节点处，下弦杆②是断开的，为保证断开处的强度和刚度，在下弦杆②的外侧焊接拼接角钢⑮。拼接角钢应与杆②的型号相同，其棱角需切去，以便与弦杆角钢紧密贴合，见图 3.21 的 2—2 断面图。为了加强下弦杆与竖杆的刚度，焊接了两块钢板 －80×8/200，见图 3.21 的 1—1 断面图，各板的尺寸见表 3.8。

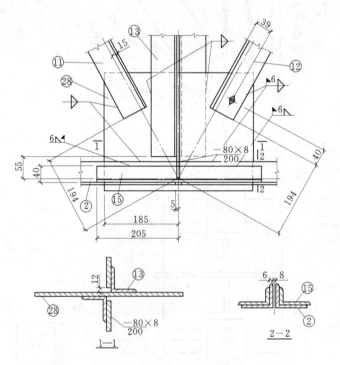

图 3.21 跨中节点详图（尺寸单位：mm）

本 章 小 结

（1）结构施工图主要表示房屋结构系统的结构类型，结构布置，构件种类、数量、内部构造、外部形状大小以及构件间的连接构造等。它包括结构设计说明、结构布置平面图和构件详图。结构施工图是结构设计的最终成果图，也是结构施工的指导性文件，是进行构件制作和安装，编制预算和安排施工进度的依据。

（2）楼层结构平面图主要表示每个楼层及屋面的梁、板、柱的平面布置，现浇钢筋混凝土楼（屋面）板的构造与配筋及相互之间的结构关系等。

（3）基础图是建筑物地下部分承重结构的施工图。它包括基础平面图和基础详图两部分。基础平面图主要表示基础的平面布置，基础与墙、柱的定位轴线的关系，基础底部宽度等。基础详图主要表示基础的形状、构造、材料、基础埋置深度和截面尺寸、室内外地面、防潮层等。

（4）钢筋混凝土楼梯结构图包括楼梯结构平面图、楼梯结构剖面图和楼梯配筋图。楼梯结构平面图主要表示各构件的平面布置及其代号、大小、定位尺寸及它们的结构标高等。楼梯结构剖面图表示楼梯承重构件的竖向布置、形状和连接构造等。楼梯配筋图主要反映楼梯板和楼梯梁内钢筋的规格、型号布置。

（5）钢结构是由钢板、角钢、钢管和圆钢等热轧钢材或冷加工成型的薄壁型钢制作而成的结构。钢结构的连接方法有焊接、螺栓连接和铆钉连接。最常用的是焊接。钢屋架结构图主要表示钢屋架的型式、大小、型钢的规格、杆件的组合和连接等，它包括屋架简图、屋架详图、构件详图、连接板详图、钢材用量表等。

思 考 题

3.1　结构施工图包括哪些内容？什么是钢筋混凝土？

3.2　钢筋按受力情况可分为哪几种？其作用分别是什么？

3.3　钢筋按强度和品种分为哪些等级？

3.4　什么是钢筋保护层？

3.5　钢筋的标注有哪两种形式？

3.6　平法的表达形式有什么特点？

3.7　柱平法施工图可采用哪两种注写方式表达？

3.8　梁平法施工图可采用哪两种注写方式表达？

3.9　梁平法施工图的平面注写方式包括哪几种注写形式？

3.10　梁集中标注的内容有哪几项必注值和选注值？

3.11　梁原位标注的内容有哪些规定？

3.12　什么是楼板结构平面图？

3.13　什么是基础结构平面图？

3.14　什么是钢屋架结构详图？

3.15　什么是标准图？

第4章 设备施工图

教学要求：

通过对本章的学习，应对建筑设备施工图的组成、特点及识图方法有所了解，并掌握设备施工图中一些常用的图例和符号，能够读懂系统平面图和轴测图，为识读复杂设备施工图奠定基础。

4.1 概　　述

建筑设备的安装与制作是保障一幢房屋能够正常使用的必备条件，也是房屋的重要组成部分。整套的设备工程一般包括：给排水设备；供暖、通风设备；电气设备；煤气设备等。建筑设备施工图所表达的内容就是这些设备的安装与制作。由于各种建筑设备施工图都有自己的特点，并且与建筑结构有着密切的联系，故作为经济与管理方面的专业人员，只有很好地识读这些图，才能更好地完成所担负的任务。

建筑设备施工图一般由基本图和详图两部分组成。基本图包括管线（管路）平面图、系统轴测图、原理图和设计说明；详图包括各局部或部分的加工和施工安装的详细尺寸及要求。基本图有室内和室外之分。建筑设备作为房屋的重要组成部分，其施工图主要有以下特点：

(1) 各设备系统一般采用统一的图例符号表示，这些图例符号一般并不完全反映实物的原形。因此，要了解这类图纸，首先应了解与图纸有关的各种图例符号及其所代表的内容。

(2) 各设备系统都有自己的走向，在识图时，应按一定顺序去读，使设备系统一目了然，更加易于掌握，并能尽快了解全局。例如在识读电气系统和给水系统时，一般应按下面的顺序进行：

电气系统：进户线→配电盘→干线→分配电板→支线→用电设备。

给水系统：引入管→水表井→干管→立管→支管→用水设备。

(3) 各设备系统常常是纵横交错敷设的，在平面图上难以看懂，一般需配备辅助图形——轴测投影图来表达各系统的空间关系。这样，两种图形对照阅读，就可以把各系统的空间位置完整地体现出来，更加有利于对各施工图的识读。

(4) 各设备系统的施工安装、管线敷设需要与土建施工相互配合，在看图时，应注意不同设备系统的特点及其对土建施工的不同要求（如管沟、留洞、埋件等），注意查阅相关的土建图样，掌握各工种图样间的相互关系。

4.2 给排水系统施工图

给排水系统是为了系统地供给生活、生产、消防用水以及排除生活或生产废水而建设的一整套工程设施的总称。给排水系统施工图则是表示该系统施工的图样，一般将其分为室内给排水系统和室外给排水系统两部分。室内给排水系统施工图包括：设备系统平面图、轴测图、详图和施工说明；室外给排水系统施工图包括：设备系统平面图、纵断面图、详图以及施工说明。

在给排水系统的施工图中，一般都采用规定的图形符号来表示。表4.1列出了一些常用的图例符号。

表 4.1   给排水施工图常用图例

序号	名称	图例	序号	名称	图例
1	生活给水管	—— J ——	11	污水池	
2	废水管	—— F ——	12	清扫口	平面 系统
3	污水管	—— W ——	13	圆形地漏	
4	立式洗脸盆		14	放水龙头	平面 系统
5	浴盆		15	水泵	平面 系统
6	盥洗槽		16	水表	
7	壁挂式小便器		17	水表井	
8	蹲式大便器		18	阀门井 检查井	
9	坐式大便器		19	浮球阀	平面 系统
10	小便槽		20	立管检查口	

4.2.1 给排水系统的平面图

给排水系统的平面图表明了该系统的平面布置情况。室内给排水系统平面图包括：用水设备的类型、位置及安装方式与尺寸；各管线的平面位置、管线尺寸及编号；各零部件的平面位置及数量；进出管与室外水管网间的关系等。室外给排水系统平面图包括：取水工程、净水工程、输配水工程、泵站、给排水网、污水处理的平面位置及相互关系等。

本章重点介绍室内给排水系统。

1. 给水平面图

在房屋内部，凡需要用水的房间，均需要配以卫生设备和给水用具。图 4.1 所示为某学生宿舍的室内给水管网平面布置图，其主要表示供水管线的平面走向以及各用水房间所配备的卫生设备和给水用具。

从图 4.1（a）中可以看出，给水引入管通过室外阀门井后引入楼内，形成地下水平干管，由墙角处三根立管上来，由水平支管沿两侧墙面纵向延伸，分别经过四个蹲式大便器和盥洗槽；另一侧水平支管分别经过一个小便槽和拖布盆以及两个淋浴间，然后由立管

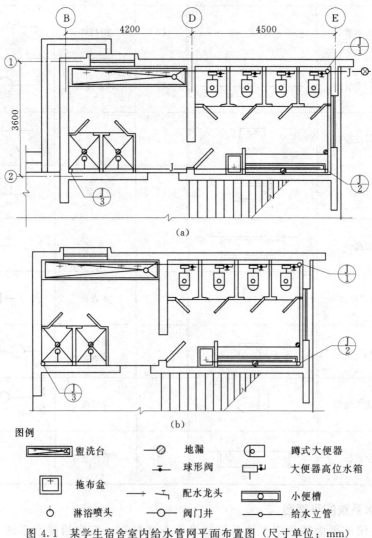

图 4.1　某学生宿舍室内给水管网平面布置图（尺寸单位：mm）

（a）底层给水管网平面布置图；（b）二、三层给水管网平面布置图

处再向上面各层供水。地漏的位置和各给水用具均已在图中标出，故按照给水管的平面顺序较容易看懂该图。请试着识读图 4.1（b）。

2. 排水平面图

排水平面图主要表示排水管网的平面走向以及污水排出的装置。仍以该学生宿舍为例给出如图 4.2 所示的排水平面图。为了靠近室外排水管道，将排水管布置在西北角，与给水引入管成 90°，并将粪便排出管与淋浴、盥洗排出管分开，把后者的排出管布置在房屋的前墙面（南面），直接排到室外排水管道。图中还给出了污水排出装置、拖布池、大便器、小便槽、盥洗池、淋浴间和地漏。请自行识读图 4.2（b）所示排水管网平面布置图。

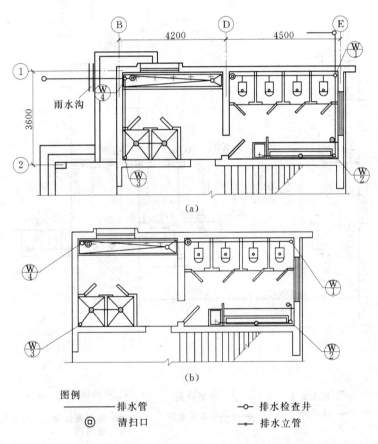

图 4.2　某学生宿舍室内排水管网平面布置图（尺寸单位：mm）
(a) 底层排水管网平面布置图；(b) 二、三层排水管网平面布置图

4.2.2　给排水系统的轴测图

给排水系统的平面图由于管道交错、读图时较难，而轴测图能够清楚、直观地表示出给排水管的空间布置情况，立体感强，易于识别。在轴测图中能够清晰地标注出管道的空间走向、尺寸和位置，以及用水设备及其型号、位置。识读轴测图时，给水系统按照树状由干到枝的顺序、排水系统按照由枝到干的顺序逐层分析，也就是按照水流方向读图，再与平面图紧密结合，就可以清楚地了解到各层的给排水情况。如图 4.3 所示的室内给水系

统轴测图,从引入管开始读图,各管的尺寸和用水设备的位置一目了然。如引入管标高为
-1.000m,第一根立管直径为 50mm,水平干管的标高为 -0.300m,最上层高位水箱的
标高为 8.800m 等。

在同一幢房屋中,排水管的轴向选择与给水管的轴测图一致。由于粪便污水与盆洗、
淋浴污水分两路排出室外,故其轴测图是分别绘制的。图 4.4(a)是盥洗台、淋浴间污
水管网轴测图;图 4.4(b)是大便器、地漏、小便槽排水管网轴测图。

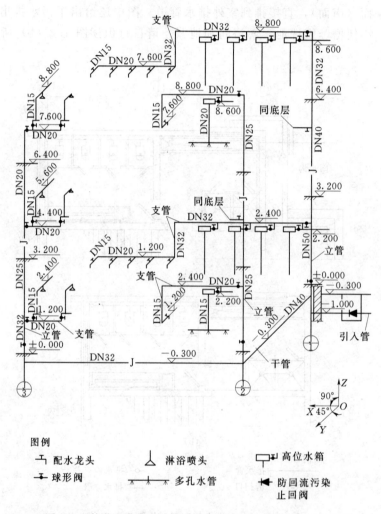

图 4.3　某学生宿舍室内给水管网轴测图(高程单位:m)

4.2.3　给排水系统的详图

给排水系统的详图用于表示某些设备、构配件或管道上节点的详细构造与安装尺寸。
如图 4.5 所示为坐式大便器的安装详图,表明了安装尺寸的要求,如水箱高度为 910mm,
坐便器与地面的高度为 350mm,水平进水支管高度为 250mm 等。又如图 4.6 所示圆形铸
铁地漏详图,表明了该地漏的加工尺寸以及制作要求,如外圆尺寸 $D=232mm$,上盖厚
度为 8mm,上盖与壳体的间隙为 2mm,选材为铸铁以及加强筋的设置等情况均可在该详
图中读出。

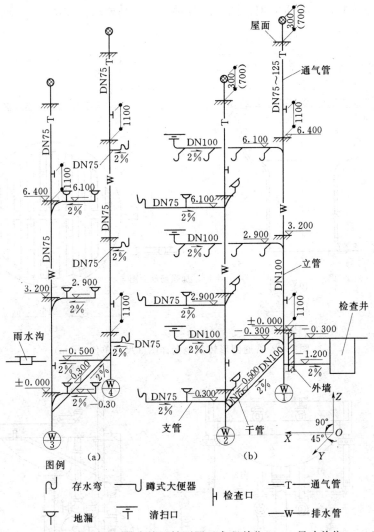

图 4.4 某学生宿舍室内排水管网轴测图（高程单位：m；尺寸单位：mm）

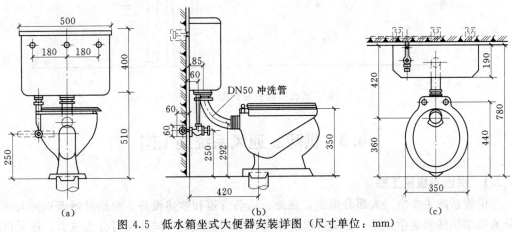

图 4.5 低水箱坐式大便器安装详图（尺寸单位：mm）
(a)正立面图；(b)侧立面图；(c)平面图

85

在识读详图时，应着重掌握详图上的各种尺寸及其要求。如图 4.7 所示为墙架式洗脸盆安装详图。

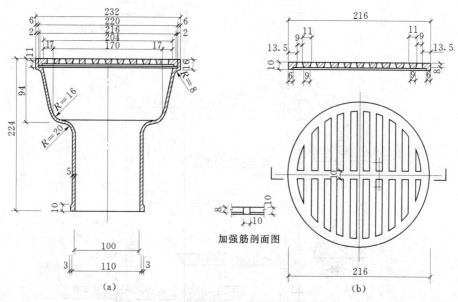

图 4.6 普通圆形铸铁地漏详图（尺寸单位：mm）

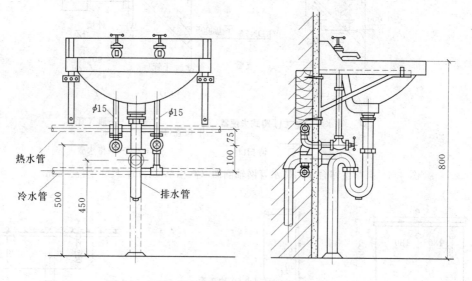

图 4.7 墙架式洗脸盆安装详图（尺寸单位：mm）

4.3 供暖、通风系统施工图

4.3.1 供暖系统施工图

供暖系统主要由三大部分组成：热源、输热管道和散热设备。根据供暖面积的大小可分为局部供暖和集中供暖。而集中供暖系统按所用热媒的不同，又可分为三类：热水供暖系统、蒸汽供暖系统以及热风供暖系统。此外，供暖管网一般具有四种布置形式：上行式、下行式、单立式和双立式。

供暖系统施工图分为室内和室外两部分。室内部分主要包括：供暖系统平面图、轴测图、详图以及施工说明。室外部分主要包括：总平面图、管道横剖面图、管道纵剖面图、详图以及施工说明。在供暖系统施工图中，各零部件均采用图例符号表示。表4.2列出了一些常用的图例符号。

表 4.2 　　　　　　　　　　　　供 暖 常 用 的 图 例

序号	名 称	图 例	序号	名 称	图 例
1	热水给水管	—— RJ —— 或 —————	15	集气罐	
2	热水回水管	—— RH —— 或 - - - - -	16	柱式散热器	
3	蒸汽管	—— Z ——	17	活接头	
4	凝结水管	—— N ——	18	法兰	
5	管道固定支架		19	法兰盖	
6	补偿器		20	丝堵	或
7	套管伸缩器		21	水泵	
8	方形伸缩器		22	散热器跑风门	
9	闸阀		23	泄水阀	
10	球阀		24	自动排气阀	
11	止回阀		25	除污器（过滤器）	立式　卧式
12	截止阀、阀门（通用）		26	疏水阀	
13	膨胀管	—— PZ ——	27	温度计	或
14	绝热管		28	压力表	

1. 供暖平面图

供暖平面图主要表示供暖系统的平面布置，其内容包括管线（热水给水管、热水回水管）的走向、尺寸，各零部件的型号和位置等。在识图时，若按照热水给水管的走向顺序读图，则较容易看懂。如图 4.8 所示的一办公楼底层供暖平面图。由图可知：热水给水管和热水回水管由左侧进入地沟，行至轴线⑥处再由立管升至顶层。图中还标注出了散热器的位置、数量以及管线的直径等。

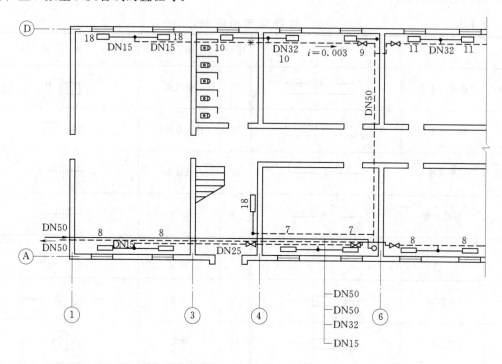

图 4.8 底层供暖平面图

2. 供暖轴测图

供暖轴测图是用正面斜轴测投影绘制的供暖系统立体图，图中也标明散热器的位置、数量以及各管线的位置、尺寸、编号等。与平面图对照，沿热水给水管走向顺序读图，可以看出供暖系统的空间相互关系。如图 4.9 所示为一下行上给式供暖系统轴测图。由图可知：从直径为 50mm 的热水给水管开始，把热能沿管线输送到各散热器，然后再沿各热水回水支管回到热水回水管。图中标明了入室热水给水管的高度为 −1.400m，各散热器的高度和每组的片数均已标出，而且还标明了阀门的位置等一些重要的尺寸和数据。

综上所述，在识读供暖施工图时，首先应分清热水给水管和热水回水管，并判断出管线的布置方式是上行式、下行式、单立式、双立式中的哪种形式，然后查清各散热器的位置、数量以及其他元件（如阀门等）的位置、型号，最后再按供热管网的走向顺次读图。

3. 供暖详图

供暖详图用以详细体现各零部件的尺寸、构造和安装要求，以便施工安装时使用。如

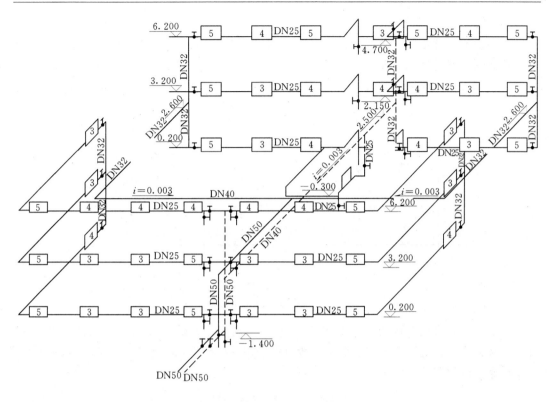

图 4.9　供暖系统轴测图（高程单位：m）

注：1. 走廊内采暖干管作保温处理；2. 环段放水阀采用 $d=15\text{mm}$ 止水门；3. 其他规定见标准图。

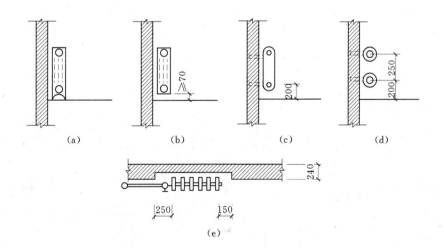

图 4.10　散热器安装详图（尺寸单位：mm）

（a）四柱有足；（b）四柱悬挂；（c）大 60 悬挂；（d）圆翼型；（e）散热器安装在墙内

图 4.10 所示为几种不同散热器的安装详图。当采用悬挂式安装时，铁钩要在砌墙时埋入，
待墙面处理完毕后再进行安装，同时要保证安装尺寸。

4.3.2　通风系统施工图

所谓通风，就是把室内被污染的空气直接或经净化后排到室外，把新鲜空气补充进来，从而保持室内空气环境符合卫生标准和满足生产工艺的需要。按通风系统的作用范围不同，通风可以分为局部通风和全面通风两种方式；按照通风系统的工作动力不同又可以

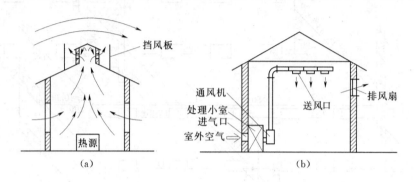

图 4.11　通风形式

（a）自然通风；（b）机械通风

分为自然通风和机械通风两种，如图 4.11 所示。通风系统施工图包括平面图、剖面图、轴测图和详图。在通风系统施工图中一般也都采用一些图例符号来表示，表 4.3 列出了通风系统施工图常用的图例符号。

表 4.3　　　　　　　　　　　　　通风系统施工图常用图例

序号	名　称	图　例	序号	名　称	图　例
1	风口（通用）	□ 或 ○	8	插板阀	
2	百叶窗		9	蝶阀	
3	轴流风机	或	10	对开多叶调节阀	手动　　　电动
4	离心风机		11	风管止回阀	
5	空气加热、冷却器	单加热　单冷却　双功能换热	12	软接头	～
6	加湿器		13	窗式空调器	
7	挡水板		14	分体空调器	

1. 通风平面图

通风平面图主要表明通风管道、通风设备的平面布置情况，一般包括以下内容：风道、风口、调节阀等设备的位置；风道、设备等与墙面的距离以及各部分尺寸；进出风口的空气流动方向；风机、电动机的型号等。通风平面图如图 4.12 所示。其中剖面图表示风管、设备等在垂直方向的布置情况和标高。由图 4.12（b）中Ⅰ—Ⅰ剖面图可以看出风管的高度尺寸是变化的：送风管的上表面水平，下表面倾斜；回风管的下表面水平，上表面倾斜，这种布置与其送排风量的大小有关。

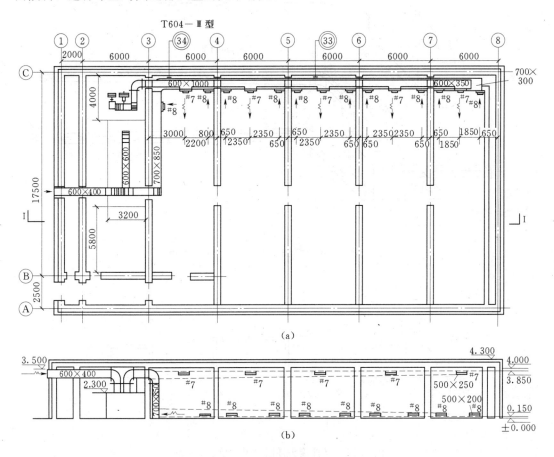

图 4.12 通风系统平面图、剖面图

（高程单位：m；尺寸单位：mm）

（a）平面图；（b）Ⅰ—Ⅰ剖面图

2. 通风轴测图及详图

通风轴测图可以清楚地表达出管道的空间曲折变化情况，立体感强，如图 4.13 所示。由图中很容易看出管道的空间走向以及通风系统的空间布置情况。

通风详图主要用于表达各零部件的尺寸及其加工、安装的要求等。如图 4.14 所示为风管接头的详图。

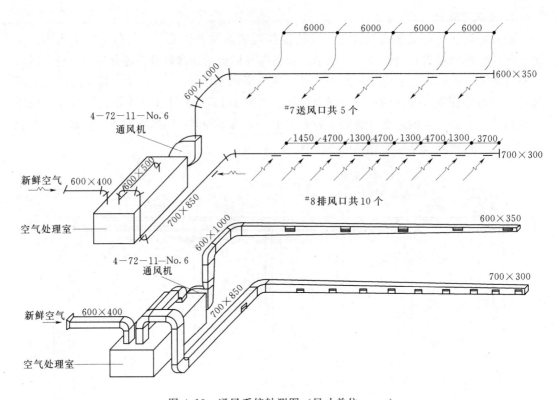

图 4.13　通风系统轴测图（尺寸单位：mm）

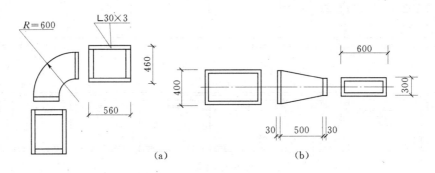

(a)　　　　　　　　　　(b)

图 4.14　风管接头详图（尺寸单位：mm）
(a) 风管转弯处；(b) 管道接头（大小头）

4.4　电气系统施工图

电在人们的生产、生活中起着极其重要的作用。在工程建设中，电气设备及其安装是必不可少的。电气设备一般可分为：照明设备，如白炽灯等；电热设备，如电烤箱等；动力设备，如电动机等；弱电设备，如电话等；防雷设备，如避雷针等。本节主要对照明设备的电气施工图作介绍，其他几种请读者自行了解。电气系统在房屋内部的顺序一般为：
进户线→配电盘→干线→分配电板→支线→用电设备。

4.4.1 图例和符号简介

电气系统施工图中的各电气元件和电气线路一般都采用图例来表示。表4.4列出了常用电气元件的图例，表4.5列出了常用电气线路图例。

表 4.4   常 用 电 气 元 件 图 例

序号	名　称	图　例	序号	名　称	图　例
1	电动机	Ⓜ	17	防水灯	
2	变压器		18	壁灯	
3	变电所		19	球形灯	
4	移动变电所		20	安全灯	
5	杆上变电站		21	墙壁灯	
6	配电箱		22	吸顶灯	
7	电表	kWh	23	日光灯	
8	交流电焊机		24	吊扇	
9	直流电焊机		25	排气风扇	
10	分线盒		26	单相插座： (a)明装；(b)保护式；(c)暗装	(a) (b) (c)
11	按钮		27	单相插座带接地插孔： (a)一般；(b)封闭；(c)暗装	(a) (b) (c)
12	熔断器		28	三相插座带接地插孔： (a)一般；(b)封闭；(c)暗装	(a) (b) (c)
13	自动空气断路器		29	开关： (a)明装；(b)暗装；(c)封闭	(a) (b) (c)
14	跌开式熔断器		30	拉线开关： (a) 一般；(b) 防水	(a) (b)
15	刀开关				
16	白炽灯	Ⓟ			

表 4.5 常 用 电 气 线 路 图 例

序号	名　称	图　例	序号	名　称	图　例
1	线路一般符号	———————	11	避雷线	——×————×——
2	电杆架空线路	—○——○—	12	接地	⊥
3	移动式电缆	—~~—	13	一根导线	—／—
4	接地接零线路	—／·—／—·—／—	14	两根导线	—∥—
5	导线相交连接	┼	15	三根导线	—／／／—
6	导线相交不连接	┼	16	四根导线	—／／／／—
7	导线引上和引下	↗ ↗	17	n 根导线	—／n—
8	导线由上引来或由下引来	↗ ↗	18	电杆 a 编号 b 杆型 c 杆高	◯—ab/c—
9	导线引上并引下	↗↙	19	带照明的电杆 A 相序，d 容量	◯—ab/c Ad—
10	电源引入	—◄——	20	带拉线的电杆	⊢—◯

除图例以外，电气系统中还采用许多符号来简化说明，表 4.6 列出了一些常用的电气文字符号。

4.4.2 电气系统施工图的组成

电气系统施工图主要包括以下内容：

（1）设计说明。主要包括电源、内外线、强弱电以及负荷等级；导线材料和敷设方式；接地方式和接地电阻；避雷要求；需检验的隐蔽工程；施工注意事项；电气设备的规格、安装方法。

（2）外线总平面图。主要用于表明线路走向、电杆位置、路灯设置以及线路怎样入户。

（3）平面图。主要用来表明电源引入线的位置、安装高度、电源方向；其他电气元件的位置、规格、安装方式；线路敷设方式、根数等。

（4）系统图。电气系统图不是立体图形，它主要是采用各种图例、符号以及线路组成的一种表格式的图形。

（5）详图。主要用于表示某一局部的布置或安装的要求。

表 4.6 电 气 文 字 符 号

名　称	符号	说　明
电源	m～fu	交流电，m 为相数，f 为频率，u 为电压
相序	A B C N	第一相，涂黄色 第二相，涂绿色 第三相，涂红色 中性线，涂白色或黑色
用电设备	$\dfrac{a}{b}$ 或 $\dfrac{a}{b}\bigg\|\dfrac{c}{d}$	a—设计编号；b—容量；c—电流，A；d—标高，m
电力或照明配电设备	$a\dfrac{b}{c}$	a—编号；b—型号；c—容量，kW
开关及熔断器	$a\dfrac{b}{c/d}$ 或 a—b—c/I	a—编号；b—型号；c—电流；d—线规格；I—熔断电流
变压器	a/b－c	a——次电压；b—二次电压；c—额定电压
配电线路	a (b×c) d－e	a—导线型号；b—根数；c—线截面；d—敷设方式和穿管直径；e—敷设部位
灯具	$a－b\dfrac{c×d}{e}f$	a—灯具数；b—型号；c—每盏灯泡数；d—灯泡容量，W；e—安装高度；f—安装方式
引入线	$a\dfrac{b－c}{d\,(e×f)－g}$	a—设备编号；b—型号；c—容量；d—导线牌号；e—根数；f—导线截面；g—敷设方式
线路敷设	M，A	明敷设，暗敷设
明敷设	CP CJ CB	瓷瓶或瓷柱敷设 瓷夹板或瓷卡敷设 木槽板敷设
暗敷设	G DG VG	穿焊接管 穿电线管 穿硬塑料管
线路敷设部位	L Z Q P D	沿梁下、屋架下敷设 沿柱敷设 沿墙面敷设 沿顶棚面敷设 沿地板敷设
常用照明灯具	T W P S	圆筒形罩灯 碗罩灯 玻璃平盘罩灯 搪瓷伞罩灯
灯具安装方式	G L X B D	吊杆灯 链吊灯 自在器吊线灯 壁灯 吸顶灯
导线型号	BV BVR BX BXR BXH BXG BLV BLX BLXG BXS	铜芯塑料线 铜芯塑料软线 铜芯橡皮线 铜芯橡皮软线 铜芯橡皮花线 铜芯穿管橡皮线 铝芯塑料线 铝芯橡皮线 铝芯穿管橡皮线 双芯橡皮线

4.4.3 电气系统施工图的识读步骤

识读电气系统施工图应按以下步骤进行：

（1）熟悉各种电气工程图例与符号。

（2）了解建筑物的土建概况，结合土建施工图识读电气系统施工图。

（3）按照设计说明→电气外线总平面图→配电系统图→各层电气平面图→施工详图的顺序，先对工程有一个总体概念，再对照着系统图，对每个部分、每个局部进行细致的理解，深刻地领会设计意图和安装要求。

（4）按照各种电气分项工程（照明、动力、电热、微电、防雷等）进行分类，仔细阅读电气平面图，弄清各电气的位置、配电方式及走向，安装电气的位置、高度，导线的敷设方式、穿管管径及导线的规格等。

如图 4.15 所示的电气系统外线总平面图。从图中可以看出：电源由大门东侧引入，通过设置在传达室的电能表，经过带路灯的电杆 1 到电杆 2，采用的是三相四线制，均用铝芯橡皮绝缘线，其中三根导线的截面面积均为 25mm²，一根导线的截面面积为 16mm²。线路由电杆 2 分别引入每幢房屋，在离地面 6.25m 高处的墙上预埋支架，然后再引入室内。

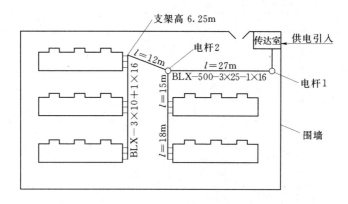

图 4.15　电气系统外线总平面图

图 4.16 为某宿舍一层电气系统平面图。图中表明：进户线是距地面高度为 3m 的两根铝芯橡皮绝缘线，在墙内穿管暗敷设，管径为 20mm。在⑧轴线走廊侧设有①号配电箱，暗装在墙内。配电箱尺寸及位置尺寸均已标出。从配电箱中分别引出①、②两条支路，每条支路各连接房屋一侧的灯具和插座，在②支路上还连有三盏球形走廊灯。从①号配电箱中还引上两根 4mm² 的铝芯橡皮绝缘线，用 15mm 直径的管道暗敷在墙内引至二楼的配电箱内。

图 4.17 所示为两层楼房的电气系统图。由图可知：各层的高度为 3m，电源由底层入户，通过电能表和开关（闸）分别引入一、二层。每层均设置一个分配电盘，并由分配电盘引出几组支线，每组支线上均标有该支线的负荷，每组支线均各设一个熔断器（插保险），其出线数为灯具与插座的总和。

进行电气安装时，一般都按照《电气施工安装图册》进行施工，若有不同的安装方法和构造时，须绘制详图。

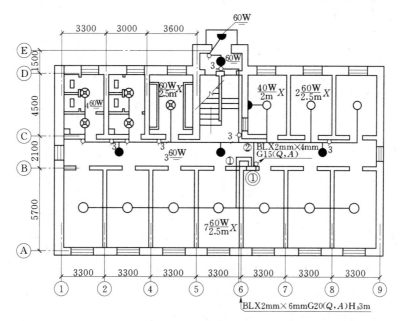

图 4.16 某宿舍一层电气系统平面图（尺寸单位：mm）

注：1. 进户线由电网架空引入单相二线 220V；2. 进户线、箱间干线、至门灯线为 BLX—500V 穿钢管暗敷设，其他为 BLV 铝卡钉明设；3. 凡未标截面、根数、管径者，均为 2.5mm²、2 根、150mm。

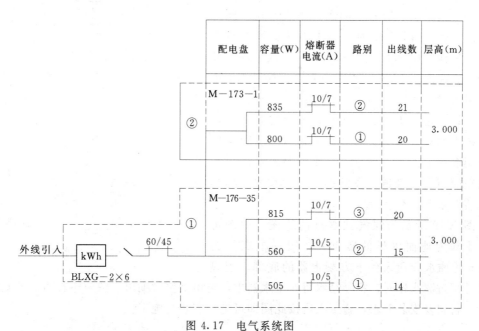

图 4.17 电气系统图

4.5 煤气系统施工图

由于城市煤气网的建设以及为了给居民提供更好的服务设施，煤气安装已成为现在住宅楼建设的重要组成部分。煤气管网的分布近似于给水管网，但由于煤气有剧毒，并且与

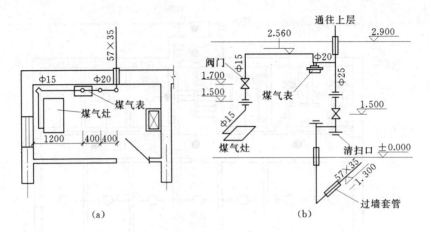

图 4.18 煤气系统平面图和系统图（高程单位：m；尺寸单位：mm）
(a) 平面图；(b) 系统图

空气混合到一定比例时易发生爆炸，所以对于煤气设备、管道等的设计、加工与敷设，都有严格的要求，必须注意防腐、防漏气的处理，同时还应加强维护和管理工作。

　　煤气施工图一般有平面图、系统图和详图三种，同时还附有设计说明。绘制的方法同给排水施工图一样。如图 4.18 所示为煤气系统平面图和系统图。在图 4.18（a）中可以看出：煤气管道由用户引入管从室外进入，通过立管进入到各楼层，再由干管、用户支管送入厨房；图中还表明了煤气系统平面布置的相关尺寸和要求（如管道穿墙要使用套管）等。在图 4.18（b）中表示出该系统的空间布置、管道、设备的尺寸、型号、标高及安装要求等。

　　图 4.19 所示为煤气抽水缸的详图。由图可知：上部为地面可见的砖砌井，用一根直径为 20mm 的抽水管通入到下方凝水器的底部，当煤

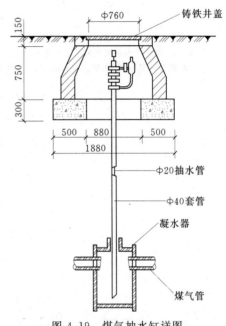

图 4.19 煤气抽水缸详图
（尺寸单位：mm）

气管道穿过凝水器时，将凝结水留在凝水器中，再由抽水管抽出。图中还表明了各元件的尺寸、材料及安装要求，施工人员按此图即可进行安装与施工。

本 章 小 结

　　室内给排水系统施工图包括设备系统平面图、轴测图、详图和施工说明。平面图用于表明给排水系统的平面布置；轴测图表明给排水系统的空间布置情况，识读给水轴测图时应按照树状由干到枝的顺序，识读排水轴测图则按照由枝到干的顺序；识读详图时应着重

掌握详图上的各种尺寸及其要求。

供暖系统施工图室内部分包括供暖系统平面图、轴测图、详图和施工说明。平面图主要体现供暖系统的平面布置；轴测图用正面斜轴投影绘制，识读时与平面图对照即可看出供暖系统的空间相互关系；详图体现各供暖部件的尺寸、构造及安装要求，主要为方便施工安装时使用。

通风施工图包括平面图、剖面图、轴测图和详图。平面图表明通风管道、设备的平面布置，轴测图表明各管道的空间变化情况，详图主要体现零部件的加工、安装要求及尺寸等。

电气系统施工图的识读顺序一般按照电流的走向进行；煤气系统施工图的识读顺序按照煤气的走向进行，以使系统一目了然，提高识图速度，便于掌握。

思 考 题

4.1　建筑设备一般包括哪些内容？

4.2　建筑设备施工图的组成与特点有哪些？

4.3　试述室内给排水图所包含的内容？

4.4　供吸管网有哪几种布置形式？通风系统又分为哪几种？

4.5　简述电气系统图的组成与识读步骤？

第5章 单层工业厂房施工图

教学要求:

通过对本章的学习,应对单层工业厂房施工图的组成、特点及识图方法有所了解,能够正确识读单层工业厂房的建筑、结构施工图,并比较单层工业厂房施工图与一般民用建筑施工图的异同点,为后续内容的学习打下基础。

5.1 概　　述

5.1.1 单层工业厂房施工图的组成

由于生产工艺条件的不同,工业厂房分为单层厂房和多层厂房。对于冶金类和机械制造类厂房,如金工、装配、机修、炼钢、锻压、轧钢等车间,一般均设有较重型的设备,生产产品的体积大,质量大,因而大多采用单层厂房。对于精密仪器、仪表、电子、轻工等车间,一般设有较轻型的设备,这些车间所生产的产品体积小,质量也不大,因而多采用多层厂房。多层厂房的结构形式和构造一般与民用建筑相类似,其施工图的识图方法与前面所述相同。这里主要讲述单层工业厂房施工图的识读。单层工业厂房是目前采用比较多的建筑类型,根据生产规模和生产工艺的不同,单层厂房又有单层单跨、单层双跨、单层三跨等形式。

单层工业厂房全套施工图的组成,包括建筑施工图、结构施工图、设备施工图及有关文字说明。建筑施工图包括平面图、立面图、剖面图和详图;结构施工图包括基础结构平面布置图及剖面,柱、梁、板、屋架、支撑等结构构件布置图与详图。设备施工图包括水、暖、电、工艺设备等施工图。这里只介绍建筑施工图和结构施工图。

5.1.2 单层工业厂房的重要结构构件

单层工业厂房承重结构一般有墙承重结构和柱承重结构两种类型。当厂房的跨度、高度及吊车的吨位较小时(吊车吨位 $Q<3t$),可采用墙承重结构。但现有大多数厂房的跨度较大、高度较高、吊车的吨位较大,所以常采用柱承重的横向排架结构。单层工业厂房的重要结构构件包括基础、柱、屋架(屋面梁)、基础梁、吊车梁、连系梁等。

5.2 单层工业厂房建筑施工图

现以某铸钢厂单层单跨厂房为例,结合该施工图纸的内容,将单层工业厂房建筑施工图的阅读方法介绍如下。其具体内容见表5.1、表5.2及图5.1~图5.13。

5.2.1 建筑平面图

单层工业厂房平面图主要表现厂房的平面形状、平面布置及有关尺寸。图5.1(建施1)是某铸钢厂厂房的平面图。车间的平面形状为矩形,总长为60740mm,中柱距为

表5.1　图纸目录、门窗及标准图统计表

图纸目录

序号	图别	图号	图　名	备注
1	首页	1	图纸目录,门窗统计表、标准图统计表	
2	首页	2	设计总说明	
3	建施	1	平面图	
4	建施	2	1—11轴立面图	
5	建施	3	1—1,2—2剖面图	
6	建施	4	天窗、挡风板平面图	
7	建施	5	屋面排水平面图	
8	结施	1	基础平面图	
9	结施	2	J—J、J—J'及剖面图	
10	结施	3	柱网、吊车梁、车挡、柱间支撑平面布置图	
11	结施	4	屋架、屋面板及圈梁、过梁布置图	
12	结施	5	屋架上弦支撑布置图	
13	结施	6	屋架下弦支撑布置图	
14	结施	7	天窗支撑、挡风板风板构件布置图	
15	结施	8	构件统计表及圈梁、卧梁剖面图	

门窗统计表

序号	设计编号	规格	樘数	图集编号	立面编号	立面页次	节点页次	备注
1	M—1	3300×3600	4	J643	M_{22}—3336	5		25
2	C—1	3600×3600	16	J736(一)	$GH348$—3636	27	36,38~41	
3	C—2	3600×2400	20	J736(一)	GH_{49}—3621	15		25
4	C—3	280×2400	4	J815	Tc15—10	2	30,31	
5	C—4	5368×1500	16	J815	Tc15—7	2	30,31	
6	C—5	570×1500	14	J815	Tc15—9	2	30,13	

标准图统计表

序号	类别	图集编号	图集名称	常用页次	备注
1	国标	CG329(一)	建筑物抗震构造详图		
2	国标	G410(一)	1.5×6M 预应力钢筋混凝土屋面板		
3	国标	G511及G511抗补	梯形钢屋架		
4	国标	G512及G512抗补	钢形钢屋架		
5	国标	G325	钢筋混凝土吊车梁		
6	国标	CG336(一)	车挡及轧道连接型号		
7	国标	CG357	柱间支撑		
8	国标	CG335(一)(二)(五)(七)	钢筋混凝土抗风柱		
9	国标	G320	基础梁		
10	国标	G322	混凝土预制过梁		
11	国标	J645	平开钢木大门		
12	国标	C836	天窗挡风板及挡雨窗		
13	国标	J736(一)	实腹钢侧窗		
14	国标	J815	上弦钢天窗		
15	国标	J736(二)	实腹钢侧窗		
16	国标	J736(三)	钢天窗架建筑构造		
17	国标	J830(二)	预制挑檐板		
18	省标	辽G103(一)	预应力空心板		
19	省标	辽93G401	砖墙节点		
20	省标	辽J201	中小学建筑配件		
21	省标	辽J805	新型卷材建筑防水构造		
22	省标	辽915J001(一)	屋面面构造		
23	省标	辽92J201	一般楼地面建筑构造		
24	国标	J330			

工程项目	某铸钢厂		
工程名称	某车间		
	图纸目录	图别	
	标准图统计表	图号	
	门窗统计表	比例	
某集团设计院		日期	首页　1

总工程师		室主任	
总建筑师		专业负责人	
主任建筑师		校对	
项目负责人		设计	
审定		制图	

表 5.2　　　　　　　　　　　设 计 总 说 明

设计总说明

1. 本施工图系根据某文批准的某号扩大初步设计及建设单位提出的使用要求和工艺条件进行设计的，建筑面积为 1138.27m²。

2. 本建筑物的假定标高±0.000，相当于原厂房±0.000 加 200。

3. 本设计按地震烈度 7 度设防。有关抗震措施，除本图所示者外，其他部分均见《建筑物抗震构造详图》(CG329)。

4. 本图尺寸均以毫米为单位，标高以米为单位。

5. 所有建筑结构图纸的预留孔洞及水、暖、电的预埋管道，施工时应与有关专业图纸配合。

6. 在设计中所选用的标准图、通用图和重复利用图不论选用局部节点或全部详图，均应按照各选用图的有关说明进行施工。

7. 根据某设计院地质队提出的地质资料（编号 9363）地基承载力标准值 f_k 为 190kPa。

8. 本图钢筋混凝土基础的混凝土用 C20，详见结构图。

9. 本工程的砖砌体：用 MU10 砖，水泥石灰混合砂浆砌筑，砂浆标号为 M5。

10. 墙身防潮层：所有内、外墙（除图纸特别注明外）均在室内地面以下一皮砖处做 20 厚 1∶2 水泥砂浆（加水泥质量 0.5% 的防水剂）防潮层。

11. 屋面防水采用 SBS 防水材料。

12. 楼地面做法：车间处为矿渣地面，见 J330，
　　　　　　　　休息间、门洞处为细石混凝土地面，
　　　　　　　　见 J330。

13. 室外装饰：详见立面图。

14. 室内装饰：采用 1∶2.5 水泥砂浆抹面。

15. 钢门窗：均用樟丹打底，外门及外窗的外表面刷棕色醇酸调和漆，内门窗及外门窗的内表面刷棕色醇酸调和漆，均三遍成活。

16. 所有嵌入墙内的木构件，门窗框，与墙体接触一侧，均应刷防腐油。所有外露铁件均应用樟丹打底，并刷棕色调和漆两遍。

17. 本图未说明的有关施工质量事项，均按有关规定及规范办理。

某集团设计院		工程项目	某铸钢厂
		工程名称	厂房
总工程师	室主任	设计总说明	设计号
总建筑师	专业负责人		图别　首页
主任工程师	校对		图号　2
项目负责人	设计		比例
审定	制图		日期

6000mm，端柱距为 5400mm。跨度为 18000mm，总宽为 18740mm。柱子采用钢筋混凝土工字形牛腿柱，其截面尺寸为 500mm×900mm，共有 22 根。山墙设抗风柱 4 根。厂房内设有两台桥式吊车，吊车大小钩起重量为 30t/5t。在东、西两侧外墙上③轴、④轴和⑧轴、⑨轴柱间各设有两个 M—1 平开大门，宽度为 3300mm，为了运输方便，门入口处均设有坡道。其他柱间分别设有宽度为 3600mm 的 C—1 低侧窗和 C—2 高侧窗。室外四周设置散水，散水宽度为 800mm。外墙厚度为 370mm，南侧山墙上设有爬梯，其构造详图从标准图集中选用。图中反映出 1—1，2—2 剖面图的剖切位置及投影方向。

5.2.2　建筑立面图

如图 5.2（建施 2）所示，该图为①～⑪轴立面图，比例为 1∶100。立面图的识读应与图 5.1（建施 1）平面图对照，从图中可以看到立面装修的做法，门窗的型式和数量，檐口及排水方式，有无天窗，屋面消防检修梯的位置等。该厂房的立面装修采用黑白石子水刷石，墙面沿窗洞口水平划分。每个开间设 C—2、C—1 高、低两排侧窗，从檐口沿墙面设有 6 个雨水管，屋顶设有天窗，南侧山墙上设有屋面消防检修梯。

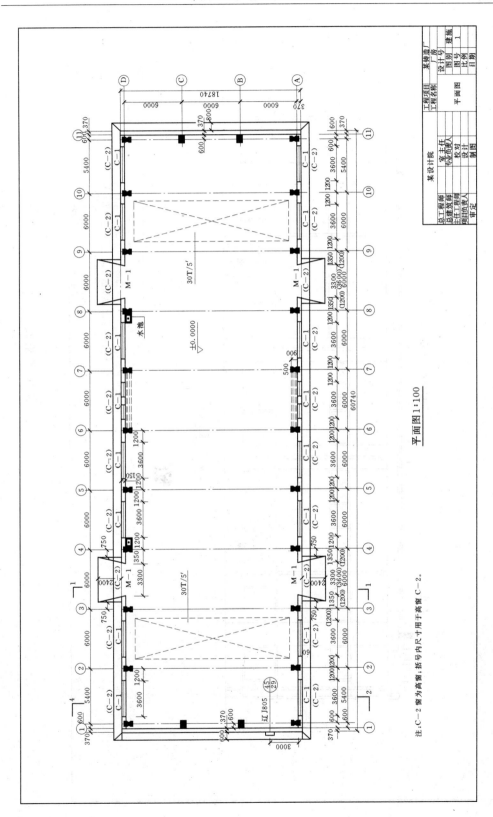

平面图 1:100

注:C-2 窗为高窗;括号内尺寸用于高窗 C-2。

图 5.1 平面图（建施 1）

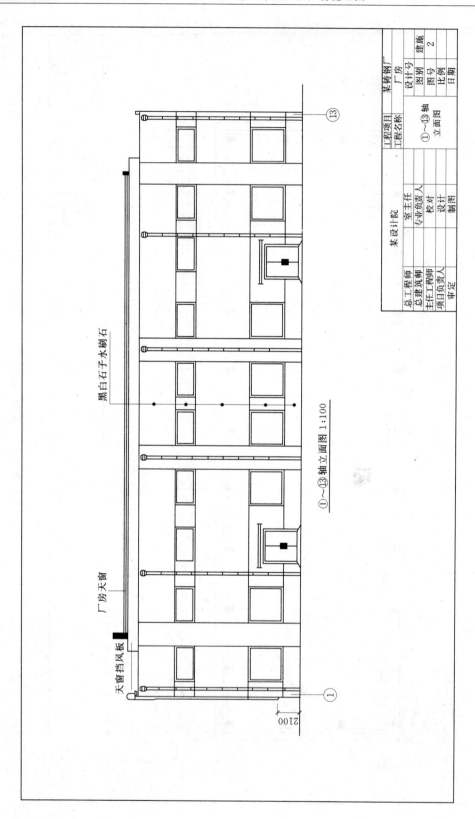

①～⑬轴立面图 1:100

图 5.2　①～⑬轴立面图（建施 2）

5.2.3 建筑剖面图

建筑剖面图的识读，首先要与平面图上的剖切位置和投影方向对应起来。从图 5.1（建施 1）的平面图上可以看出，1—1 剖面和 2—2 剖面，两个剖面均为横剖面，1—1 剖面经过门洞口剖切，2—2 剖面经过窗洞口剖切。如图 5.3（建施 3）所示，从图中可以看到以下内容：

（1）厂房的跨度是 18000mm。

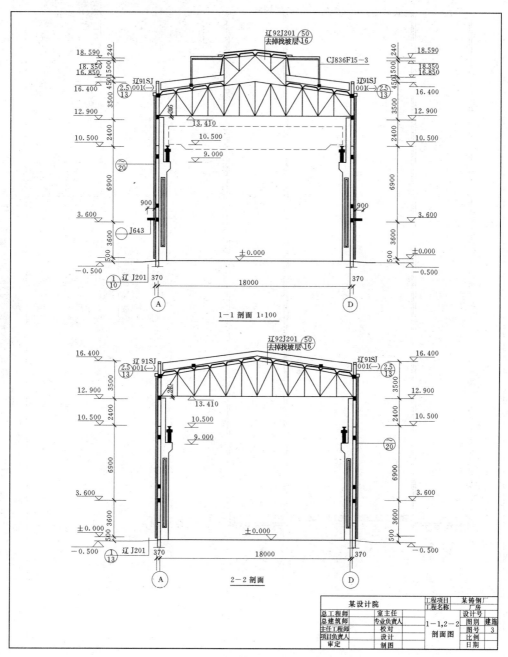

图 5.3　1—1、2—2 剖面图（建施 3）

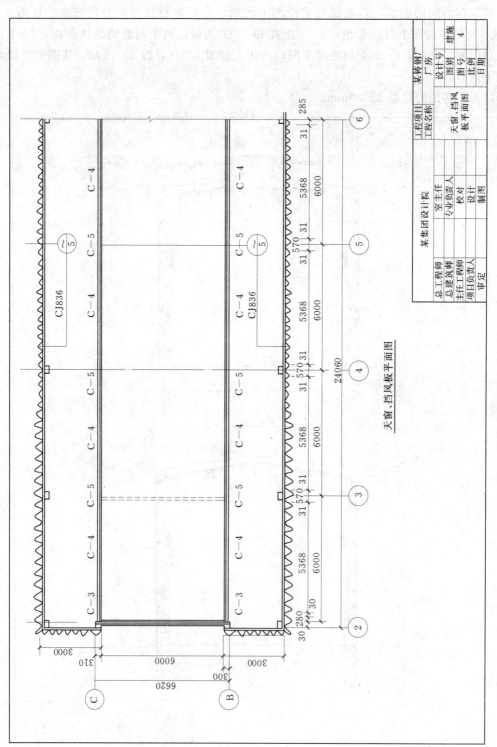

天窗、挡风板平面图

图 5.4　天窗、挡风板平面图（建施 4）

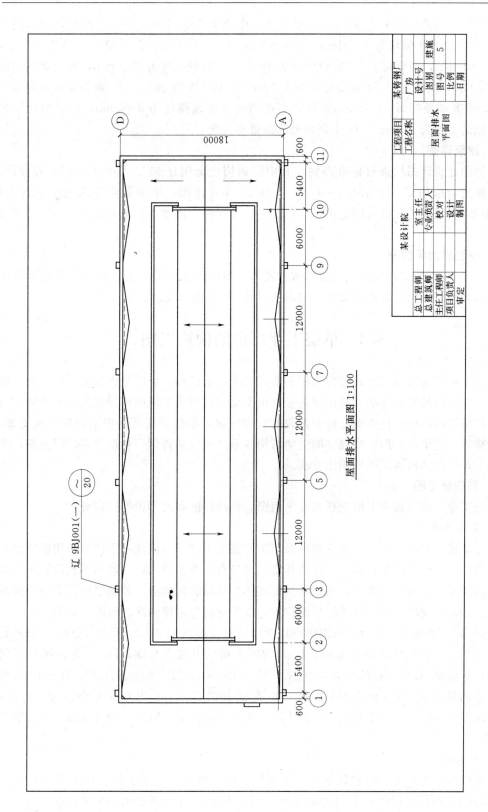

屋面排水平面图 1:100

图 5.5 屋面排水平面图（建施 5）

（2）厂房内外标高和有关高度尺寸。其中柱子牛腿标高为 9.00m，吊车轨顶标高为 10.50m，屋架下弦标高为 13.41m；室外地坪标高为 —0.50m，门过梁底标高为 3.60m，门高为 3600mm；高侧窗 C—2 窗台标高为 10.50m，窗洞高度为 2400mm，窗过梁底面标高为 12.90m；低侧窗 C—1 窗台标高为 1.20m，窗洞高度为 3600mm，窗过梁底面标高为 4.80m；女儿墙顶标高 16.40m，窗过梁底面到女儿墙顶高度为 3500mm；厂房内柱顶到屋架下弦的高度为 210mm。1—1 剖面处屋面带有天窗。

5.2.4 建筑详图

本例的建筑详图均选自标准图集，其中屋面构造选用辽 92J201 中 16 页 50 号详图，女儿墙处构造选用辽 91SJ001（一）中 13 页 2、5 号详图，雨水管构造选用辽 91SJ001（一）中 20 页，坡道构造选用辽 J201 中 10 页 1 号详图，散水构造选用辽 J201 中 13 页 1 号详图。

5.2.5 屋面排水平面图

如图 5.5（建施 5）所示，屋面排水方式为有组织排水，经女儿墙内天沟外雨水管排除。屋面为双坡屋面，天沟内设置坡向雨水口处 1‰ 的纵向坡度。

5.3 单层工业厂房结构施工图

单层工业厂房的结构形式通常采用钢筋混凝土排架结构，也就是由屋架、柱子和基础组成若干个横向的平面排架，再由屋面板、吊车梁、连系梁等纵向构件连成空间整体。为了保证厂房空间结构的整体稳定性和荷载的可靠传递，根据需要厂房中还设置柱间支撑、屋盖支撑等，使单层厂房构成完整的空间结构体系。现以某铸钢厂单层单跨厂房为例，介绍单层工业厂房结构施工图的识图方法。

5.3.1 基础施工图

单层工业厂房基础施工图包括基础平面图、基础详图和文字说明三部分。

1. 基础平面图

由于单层工业厂房的竖向承重构件采用钢筋混凝土柱子，因此柱下通常采用钢筋混凝土独立基础，一般为杯形基础。厂房的外墙大多是自承重围护墙，一般不单独设置条型基础，而是将墙砌筑在基础梁上，基础梁搁置在杯型基础的杯口上。基础平面图主要反映杯型基础、基础梁或墙下条形基础的平面位置，以及它们与定位轴线之间的相对关系。

如图 5.6（结施 1）所示，从图中可以看出，独立基础有 J—1，J—1'，J2—8 三种类型，J—1 为 ②～⑩ 轴柱下独立基础，J—1' 为四个角柱下独立基础，J2—8 为抗风柱下独立基础。基础梁 JL 位于柱的外侧，有 JL—33、JL—33'、JL—40、JL—23、JL—42 五种类型。基础梁选自 G320 标准图集，JL—33' 配筋参照 JL—33，其中 ① 号筋改为 5 ϕ 25，④ 号筋改为 ϕ 10@ 100，且 JL—33' 与 MT7—36A 一起现浇。MT7—36A 见图 5.8（结施 3）中所示。

2. 基础详图

基础详图是柱下独立基础做垫层、支模板、绑扎钢筋、浇筑混凝土施工用的，如图 5.7（结施 2）所示。以图中 J—1 基础为例，可以看出 J—1 基础是用一个平面图和一个剖

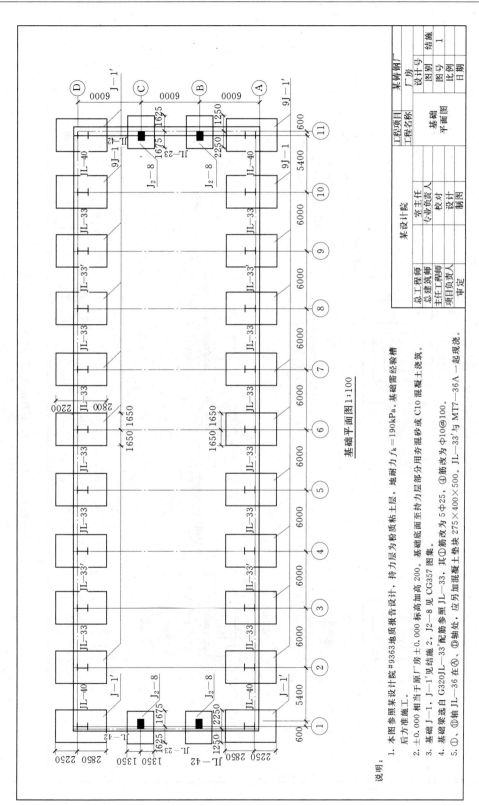

基础平面图 1:100

说明：

1. 本图参照某设计院#9363地质报告设计，持力层为粉质粘土层，地耐力 $f_k = 190$ kPa。基础需经验槽后方准施工。
2. ±0.000 相当于原厂房±0.000 标高加高 200。基础垫±0.000 标高加高 200。基础底面至持力层部分用夯混凝土浇筑。
3. 基础 J—1、J—1'见结施 2，J2—8 见 CG357 图集。
4. 基础梁选自 G320JL—33 配筋参照 JL—33，其①筋改为 5Φ25，①筋改为Φ10@100。
5. ①、⑪轴 JL—36 在④、⑪轴处，应另加混凝土垫块 275×400×500。JL—33'与 MT7—36A 一起现浇。

图 5.6　基础平面图（结施 1）

工程项目		某铸钢厂	
工程名称		厂房	
		设计号	
		图别	结施
工程名称	基础	图号	1
	平面图	比例	
		日期	
某设计院	负责人		
总工程师	室主任		
总建筑师	专业负责人		
主任工程师	校对		
项目负责人	设计		
审定	制图		

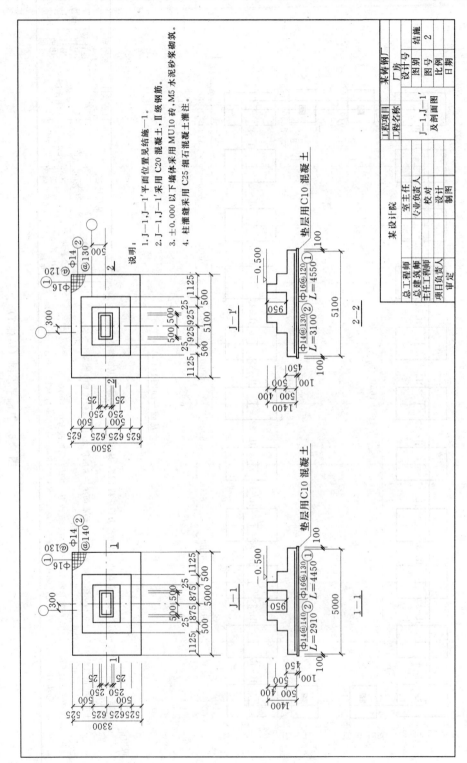

图 5.7 J—1、J—1′及剖面图（结施 2）

面图来表示的，在平面图上反映出基础的外形尺寸，长为5000mm，宽为3300mm，以及每一阶的长、宽尺寸和杯口的尺寸，同时也表示了柱子的尺寸为1000mm×500mm。从详图的局部剖切处和1—1剖面图可以了解基础底面沿长宽两个方向的配筋情况，长度方向配置①号筋，长度$L=4450$mm，直径为16mm，间距为130mm，宽度方向配置②号筋，长度$L=2910$mm，直径为14mm，间距为140mm。该详图同时反映出横向和纵向定位轴线与基础中心线的距离为300mm和500mm。

在1—1剖面图上看出杯型基础的高度为1400mm，以及每一阶的高度和杯口的深度分别为500mm、500mm、400mm和950mm，杯口标高为−0.500，基础下面铺设C10混凝土垫层，每边宽出基础底面100mm。

5.3.2 梁、板、柱等结构构件布置图及详图

梁、板、柱等结构构件布置图表示厂房屋盖以下、基础以上全部构件的布置情况，包括柱、吊车梁、连系梁、过梁、圈梁、柱间支撑、门樘等构件的布置。通常将这些构件画在同一结构布置图上，为了更清楚地表示这些构件的上下位置关系，还可以用详图辅助表示。读图具体内容如下：

1. 柱

厂房中的各个柱子，由于生产工艺要求和承受的荷载以及所布置的位置不同，在构件布置图中采用不同的编号来加以区别。图中Ⓐ轴和Ⓓ轴柱列共有三种类型，虽然柱子的截面均为工字形，且配筋都相同，但由于柱子所处的位置和与之连接的其他构件不同，柱子上设置的预埋件的数量和位置也不同。如图5.8（结施3）所示，在图中三种柱子分别以BZ743a—10G，BZ743—10G，BZ743c—10G 表示。BZ743a—10G 是四个角柱，BZ743c—10G 是⑥轴和⑦轴之间由于设置柱间支撑，从而使柱子上的预埋件有所变化的中间柱。由于厂房的山墙承受风荷载的影响，通常在山墙处设置钢筋混凝土抗风柱，本图中①轴和⑪轴在两山墙处分别设两个 Z13.2—3—1′矩形截面的钢筋混凝土抗风柱。

2. 柱间支撑

单层工业厂房设置柱间支撑的目的主要是提高厂房的纵向刚度和稳定性，在水平方向传递吊车的水平推力和山墙传来的风荷载。由于牛腿柱分为以牛腿表面为分界面的上柱和下柱，柱间支撑亦分为上柱柱间支撑和下柱柱间支撑，如图5.8（结施3）所示，本图在⑥轴和⑦轴之间设置上柱支撑 ZC—10 和下柱支撑 ZC—47。

3. 吊车梁

单层工业厂房设有桥式吊车的起重设备，需要在柱子牛腿上设置吊车梁。吊车梁沿纵向柱列布置，见图5.8（结施3）。图中用粗点划线画在柱子之间，以 DL—11Z 和 DL—11B 表示，其中 DL—11B 是端柱距间设置的吊车梁，而且在端部吊车梁的端头安装车档，图中用 CD—4 标注，因而端部吊车梁上的连接件与其他吊车梁不同。

4. 门樘

为了水平交通的需要，单层工业厂房大门的宽度通常在3m以上，而且门较高，所以一般采用钢筋混凝土门樘。门模由钢筋混凝土门框和横梁组成，采用整体浇筑而成，并且在横梁上通常带有雨篷。如图5.8（结施3）所示，图中③轴和④轴之间及⑧轴和⑨轴之间均设有门模，门框用 M17—36A 表示，横梁用点画线表示，并以 ML7A—331A 标注。

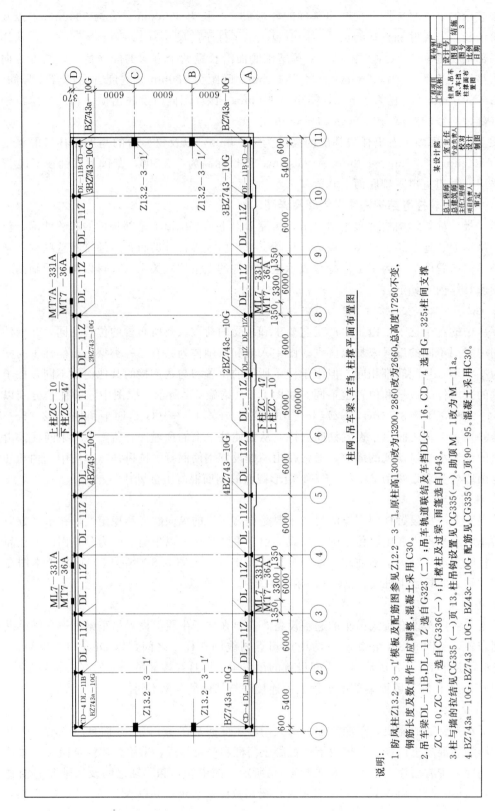

图 5.8　柱网、吊车梁、车挡、柱撑平面布置图（结施 3）

柱网、吊车梁、车挡、柱撑平面布置图

说明：

1. 防风柱柱 Z13.2—3—1′模板及配筋图参见 Z12.2—3—1。原柱高 1300 改为 1300,2860 改为 2660,总高度 17260 不变,钢筋长度及数量作相应调整,混凝土采用 C30。

2. 吊车梁 DL—11B、DL—11 Z 选自 G323（二）；吊车轨道联结及车挡 DLG—16、CD—4 选自 G—325；柱间支撑 ZC—10、ZC—47 选自 CG336（一）页 13；柱吊钩及过梁,雨篷选自 l643。

3. 柱与墙的拉结见 CG335（一）页 13,柱吊钩设置见 CG335（一）。助顶梁 M—1 改为 M—11a。

4. BZ43a—10G、BZ743—10G、BZ43c—10G 配筋见 CG335（二）页 90～95。混凝土采用 C30。

5. 连系梁、过梁、圈梁

连系梁是沿厂房纵向柱列设置的用以增强厂房纵向刚度，并传递风荷载和承担部分围护墙体荷载的构件。对于有些中小型的单层工业厂房，还可以用圈梁兼作连系梁和窗过梁。如图 5.9（结施 4）所示，图中外围一周用点划线所示的圈梁兼作连系梁和窗过梁，虽然在同一水平面上，但圈梁和过梁的截面形式和配筋不同，图中分别以 1—1，2—2，3—3，1a—1a 断面表示。

6. 屋架和屋面板

屋架是单层工业厂房屋盖部分的承重构件。如图 5.9（结施 4）所示，图中共有 11 根轴线，故屋架有 11 榀。分两种类型，即 GWJ18—5A$_1$ 和 GWJ18—4A$_1$，"18"表示钢屋架跨度为 18000mm，"5"和"4"分别代表屋架承载能力序号，"A"代表屋架两端均与钢筋混凝土柱连接，脚注"1"代表屋架上、下弦连有横向支撑和竖向支撑。

为保证屋盖结构的整体刚度和稳定性，通常在每榀钢屋架之间设置拉杆，在两端柱距间的屋架上下弦均设置水平支撑和垂直支撑。如图 5.10（结施 5）和图 5.11（结施 6）所示的屋架上弦支撑布置图和屋架下弦支撑布置图，图中可以看出屋架上弦和下弦沿纵向设置五道系杆，分别以 LG1，LG2，LG3 表示，①、②轴之间和⑩、⑪轴之间设有水平支撑 SC1，SC2，SC4，SC5 和垂直支撑 CC1K，CC2，并且在屋架下弦Ⓐ、Ⓑ轴之间和Ⓒ、Ⓓ轴之间沿纵向设置水平支撑 SC6。屋架及屋架支撑的详细构造，见国标 G511 和 G511 抗补。

屋面板采用预应力大型屋面板，如图 5.9（结施 4）所示。图中以 YWB—3Ⅱ 和 YWB—3Ⅱs 表示，其中除天窗部分以外，②～⑩轴每一柱距间布置 8 块 YWB—3Ⅱ，共 64 块，两端柱距间共布置 24 块 YWB—3Ⅱs 屋面板。屋面板的跨度为 6000mm，宽度为 1500mm。预应力大型屋面板的详细构造，见国标 G410（一）和 CG329（一）。

7. 天窗架、天窗支撑和挡风板的布置

如图 5.12（结施 7）所示的天窗屋面布置图和天窗支撑、挡风板构件布置图，从图中可以看出，天窗屋面设有钢天窗架 GCJ6—21K，GCJ6A—21K，GCJ6B—21K 和 1500mm×6000mm 的钢筋混凝土屋面板 YWB—3Ⅱ，YWBT—3Ⅱ。天窗架之间设有天窗系杆 TL—1，TL—2 和天窗水平支撑 TS—1、天窗垂直支撑 TC—2K。天窗侧面纵向设有侧板 CB—1，CB—3 和窗档 CD—4，横向设有封檐板 FB—1，FB—2。天窗挡风板纵向设有檩架 LJ—1，横向设有檩条 LJ—3。

图 5.12 中天窗架见国标 G512 及见国标 G512 抗补，天窗挡风板选自 CJ836，挡风板剖面图及节点详图参见 CJ836 页 19 的 1—1 剖面。

8. 构件详图

读构件详图应先看总说明，然后看模板图与配筋图，最后看预埋件详图和配筋详图。厂房构件详图大部分选用标准图集，要特别注意图与文字说明、图与图之间的联系。本例构件详图的选用参见图 5.13（结施 8）构件统计表中所选标准图。

图 5.9（结施 4）中圈梁剖面 1—1、2—2、1a—1a、3—3 详图，参见图 5.13（结施 8）。本图 1—1、2—2 为同一个配筋的剖面，其纵向配置 8φ16 和 1φ16 钢筋，并配置 φ8@150 的分布筋，箍筋为 φ6@200，但由于所处的位置和截面尺寸不同，1—1 为窗洞

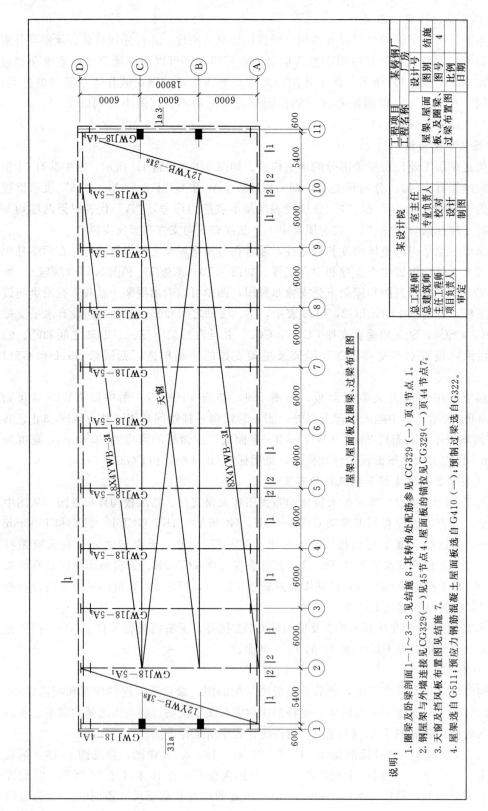

图 5.9　屋架、屋面板、圈梁、过梁布置图（结施 4）

说明：

1. 圈梁及卧梁剖面 1—1~3—3 见结施 8，其转角处配筋参见 CG329（一）页 3 节点 1。
2. 钢屋架与外墙连接见 CG329（一）页 45 节点 4，屋面板的锚拉见 CG329（一）页 44 节点 7。
3. 天窗及挡风板布置图见结施 7。
4. 屋架选自 G511；预应力钢筋混凝土屋面板选自 G410（一）；预制过梁选自 G322。

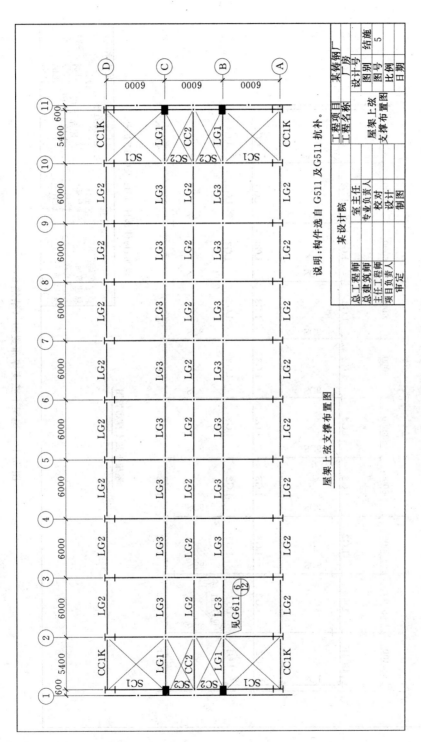

屋架上弦支撑布置图

说明：构件选自 G511 及 G511 抗补。

图 5.10 屋架上弦支撑布置图（结施 5）

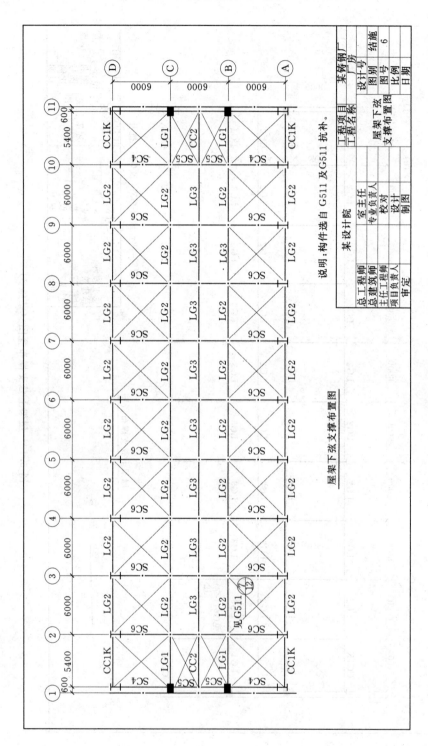

图 5.11　屋架下弦支撑布置图（结施 6）

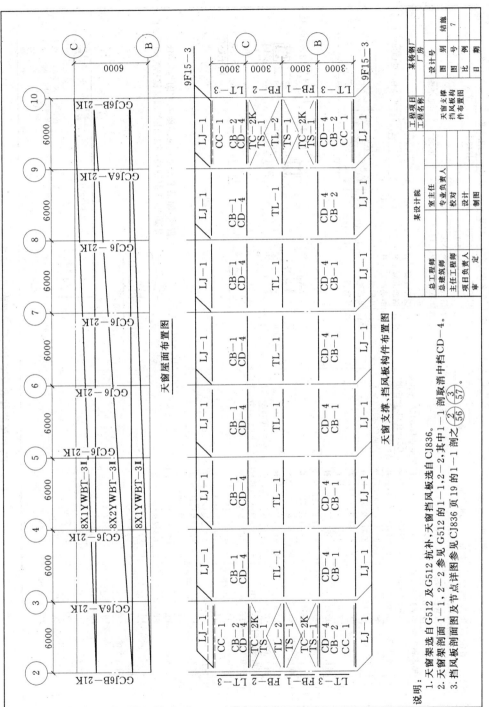

天窗屋面布置图

天窗支撑、挡风板构件布置图

说明：
1. 天窗架选自 G512 及 G512 抗补，天窗挡风板选自 CJ836。
2. 天窗架剖面 1—1、2—2 参见 G512 的 1—1、2—2，其中 1—1 剖取消中档 CD—4。
3. 挡风板剖面图及节点详图参见 CJ836 页 19 的 1—1 剖之 $\frac{2}{56}$、$\frac{3}{57}$。

图 5.12 天窗支撑、挡风板构件布置图（结施 7）

117

构件统计表

序号	名称	型号	数量	选用图集	备注
1	15×16米钢筋混凝土屋面板	YWB-3Ⅱ	80	G4/10(一)	
2		YWB-3Ⅰa	24	G4/10(一)	
3		YWBJ-3Ⅰ	16	G4/10(一)	
4	梯形钢屋架	GWJ18-4A1	2	G511及G511抗补	钢屋架与风柱连接见
5		GWJ18-5A1	9	G511及G511抗补	G511页G13，软件槽 加 2M-11a,M-11a
6	水平支撑	SC1	4	G511及G511抗补	见 CG335（一）
7		SC4	4	G511及G511抗补	
8		SC4	4	G511及G511抗补	
9		SC5	4	G511及G511抗补	
10		SC6	16	G511及G511抗补	
11	系杆	LG1	8	G511及G511抗补	
12		LG2	56	G511及G511抗补	
13	垂直支撑	LG3	24	G511及G511抗补	
14		CC1K	4	G511及G511抗补	
15		CC2	2	G511及G511抗补	
16	钢天窗架	GCJ6-21K	5	G512及G512抗补	另加 GCJ6A-21
17	天窗垂直支撑	TC-2K	4	G512及G512抗补	GCJ6B-21各2个
18	天窗水平支撑	TS-1	4	G512及G512抗补	
19	天窗系杆	TL-1	6	G512及G512抗补	
20		TL-2	2	G512及G512抗补	
21	窗挡	CD-4	16	G512及G512抗补	
22	侧档	CB-1	12	G512及G512抗补	
23	封檐板	CB-2	4	G512及G512抗补	
24		FB-1	2	G512及G512抗补	
25		FB-2	2	G512及G512抗补	
26	天沟挡风板横梁	LJ-1	16	CJ836	
27	檩条	LT-3	4	CJ836	
28	垂直支撑	CC-1	4	CJ836	
29	钢筋混凝土上吊车梁	DL-11B	4	G323（二）	
30		DL-11Z	16	G323（二）	
31	空号				
32	车档	CD-4	4	G-325	
33	柱间支撑	ZC-10	2	CG336（一）	
34		ZC-47	2	CG336（一）	

序号	名称	型号	数量	选用图集	备注
35	门樘柱	MT7-36A	4	J643	
36	门过梁及雨篷	ML7A-331A	2		
37	门过梁及雨篷	ML7-331A	2		见结施3说明
38	钢筋混凝土防风柱	Z13.2-3-1'	4	CG357	
39	基础	J2-8	4		
40	钢筋混凝土柱	BZ743-10G	14	CG335（二）	小角标a 见CG335（一）
41	钢筋混凝土柱	BZ743a-10G	4		
42	钢筋混凝土柱	BZ743c-10G	4		
43	基础梁	JL-33	12	G320	
44	基础梁	JL-40	4		
45	基础梁	JL-43	4		

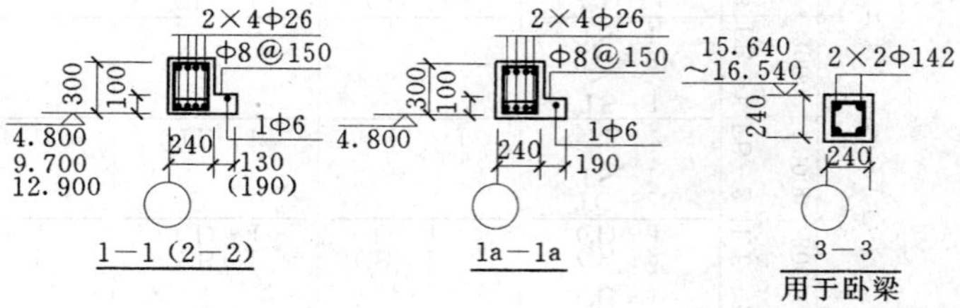

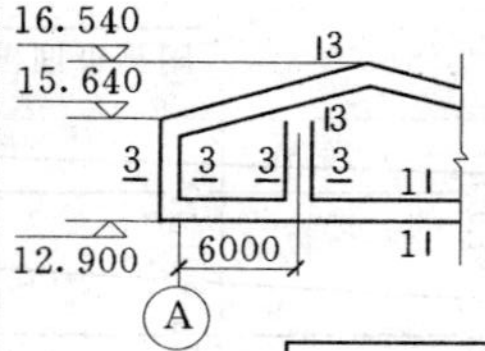

1-1(2-2)　1a-1a　3-3 用于卧梁

说明：圈梁平面位置见结施 4。本图均采用 C20 混凝土，Ⅰ级钢筋。未标注的圈梁箍筋为Φ6@200。

某集团设计院			工程项目	某铸钢厂
总工程师		室主任	工程名称	厂房
总建筑师		专业负责人	构件统计表	结施
主任工程师		校对	及图梁、卧	图号 8
项目负责人		设计	梁剖面图	比例
审 定		制图		日期

图 5.13　构架统计表及图梁、卧梁、卧梁剖面图（结施 8）

口处圈梁，其兼有过梁的作用，截面宽度为 370mm，截面高度为 300mm；2—2、1a—1a 的截面尺寸相同，截面宽度为 430mm，截面高度为 300mm，但配筋不同。1a—1a 的截面纵向配置 8 φ 12 钢筋。3—3 是山墙内卧梁截面，截面尺寸为 240mm×240mm，纵向配置 4 φ 14 钢筋，箍筋为 φ 6@200。

本 章 小 结

（1）单层工业厂房全套施工图包括建筑施工图、结构施工图、设备施工图。单层工业厂房的结构形式通常采用钢筋混凝土排架结构，其重要结构构件包括基础、柱、屋架或屋面梁、基础梁、吊车梁、连系梁等。

（2）单层工业厂房建筑施工图包括平面图、立面图、剖面图和详图。

（3）单层工业厂房结构施工图包括基础平面图及详图，梁、板、柱等结构构件布置图与详图。单层工业厂房通常采用钢筋混凝土独立基础。结构构件布置图包括柱、吊车梁、连系梁、过梁、柱间支撑、屋架和屋面板、门樘等构件的布置。吊车梁、连系梁是沿厂房纵向设置的构件；柱间支撑是在柱间设置的用于提高厂房的纵向刚度和稳定性的构件；屋架和屋面板是厂房屋盖部分的承重构件。

思 考 题

5.1 单层工业厂房建筑施工图包括哪些？单层工业厂房排架结构由哪些构件组成？

5.2 单层工业厂房建筑平面图表示哪些内容？吊车梁用何种线形表示？

5.3 单层工业厂房结构施工图包括哪些图？

5.4 单层工业厂房结构布置图中表示哪些结构构件的布置？

第 2 篇

房屋建筑构造

第6章 建筑构造概述

教学要求：

了解建筑物的类型和等级划分，了解建筑标准化的概念。掌握民用建筑、单层工业厂房的组成和建筑物构造的设计原则，房屋变形缝的类型和设置原则。

建筑构造主要是研究房屋的构造原理、构造组成、形式、方法及各个组成部分的细部构造做法。其主要任务是根据建筑物使用功能的要求，综合考虑建筑的物质技术条件，依据建筑材料、建筑结构、建筑经济、建筑施工和建筑艺术等诸方面因素的影响，选择合理的构造方案，确定出安全实用、经济美观的构造做法。房屋构造的基本原理和方法，是从事建筑工程管理和建筑经济等专业所必须的专业知识，也是为后续相关专业课程的学习奠定必要的基础知识。

6.1 建筑的组成及影响因素

建筑是一种生产过程，这种生产过程所创造的产品是各种建筑物和构筑物。其中用于人们生活、学习、工作、居住以及从事生产和各种文化活动的房屋称为建筑物；那些间接为人们提供服务的设施称为构筑物，如水塔、水池、支架、烟囱等。通常所说的建筑意指建筑物。

6.1.1 民用建筑的基本组成

房屋建筑尽管其使用功能不同、结构形式不同，所用材料和做法上各有差别，但通常都是由基础、墙或柱、楼地层、楼梯、屋顶和门窗六大部分组成。它们各自所处部位不同，发挥的作用也不相同。

1. 基础

基础是位于房屋最下部的承重构件，埋在自然地面以下，起着承受建筑物的全部荷载，并将荷载传给地基的作用。地基就是基础下面承受建筑物全部荷载的土层。基础必须具有足够的强度和稳定性，并能抵御地下水、冰冻等因素的侵蚀影响。

2. 墙或柱

墙体是围成房屋空间的竖向构件，具有承重、围护和水平分隔的作用。它承受由屋顶及各楼层传来的荷载，并将这些荷载传给基础。外墙用以抵御自然界各种因素对室内的侵袭，内墙用做房间的分隔、隔声。

柱是房屋空间的竖向承重构件，并将承担的荷载传给基础。

3. 楼地层

楼地层指楼层和地坪层，是水平承重、分隔构件。楼层将房屋从高度方向分隔成若干层，承受着家具、设备、人体荷载及自重，并将这些荷载传给墙或柱。同时楼板支撑在墙体上，它还对墙体有水平支撑的作用，从而增强了建筑物的刚度和稳定性。楼板除应具有足够的强度和刚度外，还应具有隔声、防潮、防水等性能。

地坪层是房屋底层的承重分隔层，将底层的全部荷载传给地基土层。

4. 楼梯

楼梯是多层房屋上下层之间的垂直交通联系设施，其主要作用是供人们上下楼层和紧急疏散之用。

5. 屋顶

屋顶是房屋顶部的承重和围护构件，主要作用是承重、保温、隔热和防水。屋顶承受着房屋顶部的全部荷载，并将这些荷载传递给墙或柱；同时抵御自然界的风、雨、雪等对顶层房间的侵袭。

6. 门窗

门和窗均属于非承重的建筑配件。门的主要作用是水平交通、分隔房间，有时还可采光和通风。窗的主要作用是采光和通风，同时还具有分隔和围护的作用。

一般房屋建筑除上述主要组成部分以外，还有一些附属的组成部分，这些附属部分是房屋本身所必须的构配件，为人们使用房屋创造有利条件，如阳台、垃圾道、散水、明沟、台阶、雨篷等。民用建筑的组成见图6.1。

6.1.2 单层工业厂房的组成

1. 承重结构

单层工业厂房承重结构有墙承重结构和骨架承重结构两种类型。当厂房跨度不大，高度较低、吊车吨位较小或没有吊车时，可采用墙承重结构，此外则多采用骨架承重结构。骨架承重结构是由横向排架和纵向连系构件组成的承重体系，

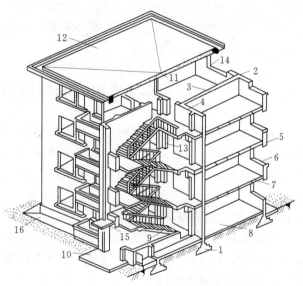

图6.1 民用建筑的组成
1—基础；2—外墙；3—内横墙；4—内纵墙；5—过梁；
6—窗台；7—楼板；8—地面；9—楼梯；10—台阶；
11—屋面板；12—屋面；13—门；14—窗；
15—雨篷；16—散水

以承受厂房的各种荷载，墙体只起围护和分隔作用。装配式钢筋混凝土单层工业厂房构造组成，见图6.2。

（1）横向排架。横向排架是由基础、柱、屋架（或屋面梁）构成的一种骨架体系。

1）基础：承受柱和基础梁传来的荷载，并把它传给地基。

2）柱子：是厂房结构的主要承重构件，承受屋盖、吊车梁、外墙和支撑传来的荷载，并把它传给基础。

3）屋架或屋面梁：承受屋顶上的全部荷载，并把它传给柱子。

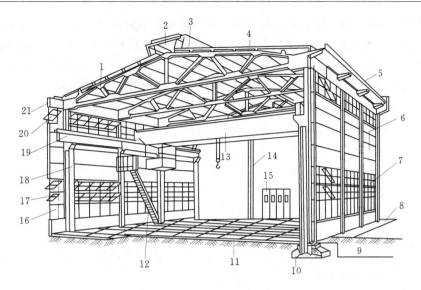

图 6.2　单层工业厂房的构造组成

1—屋架；2—透风屋脊；3—挡板；4—屋面板；5—挑天沟；6—墙板；7—窗；8—散水；9—基础梁；
10—基础；11—地坪；12—吊车梯；13—吊车；14—抗风柱；15—大门；16—平开窗；
17—中悬低侧窗；18—牛腿柱；19—吊车梁；20—中悬高侧窗；21—封檐板

（2）纵向连系构件。纵向连系构件包括基础梁、连系梁、吊车梁、圈梁。

1）基础梁：承受外墙上的荷载，并把它传给基础。

2）连系梁：承受外墙上的荷载，并把它传给柱子，同时连系梁还具有保证厂房整体刚度的作用。

3）吊车梁：搁置在柱子牛腿上，承受吊车自重、吊车起重量以及吊车刹车时产生的纵、横向水平冲力，并把它传给柱子，同时吊车梁还具有保证厂房纵向刚度的作用。

4）圈梁：非承重构件，具有保证厂房整体刚度的作用。

（3）支撑系统。支撑系统包括屋盖支撑和柱间支撑，它们的主要作用是加强厂房结构的空间整体刚度和稳定性。

2. 围护结构

单层厂房的围护结构有外墙、抗风柱、屋顶、门窗及天窗等。

（1）外墙。承受自重和风荷载，并通过基础梁、连系梁将这些荷载传给柱和基础。

（2）抗风柱。承受山墙传来的风荷载，并把它传递给屋架和基础。

（3）屋面板。承受屋面上的全部荷载，并把它传给屋架。

（4）天窗。主要作用是采光和通风。

3. 其他

如散水、地沟、坡道、消防及检修梯、吊车梯、内部隔断等。

6.1.3　房屋构造的影响因素和要求

1. 房屋构造的影响因素

影响房屋构造的因素很多，大致可分为以下几个方面。

（1）外界环境的影响。外界环境的影响主要有以下三方面：

1）外力的影响：外力包括人、家具和设备的重量，结构自重，风力、地震力及雪重等，这些统称为荷载。作用在建筑物上的荷载分为恒荷载、活荷载和偶然荷载，如结构自重、永久设备的重量等属于恒荷载；人体的重量、风力、雪重等属于活荷载；地震力、爆炸力等属于偶然荷载。这些荷载的大小和性质是建筑物结构选型、材料使用以及构造设计的重要依据。

2）自然条件的影响：自然条件包括风吹、日晒、雨淋、积雪、冰冻、地下水等因素，这些因素将给建筑物带来很大的影响。为防止自然条件对建筑物带来破坏，并且能够保证其正常使用，要求在进行房屋构造设计时，尽量采取相应的构造措施加以解决，如通过采取防潮、防水、隔热、保温、隔蒸汽、防冻胀变形等构造措施来抵抗自然条件的影响。

3）人为因素的影响：人为因素包括火灾、机械振动、噪声等的影响，在构造处理上需要采取防火、防振动和隔声等相应的措施。

（2）技术条件的影响。建筑技术条件是指建筑材料、结构、施工和设备等物质技术。随着建筑事业的发展，新材料、新结构、新的施工方法以及新型设备的不断出现，房屋构造将受这些因素的影响和制约。

（3）经济条件的影响。房屋构造设计必须考虑经济效益，在确保工程质量的前提下，既要降低建造过程中的材料、能源和劳动力消耗，以降低造价，又要有利于降低使用过程中的维护和管理费用。同时，在设计过程中要根据房屋的不同等级和质量标准，在材料选择和构造方式等方面予以区别对待。

2. 房屋构造的要求

构造设计是建筑设计不可分割的一部分。在房屋构造设计中，应根据房屋的类型特点及使用功能的要求，综合考虑影响房屋构造的因素，从而满足建筑设计的要求。为此，房屋构造应满足坚固、实用、经济、美观及工业化等方面的要求。

（1）坚固。在满足主要承重结构设计的同时，应对一些相应的建筑物、配件的连接及各种装修在构造上采取必要的措施，以确保房屋的整体刚度和安全可靠。

（2）实用。根据房屋所处环境和使用性质的不同，综合解决好房屋的采光、通风、保温、隔热、防火等方面的问题，以满足房屋使用功能的要求。同时应大力推广先进技术，选用新材料、新工艺、新构造，以达到房屋的实用性。

（3）经济。房屋构造方案的确定应依据房屋的性质、质量标准进行，尽量节约资金。对于不同类型的房屋，根据它们的规模、重要程度和地区特点等，分别在材料选用、结构选型、内外装修等方面加以区别对待，在保证工程质量的前提下降低建筑造价，减少能源消耗。

（4）美观。房屋的美观主要是通过其内部空间及外观造型的艺术处理来实现，但它的细部构造处理对房屋整体美观也有很大的影响。如内外饰面所用的材料、装饰部件、构造式样等的处理都应与整体协调、和谐统一，以达到美观大方的建筑形象。

6.2 建筑的分类及等级划分

6.2.1 建筑的分类

1. 按建筑使用功能分类

（1）工业建筑。指为人们提供从事各种工业生产的建筑，如生产车间、辅助车间、动力用房、仓库等建筑。

1）单层工业厂房：主要用于重工业类的生产，如铸造、锻压、装配、机修工业等。

2）多层工业厂房：主要用于轻工业类的生产，如纺织、仪表、电子、食品等工业。

3）层次混合的工业厂房：这类厂房主要用于化工业类的生产。

（2）民用建筑。指供人们生活起居、行政办公、医疗、科研、文化、娱乐及商业、服务等各种活动的建筑，有居住建筑和公共建筑之分。

1）居住建筑：指供人们生活起居用的建筑，如住宅、集体宿舍、公寓等。

2）公共建筑：指进行各种社会活动的建筑，如行政办公、文教、医疗、商业、影剧院、展览、交通、通信、园林等建筑。

（3）农业建筑。指供农、牧业生产和加工用的建筑，如畜禽饲养场、水产品养殖场、农畜产品加工厂、农产品仓库以及农业机械用房等建筑。

2. 按建筑规模和数量分类

（1）大量性建筑。指建筑规模不大，但建造量多、涉及面广的建筑，如住宅、学校、医院、商店、中小型影剧院、中小型工厂等。

（2）大型性建筑。指规模宏大、功能复杂、耗资多、建筑艺术要求较高的建筑，如大型体育馆、航空港、火车站以及大型工厂等。

3. 按建筑层数与高度分类

（1）居住建筑按层数分类。1～3层为低层；4～6层为多层；7～9层为中高层；10层及其以上为高层建筑。

（2）公共建筑按高度分类。公共建筑及综合性建筑总高度超过24m时为高层（不包括高度超过24m的单层主体建筑）。建筑高度为建筑物从室外地面至女儿墙顶部或檐口高度。

（3）工业建筑按层数和高度分类。只有一层的为单层；两层以上高度不超过24m时为多层；当层数较多且高度超过24m时为高层。

（4）高层建筑分类。联合国经济事务所根据全球高层建筑的发展趋势，把高层建筑划分为4种类型：

1）低高层建筑：建筑层数在9～16层，建筑高度在50m以下。

2）中高层建筑：建筑层数在17～25层，建筑高度在50～75m。

3）高高层建筑：建筑层数在26～40层，建筑高度在75～100m。

4）超高层建筑：建筑层数为40层以上，建筑总高度在100m以上，不论居住建筑或公共建筑均为超高层建筑。

4. 按建筑物主要承重结构所用材料分类

（1）砖木结构。指以砖墙、木构件作为房屋主要承重骨架的建筑。这种结构具有自重轻、抗震性能好、构造简单、施工方便等优点，是我国古代建筑的主要结构类型。

（2）砖混结构。指主要承重结构由砖墙、砖柱等竖向承重构件和钢筋混凝土梁、板等水平承重构件组成的混合结构。这是当前建造数量最大、采用最为普遍的结构类型。

（3）钢筋混凝土结构。指主要承重构件全部采用钢筋混凝土的建筑。这种结构具有坚固耐久、防火、可塑性强等优点，在当今建筑领域中应用很广泛，且发展前途最大。

（4）钢结构。指主要承重构件全部采用钢材制作的建筑。这种结构具有力学性能好、制作安装方便、自重轻等优点。目前，钢结构主要应用于大型公共建筑、高层建筑和少量工业建筑中。随着建筑的发展，钢结构的应用将有进一步发展的趋势。

5. **按建筑结构的承重方式分类**

（1）墙承重式。指承重方式是以墙体承受楼板及屋顶传来的全部荷载的建筑。砖木结构和砖混结构都属于这一类，常用于6层或6层以下的大量性民用建筑，如住宅、办公楼、教学楼、医院等建筑。

（2）框架承重式。指承重方式是以柱、梁、板组成的骨架承受全部荷载的建筑。常用于荷载及跨度较大的建筑和高层建筑。这类建筑中，墙体不起承重作用。

（3）局部框架承重式。

1）内框架承重式：指承重方式是外部采用砖墙承重，内部用柱、梁、板承重。这种类型的结构常用于内部需要大空间的建筑。

2）底部框架承重式：指房屋下部为框架结构承重、上部为墙承重结构的建筑。这种类型的结构常用于底层需要大空间而上部为小空间的建筑，如食堂、商店、车库等综合类型的建筑。

（4）空间结构。指承重方式是用空间构架，如网架、悬索和薄壳结构来承受全部荷载的建筑。适用于跨度较大的公共建筑，如体育馆、展览馆、火车站、机场等建筑。

6. **按施工方法分类**

（1）全现浇（现砌）式。房屋的主要承重构件均在现场浇注（砌筑）而成。

（2）部分现浇（现砌）、部分装配式。房屋的部分构件采用现场浇注（砌筑），部分构件采用预制厂预制。

（3）装配式。房屋的主要承重构件均采用预制厂预制，然后在施工现场进行组装。

6.2.2 房屋建筑的等级划分

房屋建筑等级一般按耐久年限和耐火性能划分。

1. **按耐久年限划分**

建筑物的耐久年限主要根据建筑物的重要性和规模大小来划分，它将作为基建投资、建筑设计和材料选用的重要依据。建筑等级按建筑耐久年限分为4级，见表6.1。

表 6.1　　　　　　　　按主体结构确定的建筑耐久年限划分等级

耐久等级	耐久年限	适用建筑物性质	耐久等级	耐久年限	适用建筑物性质
1级	100年以上	适用于重要的建筑和高层建筑	3级	25～50年	适用于次要的建筑
2级	50～100年	适用于一般性建筑	4级	15年以下	适用于临时性建筑

2. **按耐火性能划分**

建筑物的耐火等级主要根据组成房屋构件的燃烧性能和耐火极限两个因素来确定。构件的燃烧性能分为：非燃烧体、难燃烧体和燃烧体3种。

（1）非燃烧体。指用非燃烧材料制成的构件，其在空气中受到火烧或一般高温作用时不起火、不燃烧、不炭化，如金属材料、钢筋混凝土、混凝土、天然石材、人工石材。

（2）难燃烧体。指用难燃烧材料制成的构件或用燃烧材料制成而用非燃烧材料做保护层的构件，其在空气中受到火烧或一般高温作用时难起火、难燃烧、难炭化。如沥青混凝土等。

（3）燃烧体。指用燃烧材料制成的构件，其在空气中受到火烧或高温作用时立即起火或燃烧，如木材等。

耐火极限是指任一建筑构件按时间与温度标准进行耐火试验，从受到火的作用时起到失去支持能力或完整性而破坏，或到失去隔火能力时为止的这段时间，其单位是"小时"，用"h"表示。

建筑等级按耐火性能分为 4 级，见表 6.2。

表 6.2　　　　　　　　　　　建筑物构件的燃烧性能和耐火极限　　　　　　　　单位：h

构件名称	耐火等级	1 级	2 级	3 级	4 级
墙	防火墙	非燃烧体 4.00	非燃烧体 4.00	非燃烧体 4.00	
	承重墙、楼梯间、电梯井的墙	非燃烧体 3.00	非燃烧体 2.50	非燃烧体 2.50	
	非承重外墙、疏散走道两侧的隔墙	非燃烧体 1.00	非燃烧体 1.00	难燃烧体 0.50	难燃烧体 0.25
	房间隔墙	非燃烧体 0.75	非燃烧体 0.50	难燃烧体 0.50	难燃烧体 0.25
柱	支撑多层的柱	非燃烧体 3.00	非燃烧体 2.50	非燃烧体 2.50	难燃烧体 0.50
	支撑单层的柱	非燃烧体 2.50	非燃烧体 2.00	非燃烧体 2.00	燃烧体
梁		非燃烧体 2.00	非燃烧体 1.50	非燃烧体 1.00	难燃烧体 0.50
楼板		非燃烧体 1.50	非燃烧体 1.00	非燃烧体 0.50	难燃烧体 0.25
屋顶承重构件		非燃烧体 1.50	非燃烧体 0.50	燃烧体	燃烧体
疏散楼梯		非燃烧体 1.50	非燃烧体 1.00	非燃烧体 1.00	燃烧体
吊顶（包括吊顶隔栅）		非燃烧体 0.25	难燃烧体 0.25	难燃烧体 0.15	燃烧体

注　以木柱承重且以非燃烧材料作为墙体的建筑物，其耐火等级按 4 级确定。

3. 建筑物的工程等级

建筑物的工程等级依据其复杂程度，共分 6 级，具体内容见表 6.3。

表 6.3　　　　　　　　　　　　　　建筑物的工程等级

工程等级	工程主要特性	工程范围举例
特级	1. 列为国家重点项目或以国际性活动为主的特高级大型公共建筑； 2. 有全国性历史意义或技术要求复杂的中小型公共建筑； 3. 30 层以上建筑； 4. 高大空间有声、光等特殊要求的建筑	国宾馆、国家大会堂、国际会议中心、国际贸易中心、体育中心、国际大型航空港、国际综合俱乐部、重要历史纪念建筑、国家级美术馆、博物馆、图书馆、剧院、音乐厅、3 级以上人防等
1 级	1. 高级大型公共建筑； 2. 有地区性历史意义或技术要求复杂的中小型公共建筑； 3. 16 层以上、29 层以下或超过 50m 高的公共建筑	高级宾馆、旅游宾馆、高级招待所、别墅、省级展览馆、博物馆、图书馆、科学试验研究楼、高级会堂、高级俱乐部、大于 300 个床位的医院、疗养院、医疗技术楼、大型门诊楼、大中型体育馆、室内游泳馆、室内滑冰馆、大城市火车站、航运站、候机楼、摄影棚、邮电通信楼、综合商业大楼、高级餐厅、4 级人防、5 级平战结合人防等

工程等级	工程主要特性	工程范围举例
2级	1. 中高级、大中型公共建筑； 2. 技术要求较高的中小型建筑； 3. 16层以上、29层以下住宅	大专院校教学楼、档案楼、礼堂、电影院、部、省级机关办公楼、300个床位以下（不含300个床位）的医院、疗养院、地、市级图书馆、文化馆、少年宫、俱乐部、排演厅、风雨球场、大中城市汽车客运站、中等城市火车站、邮电局、多层综合商场、风味餐厅、高级小住宅等
3级	1. 中级、中型公共建筑； 2. 7层以上（含7层）、15层以下有电梯的住宅或框架结构的建筑	重点中学和中等专业学校教学楼及试验楼、社会旅馆、招待所、浴室、邮电所、门诊所、百货楼、托儿所、幼儿园、综合服务楼、1～2层商场、多层食堂、小型车站等
4级	1. 一般小型公共建筑； 2. 7层以下无电梯的住宅、宿舍及砌体建筑	一般办公楼、中小学教学楼、单层食堂、单层汽车库、消防车库、消防站
5级	1、2层单功能、一般小跨度结构建筑	同特性栏

6.3 建筑标准化

6.3.1 建筑标准化的含义

实现建筑工业化，其前提是达到建筑标准化。建筑标准化包括两个方面的含义：一方面是建筑设计的标准，包括由国家颁发的建筑法规、建筑规范、定额及有关技术经济指标等；另一方面是建筑的标准设计，包括由国家或地方所编制的标准构、配件图集及整个房屋的标准设计图样等。因此，为了实现建筑的标准化，使不同材料、不同形式和不同构造方法的建筑构、配件具有一定的通用性和互换性，从而使不同房屋各组成部分之间的尺寸统一协调，我国颁布了《建筑模数协调统一标准》（GB/T 50100—2001）及住宅建筑、厂房建筑等模数协调标准。

6.3.2 建筑模数制

建筑模数是建筑设计中选定的标准尺度单位，作为建筑物、建筑构配件、建筑制品以及建筑设备尺寸间相互协调的基础。包括基本模数和导出模数。

1. 基本模数

基本模数是模数协调中选用的最基本的尺寸单位，符号用M表示，我国基本模数1M＝100mm。各种尺寸应是基本模数的倍数。

2. 导出模数

导出模数是基本模数的倍数，分为扩大模数与分模数。

（1）扩大模数。扩大模数是基本模数的整数倍数。扩大模数又分为水平扩大模数和竖向扩大模数。

1）水平扩大模数的基数为 3M、6M、12M、15M、30M、60M，其相应尺寸为300mm、600mm、1200mm、1500mm、3000mm、6000mm。

2）竖向扩大模数的基数为 3M、6M，其相应尺寸为 300mm、600mm。

（2）分模数。分模数是基本模数的分数倍数，其基数为 M/10、M/5、M/2，相应的尺寸为 10mm、20mm、50mm。

由基本模数、扩大模数、分模数组成一个完整的模数数列的数值系统，称为模数制。模数数列见表 6.4。

表 6.4 模 数 数 列

基本模数	扩 大 模 数						分 模 数		
1M	3M	6M	12M	15M	30M	60M	M/10	M/5	M/2
100	300	600	1200	1500	3000	6000	10	20	50
100	300						10		
200	600	600					20	20	
300	900						30		
400	1200	1200	1200				40	40	
500	1500			1500			50		
600	1800	1800					60	60	
700	2100						70		
800	2400	2400	2400				80	80	
900	2700						90		
1000	3000	3000		3000	3000		100	100	100
1100	3300						110		
1200	3600	3600	3600				120	120	
1300	3900						130		
1400	4200	4200					140	140	
1500	4500			4500			150		150
1600	4800	4800	4800				160	160	
1700	5100						170		
1800	5400	5400					180	180	
1900	5700						190		
2000	6000	6000	6000	6000	6000	6000	200	200	200
2100	6300							220	
2200	6600	6600						240	
2300	6900								250
2400	7200	7200	7200					260	
2500	7500			7500				280	
2600		7800						300	300
2700		8400	8400					320	
2800		9000		9000	9000			340	

续表

基本模数	扩大模数					分模数	
2900	9600	9600					
3000			10500			360	
3100		10800				380	
3200		12000	12000	12000	12000	400	400
3300			15000				450
3400			18000				500
3500			21000				550
3600			24000				600
			27000				650
			30000				700
			33000				750
			36000		36000		800
							850
							900
							950
							1000

3. 模数数列的应用

在基本模数数列中，水平基本模数数列的幅度为 1～20M，主要用于门窗洞口和构配件截面；竖向基本模数数列的幅度为 1～36M，主要用于房屋的层高、门窗洞口和构件截面。

在扩大模数数列中，水平扩大模数 3M、6M、12M、15M、30M、60M 的数列主要用于建筑物的开间或柱距、进深或跨度、构配件尺寸和门窗洞口等；竖向扩大模数 3M 主要用于房屋的高度、层高和门窗洞口等。

分模数 M/10、M/5、M/2，主要用于缝隙、构造节点、构配件截面等。

6.3.3 房屋的定位

房屋的定位包括平面定位和竖向定位。平面的定位通常采用平面定位轴线，平面定位轴线是主体结构定位及施工放线的依据。竖向定位通常采用标高，作为房屋组成结构构件在竖向确定位置的依据。

1. 砖墙与平面定位轴线

在一般的砖混结构中，砖墙与平面定位轴线的关系是：承重内墙的顶层墙身中心线应与平面定位轴线相重合，如图 6.3 所示；承重外墙的顶层墙身内缘与平面定位轴线的距离为 120mm，如图 6.4 所示；非承重墙除可按承重内墙或外墙的规定定位外，也可使墙身内缘与平面定位轴线相重合；带壁柱外墙的墙身内缘与平面定位轴线相重合，如图 6.5 所示；带壁柱外墙内缘距平面定位轴线 120mm，如图 6.6 所示。

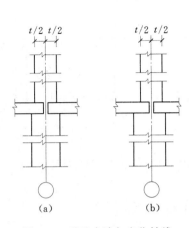

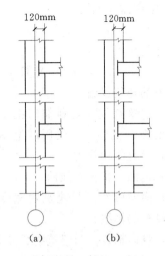

图 6.3 承重内墙与定位轴线
（a）定位轴线中分底层墙身；
（b）定位轴线偏分底层墙身

图 6.4 承重外墙与定位轴线
（a）定位轴线中分底层墙身；
（b）定位轴线偏分底层墙身

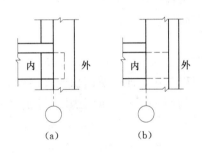

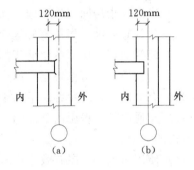

图 6.5 带壁柱外墙内缘与定位轴线重合
（a）内壁柱；（b）外壁柱

图 6.6 带壁柱外墙内缘距定位轴线 120mm
（a）内壁柱；（b）外壁柱

2. 几种尺寸及相互间的关系

为了保证建筑制品、构配件等有关尺寸间的统一与协调，在建筑模数协调中尺寸分为标志尺寸、构造尺寸、实际尺寸和技术尺寸。

（1）标志尺寸。用以标注建筑物定位轴线之间的距离（如跨度、柱距、层高等），以及建筑制品、构配件、有关设备位置界限之间的距离。标志尺寸应符合模数数列的规定。

（2）构造尺寸。用以表示建筑制品、建筑构配件等生产的设计尺寸。一般情况下，构造尺寸加上缝隙尺寸等于标志尺寸。

（3）实际尺寸。实际尺寸是建筑制品、建筑构配件等生产制作后的实有尺寸。实际尺寸与构造尺寸之间的差数应为允许偏差。

标志尺寸、构造尺寸和缝隙尺寸之间的关系，见图 6.7。

（4）技术尺寸。技术尺寸是建筑功能、工艺技术和结构条件在经济上处于最优状态下所允许采用的最小尺寸数值（通常是指建筑构件的截面或厚度）。

6.3.4　常用建筑名词

（1）建筑物。直接供人们生活、生产服务的房屋。

（2）构筑物。间接为人们生活、生产服务的建筑设施。

（3）建筑红线。规划部门批给建设单位的占地范围，一般用红笔圈在图纸上，具有法律效力。

（4）地面。指自然地面。

（5）横向轴线。与建筑物宽度方向平行设置的轴线。

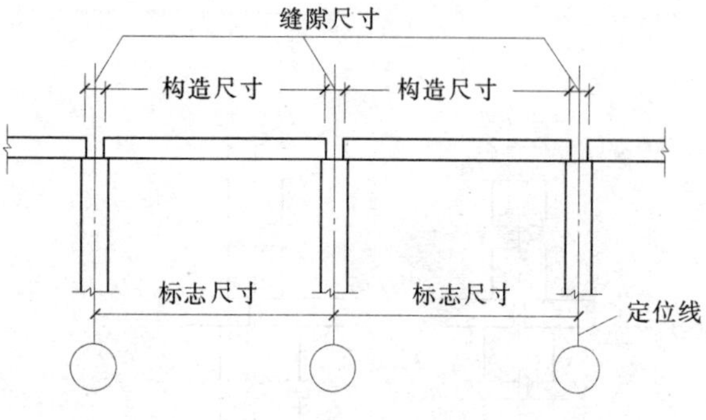

图 6.7　标志尺寸、构造尺寸和缝隙尺寸之间的关系

（6）纵向轴线。与建筑物长度方向平行设置的轴线。

（7）开间。两条横向轴线之间的距离。

（8）进深。两条纵向轴线之间的距离。

（9）层高。指该层楼（地）面到上一层楼面的高度。

（10）净高。指房间内楼（地）面到顶棚或其他构件底部的高度。

（11）建筑总高度。指从室外地面至檐口顶部的高度。

（12）建筑面积。房屋各层面积的总和。

（13）结构面积。房屋各层平面中结构所占的面积总和。

（14）有效面积。房屋各层平面中可供使用的面积总和，即建筑面积减去结构面积。

（15）交通面积。房屋内外之间、各层之间联系通行的面积，即走廊、门厅、楼梯电梯等所占的面积。

（16）使用面积。房屋有效面积减去交通面积。

（17）使用面积系数。使用面积占建筑面积的百分数。

6.4　房 屋 的 变 形 缝

6.4.1　变形缝的含义

房屋的构造要受到许多因素的影响，有些影响因素，如气温变化、地基不均匀沉降以及地震等，会使房屋结构内部产生附加应力和变形。如果在构造上处理不当，将会使房屋产生裂缝，甚至倒塌，影响使用和安全。因此，必须采取相应的构造措施予以解决。一般有两种方法：一种是预先在这些容易产生变形裂缝敏感的部位将结构断开，预留一定的缝隙，以保证缝两侧房屋的各部分有足够的变形空间；另一种是增强房屋的整体性，使房屋本身具有足够的强度和刚度来克服这些破坏应力，从而保证房屋不产生破裂。工程实际中通常采用预先设置缝的方法，将房屋垂直分割开，并采取一些构造处理措施，这个预留的缝称为变形缝。因此，变形缝是为了防止由于温度的变化、地基的不均匀沉降以及地震使房屋产生裂缝破坏所预先设置的缝。变形缝分为伸缩缝、沉降缝和防震缝三种。

6.4.2 变形缝的设置原则

1. 伸缩缝的设置

伸缩缝是为了防止由于温度的变化，而使过长墙体开裂，造成房屋产生裂缝所预先设置的缝。

（1）间距。由于基础埋在土中，受温度变化影响不大，可不必断开，只从基础以上部分全部断开。砖石结构墙体伸缩缝的最大间距见表 6.5，钢筋混凝土结构墙体伸缩缝的最大间距见表 6.6。

（2）宽度。为保证伸缩缝两侧的建筑构件能在水平方向自由伸缩，缝宽一般为 20～40mm。

表 6.5　　　　　　　　　砖石结构墙体伸缩缝的最大间距

墙 体 类 型	屋 顶 或 楼 层 类 别		间距 (m)
各类砌体	整体式或装配式钢筋混凝土结构	有保温层或隔热层的屋顶，楼板层，无保温或隔热层的屋顶	50 40
	装配式无檩体系钢筋混凝土结构	有保温层或隔热层的屋顶 无保温层或隔热层的屋顶	60 50
	装配式有檩体系钢筋混凝土结构	有保温层或隔热层的屋顶 无保温层或隔热层的屋顶	75 60
普通黏土砖、空心砖砌体，石砌体	黏土瓦或石棉瓦屋顶		150
硅酸盐砖、硅酸盐砌块和混凝土砌块	木屋顶或楼层		100
砌体	砖石屋顶或楼层		75

表 6.6　　　　　　　　　钢筋混凝土结构伸缩缝的最大间距

结 构 类 型	室内或土中 (m)	露 天 (m)
钢筋混凝土整体式框架建筑	55	35
钢筋混凝土装配式框架建筑	75	50
装配式大型板材建筑	75	50

2. 沉降缝的设置

沉降缝是为了防止由于地基不均匀沉降而使房屋产生裂缝所预先设置的缝。

（1）条件。凡符合下列情况之一者，容易引起地基不均匀沉降，故应设置沉降缝。

1）房屋相邻部分的高度相差较大、荷载大小相差悬殊或结构变化较大。

2）房屋相邻部分的基础形式、埋置深度相差较大。

3）房屋体型比较复杂。

4）房屋建造在不同地基上。

5）新旧房屋相毗连。

（2）宽度。沉降缝的设置是为满足房屋各部分在垂直方向上的自由变形，因此应将房屋从基础到屋顶全部断开。沉降缝的宽度随地基情况和房屋高度的不同而确定，见表 8.7。

3. 防震缝的设置

防震缝是为了防止由于地震而使房屋产生裂缝破坏所预先设置的缝。

（1）条件。当设计烈度为 8 度和 9 度时，遇下列情况之一应设置防震缝：

1）房屋立面高差在 6m 以上。

2）房屋有错层，且错层楼板高差较大。

3）房屋各部分结构、刚度、质量截然不同。

（2）宽度。由于地震对地下建筑构件的影响不大，故防震缝应从基础顶面向上沿房屋全高设置，基础可不设置。

防震缝的宽度与房屋的结构形式和地震设防烈度有关。

对于多层砌体房屋，防震缝的宽度可采用 50～100mm。对于多层和高层钢筋混凝土结构房屋，防震缝的最小宽度应符合下列要求：

1）房屋的高度不超过 15m 时，可采用 70mm。

2）房屋的高度超过 15m 时，按不同设防烈度增加缝宽：

设计烈度为 7 度，高度每增加 4m，缝宽增加 20mm；

设计烈度为 8 度，高度每增加 3m，缝宽增加 20mm；

设计烈度为 9 度，高度每增加 2m，缝宽增加 20mm。

伸缩缝、沉降缝和防震缝应根据情况统一设置，当只设置其中两种缝时，一般沉降缝可以代替伸缩缝，防震缝也可以代替伸缩缝。当伸缩缝、沉降缝和防震缝均需设置时，通常以沉降缝的设置为主，缝的宽度和构造处理应满足防震缝的要求，同时也应兼顾伸缩缝的最大间距要求。

本 章 小 结

（1）建筑构造主要是研究房屋的构造组成、构造形式、构造方法及各个组成部分的细部构造做法。民用建筑通常由基础、墙或柱、楼地层、楼梯、屋顶和门窗 6 大部分组成。

（2）房屋构造通常要受到外力、自然条件、技术条件、经济条件和人为因素的影响，因此，房屋构造应满足坚固、实用、经济、美观及工业化等方面的要求。

（3）建筑按使用功能分为工业建筑和民用建筑；按建筑规模和数量分为大量性建筑和大型建筑；按建筑物主要承重结构所用材料分为砖木结构、砖混结构、钢筋混凝土结构和钢结构；按承重方式分为墙承重式、全框架承重式、局部框架承重式和空间结构；按施工方法分为全现浇（砌）式、部分现浇式、全装配式。

（4）房屋按耐久年限分 4 级，按燃烧性能和耐火极限分 4 级，按工程主要特征分为特级、1 级、2 级、3 级、4 级、5 级。

（5）建筑标准化是建筑工业化的前提，它包括两方面：一方面是建筑设计的标准，另一方面是建筑的标准设计。建筑模数是建筑标准化的基础，所选定的标准尺寸单位，作为建筑物、建筑构配件、建筑制品以及建筑设备尺寸间相互协调的基础。建筑模数包括基本模数、扩大模数和分模数。建筑上常用的尺寸指标志尺寸、构造尺寸、实际尺寸和技术尺寸。

（6）变形缝是为了避免由于气温变化、地基不均匀沉降以及地震而使房屋开裂所预先设置的缝，包括伸缩缝、沉降缝和防震缝。伸缩缝从基础以上部分全部断开，缝宽20～40mm；沉降缝从基础开始到屋顶全部断开，缝宽依地基情况和房屋的高度不同而确定；防震缝从基础顶面向上沿房屋全高设置，缝宽与房屋的结构形式和地震设防烈度有关。通常沉降缝或防震缝可以代替伸缩缝。

思 考 题

6.1 房屋是由哪几部分组成的？各部分的主要作用是什么？

6.2 影响房屋构造的因素有哪些？

6.3 建筑的类别是根据什么划分的？建筑按使用性质分为哪几类？

6.4 建筑按主要承重结构的材料分为哪几类？当前采用比较多的是哪一类？

6.5 建筑按耐久年限分为几级？各适用于何种建筑？

6.6 房屋的耐火等级是根据什么确定的？分为几级？

6.7 伸缩缝、沉降缝和防震缝三者有何区别和联系？

第7章 基础、墙体与门窗构造

教学要求：

了解基础、墙体及门窗的类型和设计要求，掌握阳台、雨篷、门窗的构造形式和构造方法，熟练掌握基础、砖墙及隔墙的构造要求，从而增加对以上构配件的构造组成及细部构造做法的识图能力。

7.1 基础的类型与构造

7.1.1 地基与基础的概念

基础是房屋建筑的重要组成部分，它承受建筑物上部结构传来的全部荷载，并将这些荷载连同基础的自重一起传给地基。地基是基础下面直接承受荷载的土层。地基承受建筑物的荷载而产生的应力和应变随着土层深度的增加而减小，在达到一定深度后就可以忽略不计。直接承受荷载的土层称为持力层，持力层以下的土层称为下卧层，如图 7.1 所示。

7.1.2 地基的分类

建筑物的地基分为天然地基和人工地基两大类。

1. 天然地基

凡位于建筑物下面的土层不需经过人工加固，而能直接承受建筑物全部荷载并满足变形要求的称为天然地基。

2. 人工地基

当土层的承载力较低或虽然土层较好，但因上部荷载较大，必须对土层进行人工处理才足以承受上部荷载，并满足变形的要求。这种经人工处理的土层，称为人工地基。人工加固地基常用的方法有：压实法、换土法、打桩法三大类。

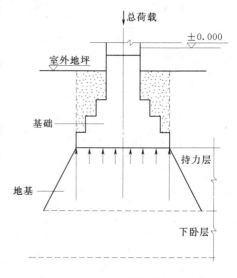

图 7.1 地基、基础与荷载的关系

按《建筑地基基础设计规范》（GB 50007—2002）的规定：建筑地基土（岩）可分为岩石、碎石土、砂土、粉土、粘性土和人工填土六大类。

7.1.3 基础的埋置深度

基础的埋置深度是指室外地坪到基础底面的垂直距离，简称埋深，如图 7.2 所示。根据基础埋深的不同有深基础和浅基础之分。一般情况下，将埋深大于 5m 的称为深基础，将埋深小于或等于 5m 的称为浅基础。从基础的经济效果看，其埋置深度愈小，工程造价愈低，但基础埋深过小，没有足够的土层包围，基础底面的土层受到压力后会把基础四周

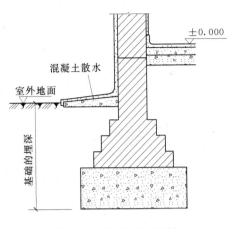

图 7.2 基础的埋置深度

的土挤出,基础会产生滑移而失去稳定;同时基础埋深过浅,易受外界的影响而损坏。所以基础的埋深一般不应小于 500mm。

影响基础埋置深度的因素很多,一般应根据下列条件综合考虑后来确定。

1. 建筑物的用途

建筑物用途如有无地下室、设备基础和地下设施以及基础的形式和构造等。

2. 作用在地基上的荷载的大小和性质

荷载有恒荷载和活荷载之分,其中恒荷载引起的沉降量最大,而活荷载引起的沉降量相对较小。因此,当恒荷载较大时,基础埋置深度应大一些。

3. 工程地质与水文地质条件

在一般情况下,基础应设置在坚实的土层上,而不要设置在耕植土、淤泥等软弱土层上。当表面软弱土层很厚,加深基础不经济时,可采用人工地基或采取其他结构措施。基础宜设在地下水位以上,以减少特殊的防水措施,有利于施工。如必须设在地下水位以下时,则应使基础底面低于最低地下水位 200mm 以下。

4. 地基土冻胀和融陷的影响

基础底面以下的土层如果冻胀,会使基础隆起,如果融陷,会使基础下沉。因此基础埋深最好设在当地冰冻线以下,以防止土壤冻胀导致基础的破坏。但岩石及砂砾、粗砂、中砂类的土质对冰冻的影响不大。

5. 相邻建筑物基础的影响

新建建筑物的基础埋深不宜深于相邻原有建筑物的基础。当新建基础深于原有建筑物基础时,两基础间应保持一定净距,一般净距取相邻两基础底面高差的 1~2 倍。如上述要求不能满足时,应采取临时加固支撑、打板桩或加固原有建筑物地基等措施。

7.1.4 基础的类型与构造

基础的类型较多,按受力特点分,有刚性基础和非刚性基础;按材料分,有砖基础、石基础、混凝土基础和钢筋混凝土基础等;按构造形式分,有条形基础、独立基础、筏板基础、箱形基础及桩基础等。

1. 条形基础

当建筑物上部结构采用墙承重时,基础沿墙身设置呈长条形,这种基础称为条形基础或带形基础(图 7.3)。条形基础一般由垫层、大放脚和基础墙三部分组成。

(1)砖基础构造如图 7.4 所示,大放脚有等高式和间隔式两种。垫层材料一般有混凝土、灰土、三合土等。

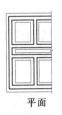

平面

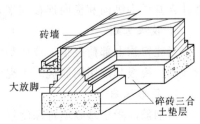

图 7.3 条形基础

（2）石基础剖面形式有矩形、阶梯形和梯形等多种。石基础一般不另做垫层。

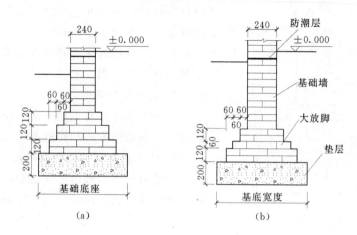

图 7.4 砖基础构造（尺寸单位：mm）

(a) 等高式大放脚；(b) 间隔式大放脚

（3）混凝土基础构造如图 7.5 所示，剖面形状有矩形、阶梯形和锥形等。混凝土基础一般也不设垫层。

（4）钢筋混凝土基础构造如图 7.6 所示，剖面形式多为扁锥形。为了保证基础底面平整，便于布置钢筋，防止钢筋锈蚀，钢筋混凝土基础通常需设垫层。

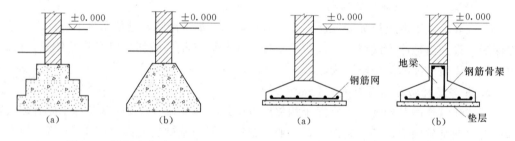

图 7.5 混凝土基础　　　　　图 7.6 钢筋混凝土基础

2. 独立基础

当建筑物上部结构为由梁、柱构成的框架、排架及其他类似结构，或建筑物上部为墙承重结构，但基础要求埋深较大时，均可采用独立基础。独立基础是柱下基础的基本形式，如图 7.7 所示。墙下独立基础的优点是减小土方工程量，节约材料。

当上部荷载较大或地基条件较差时，为提高建筑物的整体刚度，避免不均匀沉降，常将独立基础沿纵向和横向连接起来，形成十字交叉的井格基础，如图 7.8 所示。

3. 筏板基础

当建筑物上部荷载很大或地基的承载力很小时，可采用筏板基础，又称板式基础或筏形基础。筏板基础用钢筋混凝土现浇而成，其形式有板式和梁板式两种，如图 7.9 所示。

4. 箱形基础

当钢筋混凝土基础埋置深度较大，并设有地下室时，可将地下室的底板、顶板和墙浇筑成箱形的整体来作为房屋的基础，这种基础叫箱形基础，如图 7.10 所示。箱形基础具有较大的强度和刚度，故常作为高层建筑的基础。

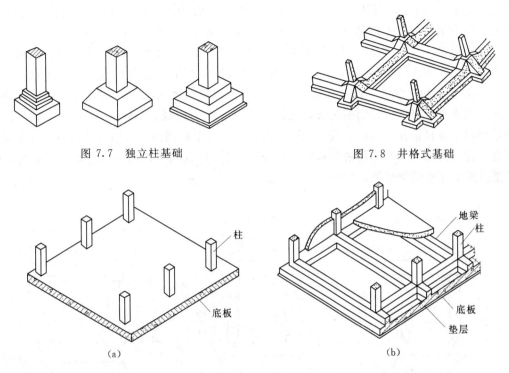

图 7.7 独立柱基础

图 7.8 井格式基础

图 7.9 筏板基础
（a）板式基础；（b）梁板式基础

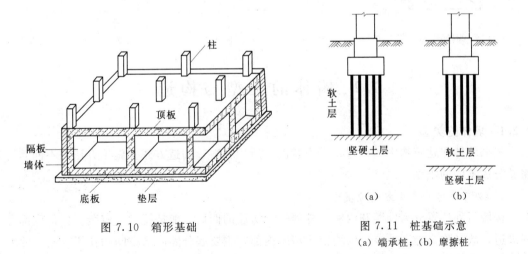

图 7.10 箱形基础

图 7.11 桩基础示意
（a）端承桩；（b）摩擦桩

5. 桩基础

当天然地基上的浅基础沉降量过大或地基稳定性不能满足建筑物的要求时，常采用桩基础。桩基础具有承载力高，沉降量小，节约基础材料，减少挖填土方工程量，改善施工条件和缩短工期等优点，因此应用较为广泛。

141

桩基础的种类较多，按桩的传力及作用性质分为端承桩和摩擦桩（图 7.11）；按材料分为混凝土、钢筋混凝土和钢桩等；按桩的制作方法分为预制桩和灌注桩。我国目前常用的桩基础有钢筋混凝土预制桩、振动灌注桩、钻孔灌注桩、爆扩灌注桩等。

　　钢筋混凝土预制桩是在预制厂或施工现场预制，由桩尖、桩身和桩帽三部分组成，断面多为方形，施工时用打桩机打入土层内，然后再在桩帽上浇筑钢筋混凝土承台，如图 7.12 所示。振动灌注桩是将带有活瓣桩尖的钢管经振动沉入土中，至设计标高后向钢管内灌入混凝土，再将钢管随振随拔，使混凝土留入土中而成，如图 7.13 所示。钻孔灌注桩是利用钻孔机钻孔，然后在孔内浇注混凝土而成。爆扩灌注桩可用钻孔机钻孔或先钻一细孔，在孔内放入装有炸药的塑料管（药条），经引爆成孔后，用炸药爆炸扩大孔底，然后灌注混凝土形成爆扩桩，如图 7.14 所示。

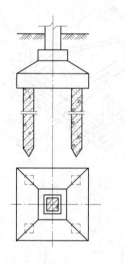　　　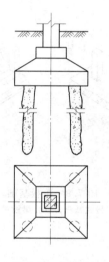　　　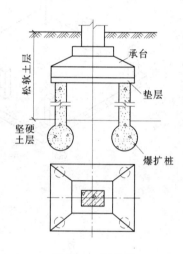

图 7.12　钢筋混凝土预制桩　　　　图 7.13　灌注桩　　　　图 7.14　爆扩桩

7.2　墙体的类型与构造

7.2.1　墙体的类型

　　根据墙体在建筑物中的位置、受力状况、所用材料、构造方式及施工方法的不同，可将其分成不同的类型。

　　1. 按墙所处位置及方向分类

　　按墙所处位置分为外墙和内墙。外墙位于房屋的四周，能抵抗大气侵袭，保证内部空间舒适，故又称为外围护墙。内墙位于房屋内部，主要起分隔内部空间的作用。按墙的方向又可分为纵墙和横墙。沿建筑物长轴方向布置的墙称为纵墙，房屋有外纵墙和内纵墙。沿建筑物短轴方向布置的墙称为横墙，房屋有内横墙和外横墙，外横墙通常叫山墙，如图 7.15 所示。

　　2. 按受力情况分类

　　在砖混结构建筑中，墙按结构受力情况分为承重墙和非承重墙两种。承重墙直接承受

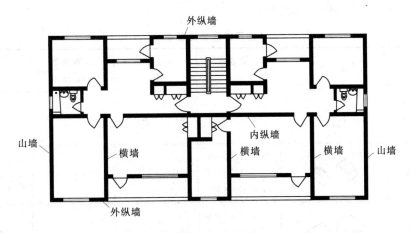

图 7.15 墙的名称

楼板及屋顶传下来的荷载。非承重墙不承受外来荷载，它又可以分为自承重墙和隔墙。自承重墙仅承受自身重量，并把自重传给基础。隔墙则把自重传给楼板层。在框架结构中墙不承受外来荷载，自重由框架承受，墙仅起分隔作用，称为框架填充墙。

3. 按材料及构造方式分类

按构造方式可以分为实体墙、空体墙和组合墙三种。实体墙由单一材料组成，如普通砖墙、实心砌块墙等。空体墙也是由单一材料组成，可由单一材料砌成内部空腔，例如空斗砖墙；也可用具有空洞的材料建造墙，如空心砌块墙、空心板材墙等。组合墙由两种以上材料组合而成，例如混凝土、加气混凝土复合板材墙，其中混凝土起承重作用，加气混凝土起保温隔热作用。墙体构造形式，如图 7.16 所示。

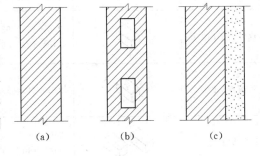

图 7.16 墙体构造形式
（a）实体墙；（b）空体墙；（c）组合墙

4. 按施工方法分类

按施工方法可分为块材墙、板筑墙及板材墙三种。块材墙是用砂浆等胶结材料将砖石块材等组砌而成，例如砖墙、石墙及各种砌块墙等。板筑墙是在现场立模板，现浇而成的墙体，例如现浇混凝土墙等。板材墙是预先制成墙板，施工时安装而成的墙，例如预制混凝土大板墙、各种轻质条板内隔墙。

7.2.2 砖墙的构造

1. 砖墙材料

砖墙包括砖和砂浆两种材料，是由砂浆胶结材料将砖块砌筑而成的砌体。

（1）砖的种类很多，从材料上看有粘土砖、灰砂砖、页岩砖、煤矸石砖、水泥砖以及各种工业废料砖（如炉渣砖等）。从形状上看，有实心砖及多孔砖，其中普通粘土实心砖使用最普遍。普通粘土砖是全国统一规格，称为标准砖，尺寸为 240mm×115mm×53mm。砖的长宽厚之比为 4∶2∶1，标准砖每块重力约为 25 N，适合手工砌筑。

常用砖的种类及规格，见表7.1。

表 7.1   常用砖的种类及规格

名　称	简　图	主要规格 （mm）	强度等级 （MPa）	表观密度 （kg/m³）	主要产地
普通黏土砖		240×115×53	MU10～MU30	1600～1800	全国各地
黏土多孔砖		190×190×90 240×115×90 240×180×115	MU10～MU30	1200～1300	全国各地
黏土空心砖		300×300×100 300×300×150 400×300×80	MU10～MU30	1100～1450	全国各地
炉渣空心砖		400×195×180 400×115×180 400×90×180	MU2.5～MU7.5	1200	全国各地
煤矸石半内燃砖		240×115×53 240×120×55	MU10～MU15	1600～1700	宁夏、湖南、 陕西、辽宁
蒸养灰砂砖		240×115×53	MU7.5～MU20	1700～1850	北京、山东、 四川
炉渣砖		240×115×53 240×180×53	MU7.5～MU20	1500～1700	北京、广东、 福建、湖北
粉煤灰砖		240×115×53	MU7.5～MU10	1370～1700	北京、河北、 陕西
页岩砖		240×115×53	MU7.5～MU10	1300～1600	广西、四川
水泥砂空心大砖		390×190×190 190×190×190	MU7.5～MU10	1200	广西

烧结普通砖、烧结多孔砖等的强度等级分五级：MU30、MU25、MU20、MU15 和 MU10。砖的强度等级是根据标准试验方法所测得的抗压强度平均值来确定的，单位为 MPa。

（2）砂浆是粘结材料，砖块需经砂浆砌筑成墙体，使它传力均匀。砂浆还起着嵌缝作用，能提高防寒、隔热和隔声的能力。砌筑砂浆要求有一定的强度，以保证墙体的承载能力，还要求有适当的稠度和保水性，即有好的和易性，方便施工。

砌筑砂浆通常使用的有水泥砂浆、石灰砂浆及混合砂浆三种。水泥砂浆强度高、防潮性能好,主要用于受力和防潮要求高的墙体中;石灰砂浆强度和防潮均差,但和易性好,用于强度要求低的墙体;混合砂浆由水泥、石灰、砂拌和而成,有一定的强度,和易性也好,所以被广泛使用。

砂浆的强度等级是用龄期为 28d 的标准立方试块（70.7mm×70.7mm×70.7mm）,进行抗压试验,取其抗压强度平均值来确定的,单位为 MPa。砂浆的强度等级分为五级:M15、M10、M7.5、M5 和 M2.5。

2. 砖墙的组砌方式

组砌是指砌块在砌体中的排列。组砌的原则是:上下错缝、内外搭接、接槎牢固、横平竖直、灰浆饱满。如果上下皮砖或内外层砖没有上下交错和内外砖搭接,则墙体将出现处于一条线上的垂直缝,即形成通缝。在荷载作用下,使墙体的强度和稳定性显著降低。图 7.17 为砖墙组砌名称及错缝。当墙面为清水墙时,组砌还应考虑墙面图案的美观。

在砖墙的组砌中,把砖的长方向垂直于墙面砌筑的砖叫丁砖,把砖的长方向平行墙面砌筑的砖叫顺砖。上下皮之间的水平灰缝称横缝,左右两块砖之间的垂直缝称竖缝。普通粘土砖常用的组砌方式,如图 7.18 所示。

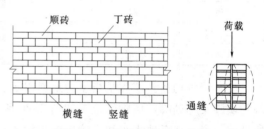

图 7.17　砖墙组砌名称及错缝

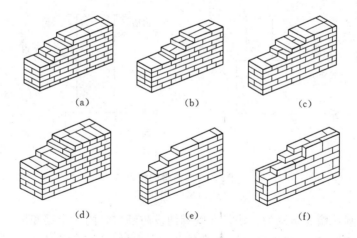

图 7.18　砖墙组砌方式

(a) 一顺一丁;(b) 多顺一丁;(c) 十字式;(d) 370mm 墙;(e) 120mm 墙;(f) 180mm 墙

3. 砖墙的厚度

标准砖的规格为 240mm×115mm×53mm,用砖块的长、宽、高作为砖墙的基数,在错缝或墙厚超过砖块时,均按灰缝 10mm 进行组砌。从尺寸上不难看出,它以砖厚加灰缝、砖宽加灰缝后与砖长形成 1:2:4 的比例,组砌灵活。墙厚与砖规格的关系,如图 7.19 所示。常见砖墙厚度,见表 7.2。

4. 砖墙的细部构造

为了保证砖墙的耐久性和墙体与其他构件的连接,应在相应的位置进行构造处理。砖

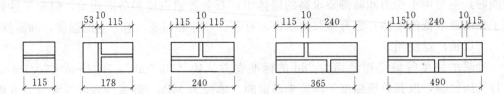

图 7.19　墙厚与砖规格的关系（尺寸单位：mm）

墙的细部构造包括墙脚、门窗洞口、墙身加固等。

表 7.2　　　　　　　　　　　　　　　　标 准 砖 墙 厚 度

墙　厚	名　　称	尺寸(mm)	墙　厚	名　　称	尺寸(mm)
1/4 砖墙	6 厚墙	53	1 砖墙	24 墙	240
1/2 砖墙	12 墙	115	3/2 砖墙	37 墙	365
3/4 砖墙	18 墙	178	2 砖墙	49 墙	490

（1）墙脚构造。墙脚是指室内地面以下、基础以上的这段墙体。内外墙都有墙脚，外墙的墙脚又称勒脚，墙脚的位置如图 7.20 所示。由于砖墙体本身存在很多微孔以及墙脚所处的位置，常有地表水和土壤中的水渗入，致使墙身受潮，饰面层脱落。因此，必须做好墙脚防潮，增加勒脚的坚固耐久性，排除房屋四周的地面水。

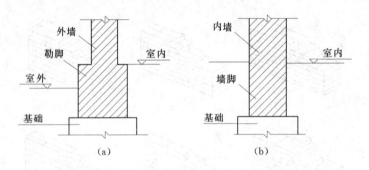

图 7.20　墙脚的位置
(a) 外墙；(b) 内墙

1）墙身防潮：墙身防潮的方法是在墙脚铺设防潮层，防止土壤和地面水渗入砖墙体。

防潮层的位置：当室内地面垫层为混凝土等密实材料时，防潮层的位置应设在垫层范围内、低于室内地坪 60mm 处，同时还应至少高于室外地面 150mm，防止雨水溅湿墙面。当室内地面垫层为透水材料时（如炉渣、碎石等），水平防潮层的位置应在平齐或高于室内地面 60mm 处。当内墙两侧地面出现高差时，应在墙身内设高低两道水平防潮层，并在土壤一侧设垂直防潮层。墙身防潮层的位置，如图 7.21 所示。

防水砂浆防潮层：采用 1∶2 水泥砂浆加 3% ～5%防水剂，厚度为 20～25mm；或用防水砂浆砌三皮砖作为防潮层，此种做法构造简单，但砂浆开裂或不饱满时影响防潮效果。

细石混凝土防潮层：采用 60mm 厚的细石混凝土带，内配 3 φ 6 钢筋，其防潮性

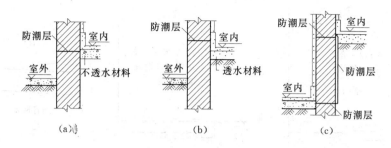

图 7.21　墙身防潮层的位置
(a) 地面垫层为密实材料；(b) 地面垫层为透水材料；(c) 室内地面有高差

能好。

油毡防潮层：油毡防潮层是先抹 20mm 厚水泥砂浆找平层，再铺一毡两油。该做法防水效果好，但由于有油毡隔离，削弱了砖墙的整体性，不宜在刚度要求高或地震区采用。

如果墙脚采用不透水的材料（条石或混凝土等）或设有钢筋混凝土地圈梁时，可以不设防潮层。

2) 勒脚构造：勒脚是外墙的墙脚，它和内墙脚一样，受到土壤中水分的侵袭，应做相应的防潮层。同时，它还受地表水、机械力等的影响，所以要求勒脚更加坚固耐久和防潮。另外，勒脚的做法、高矮、色彩等应结合建筑物造型，选用耐久性高的材料，或防水性能好的外墙饰面。一般采用几种构造做法，如图 7.22 所示。

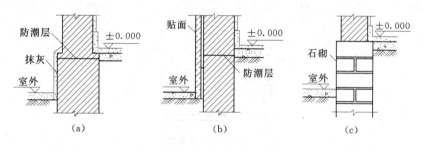

图 7.22　勒脚构造做法
(a) 抹灰；(b) 贴面；(c) 石材

3) 外墙周围的排水处理：房屋四周可采用散水或明沟排除雨水。当屋面为有组织排水时一般设明沟或暗沟。屋面为无组织排水时一般设散水，并可加滴水砖（石）带。散水的做法通常是在素土夯实的地面上铺三合土、混凝土等材料，厚度 60~70mm。散水应设不小于 3% 的排水坡，散水宽度一般 0.6~1.0m。散水与外墙交接处应设分格缝，分格缝用弹性材料嵌缝，防止外墙下沉时将散水拉裂，如图 7.23 所示。

明沟（图 7.24）可用砖砌、石砌、混凝土现浇，沟底应做纵坡，坡度为 0.5%~1%，坡向窨井。沟中心应正对屋檐滴水位置，外墙与明沟之间应做散水。

(2) 门窗洞口构造。

1) 门窗过梁构造：过梁是承重构件，用来支承门窗洞口上墙体的荷载，承重墙上的过梁还要支承楼板荷载。根据材料和构造方式的不同，过梁有钢筋混凝土过梁、平拱砖过

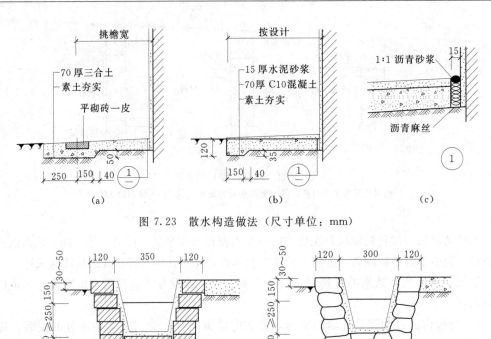

图 7.23　散水构造做法（尺寸单位：mm）

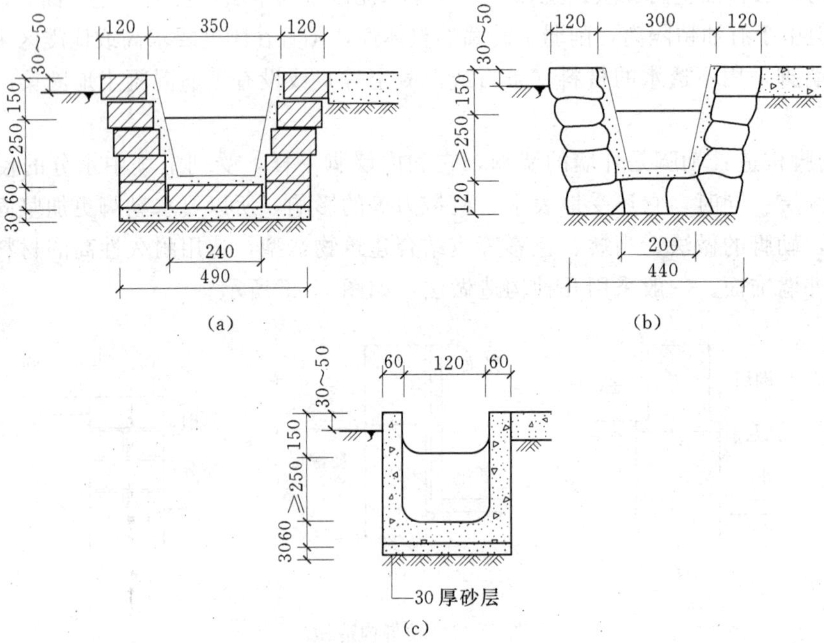

图 7.24　明沟构造做法（尺寸单位：mm）
(a) 砖砌明沟；(b) 石砌明沟；(c) 混凝土明沟

梁、钢筋砖过梁三种。由于钢筋混凝土过梁承载能力强，可用于较宽的门窗洞口，对房屋不均匀下沉或振动有一定的适应性，所以应用较为广泛。图 7.25 为钢筋混凝土过梁的几种形式。

　　矩形截面过梁施工制作方便，是常用的形式，如图 7.25（a）所示。过梁宽度一般同墙厚，高度按结构计算确定，但应配合砖的规格，如 60mm、120mm、240mm，过梁两端伸进墙内的支承长度不小于 240mm。在立面中往往有不同形式的窗，过梁的形式应配合窗的形式加以处理。如有窗套的窗，过梁截面为 L 形，挑出 60mm，厚 60mm，如图 7.25（b）所示。又如带遮阳板的窗，可按设计要求出挑，一般可挑 300～500mm，厚度60mm，如图 7.25（c）所示。

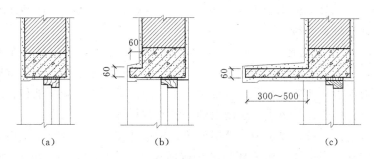

图 7.25　钢筋混凝土过梁（尺寸单位：mm）

(a) 平墙过梁；(b) 带窗套过梁；(c) 带遮阳板的窗过梁

2）窗台构造：窗台的作用是排除沿窗面流下的雨水，防止其渗入墙身，且沿窗缝渗入室内，同时避免雨水污染外墙面。处于内墙或阳台等处的窗，不受雨水冲刷，可不必设挑窗台。外墙面材料为贴面砖时，墙面被雨水冲洗干净，可不设挑窗台。

（3）墙身加固措施。

1）门垛和壁柱：在墙体上开设门洞一般应设门垛，特别是在墙体转折处或丁字墙处，用以保证墙身稳定和门框安装。门垛宽度同墙厚，门垛长度一般为 120mm 或 240mm，过长会影响室内使用，如图 7.26 (a) 所示。

当墙体受到集中荷载或墙体过长时（如厚 240mm、长超过 6m），应增设壁柱（扶墙柱），使之和墙体共同承担荷载和起稳定墙身的作用。壁柱的尺寸应符合砖的规格，通常壁柱突出墙面 120mm 或 240 mm，壁柱宽 370mm 或 490mm，如图 7.26 (b) 所示。

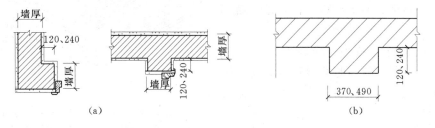

图 7.26　门垛和壁柱（尺寸单位：mm）

(a) 门垛构造；(b) 壁柱构造

2）圈梁：圈梁的作用是增加房屋的整体刚度和稳定性，减轻地基不均匀沉降对房屋的破坏，抵抗地震力的影响。圈梁设在房屋四周外墙及部分内墙中，处于同一水平高度，其上表面与楼板面平，像箍一样把墙箍住。圈梁与门窗过梁统一考虑时，可用圈梁代替门窗过梁。圈梁应闭合，若遇标高不同的洞口，应上下搭接，做成附加圈梁，如图 7.27 所示。

圈梁有钢筋混凝土和钢筋砖圈梁两种。钢筋混凝土圈梁整体刚度强，应用广泛。圈梁宽度同墙厚，高度一般为 180mm、

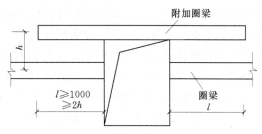

图 7.27　附加圈梁（尺寸单位：mm）

240mm。在圈梁中设置纵向钢筋不应少于 4 ϕ 10，箍筋间距不应大于 300mm。钢筋砖圈梁的构造做法详见有关资料。

3）构造柱：抗震设防地区，为了增加建筑物的整体刚度和稳定性，在多层砖混结构房屋的墙体中，还需设置钢筋混凝土构造柱，使之与各层圈梁连接，形成空间骨架，加强墙体抗弯、抗剪能力，使墙体在破坏过程中具有一定的延伸性，减缓墙体在地震力作用下酥碎现象的产生。构造柱是防止房屋倒塌的一种有效措施。

多层砖房构造柱的设置部位为：外墙四角、错层部位横墙与外纵墙交接处、较大洞口两侧、大房间内外墙交接处。构造柱的最小截面尺寸为 240mm×180mm，竖向钢筋一般用 4 ϕ 12，箍筋间距不大于 250mm，随地震烈度加大和层数增加，房屋四角的构造柱可适当加大截面及配筋。施工时必须先砌墙，后浇筑钢筋混凝土柱，并应沿墙高每隔 500mm 设 2 ϕ 6 拉结钢筋，每边伸入墙内不小于 1m（图 7.28）。构造柱可不单独设置基础，但应伸入室外地面下 500mm，或锚入浅于 500mm 的基础圈梁内。

7.2.3　隔墙构造

隔墙是分隔室内空间的非承重构件。在现代建筑中，为了提高平面布局的灵活性，大量采用隔墙以适应建筑功能的变化。由于隔墙不承受任何外来荷载，且本身的重量还要由楼板或小梁来承受，因此要求隔墙具有自重轻、厚度薄、便于拆卸、有一定的隔声能力。

卫生间、厨房隔墙还应具有防水、防潮、防火等性能。隔墙的类型很多，按其构造方式可分为轻骨架隔墙、块材隔墙、板材隔墙三大类。

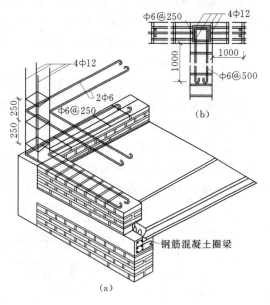

图 7.28　构造柱（尺寸单位：mm）
（a）外墙转角构造柱；（b）内外墙构造柱

1. 块材隔墙

块材隔墙是用普通砖、空心砖、加气混凝土等块材砌筑而成的，常用的有普通砖隔墙和砌块砖隔墙。

（1）普通砖隔墙。普通砖隔墙有半砖（120mm）和 1/4 砖（60mm）两种。

半砖隔墙用普通砖顺砌，砌筑砂浆宜大于 M2.5。在墙体高度超过 5m 时应加固，一般沿高度每隔 0.5m 砌入 2 ϕ 4 钢筋，或每隔 1.2～1.5m 设一道 30～50mm 厚的水泥砂浆，内放 2 ϕ 6 钢筋。顶部与楼板相接处用立砖斜砌，填塞墙与楼板的空隙。隔墙上有门时，要预埋铁件或带有木楔的混凝土预制块砌入隔墙中以固定门框。半砖隔墙坚固耐久，有一定的隔声能力，但自重大，湿作业多，施工麻烦，如图 7.29 所示。

1/4 砖隔墙是由普通砖侧砌而成，由于厚度较薄，稳定性差，对砌筑砂浆强度的要求较高，一般不低于 M5。隔墙的高度和长度不宜过大，且常用于不设门窗洞的部位，如厨房与卫生间之间的隔墙。若面积大又需开设门窗洞时，须采取加固措施，常用的方法是在高度方向每隔500mm砌入2φ4钢筋，或在水平方向每隔1200mm，立C20细石混凝土柱一根，并沿垂直方向每隔7皮砖砌入1φ6钢筋，使之与两端墙连接，如图7.30所示。

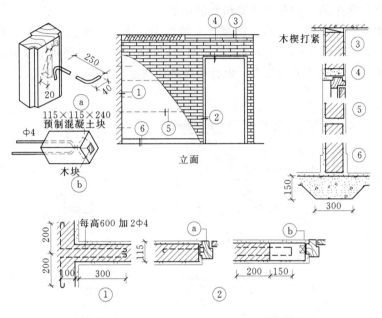

图7.29 半砖隔墙（尺寸单位：mm）

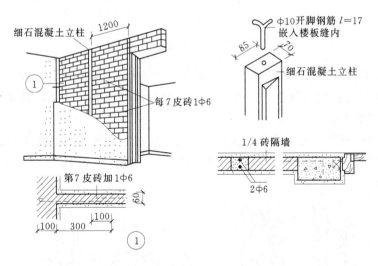

图7.30 1/4砖隔墙（尺寸单位：mm）

（2）砌块隔墙。为了减少隔墙的重量，可采用质轻块大的各种砌块。目前最常用的是加气混凝土块、粉煤灰硅酸盐砌块、水泥炉渣空心砖等砌筑的隔墙。隔墙厚度由砌块尺寸而定，一般为90～120mm。砌块大多具有质轻、空隙率大、隔热性能好等优点，但吸水性强，因此，砌筑时应在墙下先砌3～5皮粘土砖。砌块隔墙厚度较薄，也需采取加强稳定性措施，其方法与砖隔墙类似。

151

2. 轻骨架隔墙

轻骨架隔墙由骨架和面层两部分组成，由于是先立墙筋（骨架）后再做面层，因而又称为立筋式隔墙。

（1）骨架。常用的骨架有木骨架和型钢骨架。

木骨架由上槛、下槛、墙筋、斜撑及横档组成，上、下槛及墙筋断面尺寸为（45～50）mm×（70～100）mm，斜撑与横档断面相同或略小些，墙筋间距常用400mm，横档间距可与墙筋相同，也可适当放大。木骨架板条抹灰面层如图7.31所示。

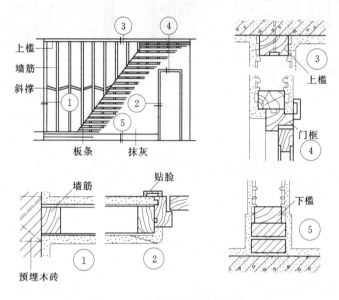

图7.31　木骨架板条抹灰面层

轻钢骨架是由各种形式的薄壁型钢制成，其主要优点是强度高、刚度大、自重轻、整体性好、易于加工和大批量生产，还可根据需要拆卸和组装。常用的薄壁型钢有0.8～1mm厚槽钢和工字钢。

图7.32为一种薄壁轻钢骨架的轻隔墙，其安装过程是先用螺钉将上槛、下槛（导向骨架）固定在楼板上，上、下槛固定后安装钢龙骨（墙筋），间距为400～600mm，龙骨上留有走线孔。

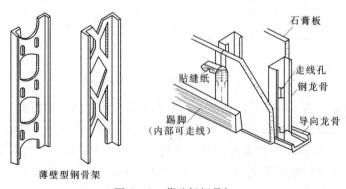

图7.32　薄壁轻钢骨架

（2）面层。轻钢骨架隔墙的面层有抹灰面层和人造板面层。抹灰面层常用木骨架，即传统的板条灰隔墙。人造板面层可用木骨架或轻钢骨架。隔墙的名称以面层材料而定。

1）板条抹灰面层：板条抹灰面层是在木骨架上钉灰板条，然后抹灰，见图 7.31。

2）人造板材面层轻钢骨架隔墙：人造板材面层轻钢骨架隔墙的面板多为人造面板，如胶合板、纤维板、石膏板等。胶合板、硬质纤维板等以木材为原料的板材多用木骨架，石膏面板多用石膏或轻钢骨架，如图 7.33 所示。它具有自重轻、厚度小、防火、防潮、易拆装、且均为干作业等特点，可直接支撑在楼板上，施工方便、速度快，应用广泛。

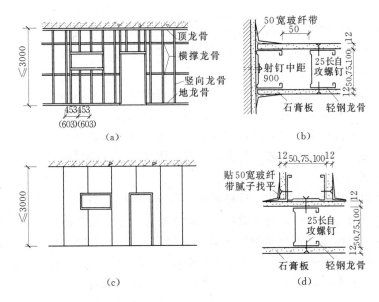

图 7.33　轻钢龙骨石膏板隔墙（尺寸单位：mm）
（a）龙骨排列；（b）石膏板排列；（c）靠墙节点；（d）丁字隔墙节点

（3）板材隔墙。板材隔墙是指单板高度相当于房间净高，面积较大，且不依赖骨架，能直接装配的隔墙。目前，采用的大多为条板，如加气混凝土条板、石膏条板、碳化石灰板、蜂窝纸板、水泥刨花板等，其规格一般为：长 2700～3000mm，宽 500～800mm，厚 80～120mm。

如图 7.34 所示为碳化石灰板隔墙构造。安装时，在板顶与楼板之间用木楔将条板楔紧，条板间的缝隙用水玻璃粘结剂（水玻璃：细矿渣：细砂：泡沫剂＝1：1：1.5：0.01）或 107 胶水泥砂浆（1：3 的水泥砂浆加入适量的 107 胶）进行粘结，待安装完成后，进行表面装修。碳化石灰板具有容重轻、隔声性能好、安装工艺简单、施工进度快、造价低等特点。

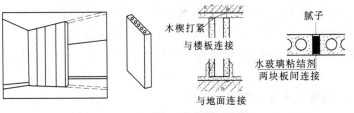

图 7.34　碳化石灰板隔墙构造

7.3　门窗的类型与构造

7.3.1　窗的作用与分类

1. 窗的作用

（1）采光与日照。各类房间都需要一定的照度，而且通过窗的自然采光有益于人的健康，同时也节约能源，所以要合理设置窗（位置和尺寸）来满足不同房间室内的采光要求。

（2）通风。设置窗来组织自然通风、调换空气，可以使室内空气清新。

（3）观察与传递。通过窗可以观察室外情况和传递信息，有时还可以传递小物品，如售票、售物、取药等。

（4）围护与调节温度。窗不仅开启时可通风、关闭时还可以起到控制室内温度，如冬季减少热量散失，避免自然侵袭如风、雨、雪等。窗还可起防盗等围护作用。

（5）装饰。窗占整个建筑立面比例较大，对建筑风格起到至关重要的装饰作用。如窗的大小、形状布局、疏密、色彩、材质等，直接体现了建筑的风格。

2. 窗的分类

（1）按使用材料分类。按使用材料可分为木窗、钢窗、铝合金窗、塑钢窗、玻璃钢窗等。木窗制作方便、经济、密封性能好，保温性高，但相对透光面积小，防火性很差，耐久性能低，易变形损坏。钢窗密封性能差、保温性能低，耐久性差，易生锈。故目前木窗、钢窗应用很少，而被铝合金窗和塑钢窗所取代，因为它们具有质量轻、耐久性好、刚度大、变形小、不生锈、开启方便和美观等优点，但成本较高。

图 7.35　窗的开启方式

（2）按开启方式分类（图 7.35）。

1）平开窗：有内开和外开之分，构造简单，制作、安装、维修、开启等都比较方便，是目前常见的一种开启方式。但平开窗有易变形的缺点。

2）推拉窗：窗扇沿导槽可左右推拉、不占空间、但通风面积减小，目前铝合金窗和塑钢窗普遍采用这种开启方式。

3）悬窗：依悬转轴的位置不同分为上悬窗、中悬窗和下悬窗三种。为防雨水飘入室内上悬窗必须外开，中悬窗上半部内开、下半部外开，下悬窗必须内开。中悬窗有利通风、开启方便，适于高窗；下悬窗开启时占用室内较多空间。

4）立转窗：窗扇可以绕竖向轴转动，竖轴可设在窗扇中心也可以略偏于窗扇一侧，通风效果较好。

5）固定窗：仅用于采光、观察、围护。

（3）窗的尺寸。窗的尺寸大小是由建筑的采光、通风要求来确定，具体取决于采光系数即窗地比（采光面积与房间地面面积之比）。不同房间根据使用功能的要求，有不同的采光系数，如居住房间 1/8～1/10、教室 1/4～1/5、会议室 1/6～1/8、医院手术室 1/2、走廊和楼梯间等 1/10 以下。窗的尺寸一般以 300mm 为模数。

7.3.2 窗的构造

7.3.2.1 平开木窗的组成与构造

木窗的组成见图 7.36，构造见图 7.37。

1. 窗框

窗框断面尺寸主要依材料强度、接榫需要和窗扇层数（单层、双层）来确定。安装方式有立口和塞口两种。施工时先将窗框立好后砌于窗间墙，称为立口；在砌墙时先留出洞口，再用长钉将窗框固定在墙内预埋的防腐木砖上，也可用膨胀螺栓直接固定于墙上的施工方法称为塞口，其每边至少有两个固定点、且间距不应大于 1.2m。窗框相对外墙位置可分为内平、居中、外平三种情况。窗框与墙间缝隙用水泥砂浆或油膏嵌缝。为防腐耐久、防蛀、防潮变形，通常木窗框靠近墙面一侧开槽作防腐处理。为使窗扇开启方便，又要关闭严密，通常在窗框上做深度约为 10～12mm 的裁口，在与窗框接触的窗扇侧面做斜面。

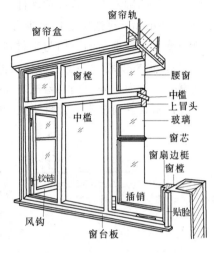

图 7.36 木窗的组成

2. 窗扇

扇料断面与窗扇的规格尺寸和玻璃厚度有关。为了安装玻璃且保证严密，在窗扇外侧做深度为 8～12mm 且不超过窗扇厚度 1/3 为宜的铲口，将玻璃用小铁钉固定在窗扇上，然后用玻璃密封膏镶嵌成斜三角。

7.3.2.2 铝合金窗、塑钢窗及其构造

铝合金窗、塑钢窗的开启方式大多采用水平推拉窗，根据特殊需要也可以上下推拉或

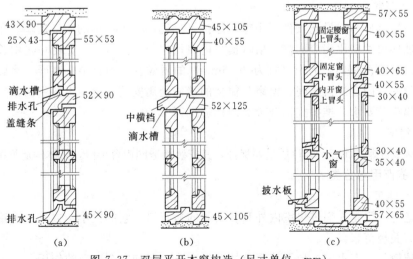

图 7.37 双层平开木窗构造（尺寸单位：mm）

平开。目前还有将水平推拉与平开相互转换的较复杂构造的塑钢窗，可弥补推拉窗通风面积小的不足，但造价较高。

1. 铝合金窗的安装

一般采用塞口法施工。安装前用木楔、垫块临时固定，在窗的外侧用射钉、塑料膨胀螺钉或小膨胀螺栓固定厚度不小于 1.5mm，宽度不小于 15mm 的 Q235—A 冷轧镀锌钢板（固定板）于洞口砖墙上，并不得固定在砖缝处。若为加气混凝土洞口时，则应采用木螺钉固定在胶粘圆木上；若设预埋件可采用焊接或螺栓连接。固定片离中竖框、横框的档头不小于 150mm，每边固定片至少有 2 个，且间距不大于 600mm，交错固定在窗所在平面两侧的墙上。窗框与洞口用与其材料相容的闭孔泡沫塑料、发泡聚苯乙烯等填塞嵌缝（不得填实）。窗框安装时一定要保证窗的水平精度和垂直精度，以满足开启灵活的要求。洞口被窗分成的内、外两侧与窗框之间采用水泥砂浆填实抹平，洞口内侧与窗框之间还应该用嵌缝膏密封。窗框下方设排水孔。窗框与墙体连接见图 7.38。

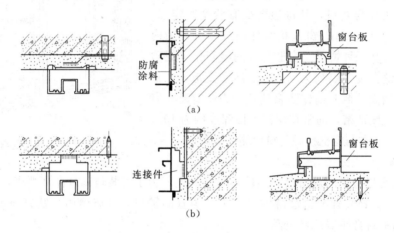

图 7.38　窗框与墙体连接
(a) 膨胀螺栓固定；(b) 射钉固定

2. 铝合金窗扇

一般由组合件与内设连接件间用螺丝连接，并选用符合标准的中空玻璃、单层玻璃组装而成。玻璃尺寸应比相应的框、扇（梃）内口尺寸小 4～6mm，安装时先用长度不小于 80～150mm，厚度依间隙而定（宜为 2～6mm）的硬橡胶或塑料垫块塞严，然后用密封条或用玻璃胶密封固定。窗扇间、窗扇与窗框的接缝处用安装在窗扇上的密封条密封，以满足保温、隔声等要求。推拉式铝合金窗的构造见图 7.39。

3. 塑钢窗

用塑钢型材焊接而成，焊口质量要保证，其安装构造同铝合金窗，具体构造见图 7.40。

7.3.3　门的作用与分类

1. 门的作用

(1) 通行。门是人们进出室内外和各房间的通行口，它的大小、数量、位置、开启方向都要按有关规范来设计。

(2) 疏散。当有火灾、地震等紧急情况发生时，起到安全疏散的作用。

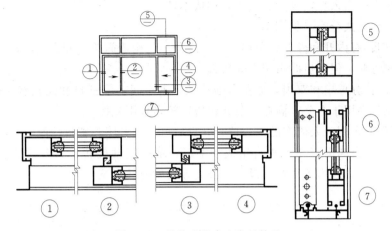

图 7.39 推拉式铝合金窗的构造

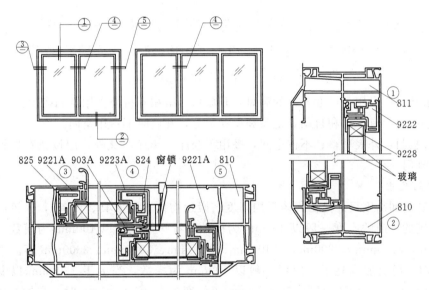

图 7.40 塑钢窗的构造

（3）围护。门是房间保温、隔声及防自然侵害的重要配件。

（4）采光通风。半玻璃门、全玻璃门或门上设小玻璃窗（亮子），可用作房间的辅助采光，也是与窗组织房间自然通风的主要配件。

（5）防盗、防火。对安全有特殊要求的房间要安设由金属制成、经公安部门检查合格的专用防盗门，以确保安全。防火门能阻止火势的蔓延，用阻燃材料制成。

（6）美观。门是建筑入口的重要组成部分，门设计的好坏直接影响建筑物的立面效果。

2. 门的分类

（1）按门所使用材料的分类。分为木门、钢门、铝合金门、塑钢门、玻璃钢门、无框玻璃门等。

木门应用较广泛、轻便、密封性能好、较经济，但耗费木材；钢门多用作防盗功能的门；铝合金目前应用较多，一般适于在门洞口较大处使用；玻璃钢门、无框玻璃门多用于大型商业建筑等的出入口，美观、大方，但成本较高。

（2）按开启方式分类（见图 7.41）。

1）平开门：有内开和外开，单扇和双扇之分。其构造简单，开启灵活，密封性能好，制作和安装较方便，但开启时占用空间较大。

2）推拉门：分单扇和双扇，能左右推拉且不占空间，但密封性能较差。可手动和自动，自动推拉门多用于办公、商业等公共建筑，较多采用光控。

3）弹簧门：多用于人流多的出入口，开启后可自动关闭，密封性能差。

4）旋转门：由四扇门相互垂直组成十字形，绕中竖轴旋转，其密封性能好，保温、隔热好，卫生方便，多用于宾馆、饭店、公寓等大型公共建筑。

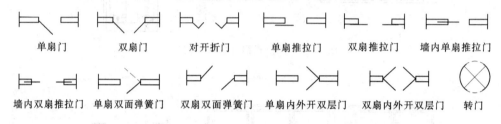

| 单扇门 | 双扇门 | 对开折门 | 单扇推拉门 | 双扇推拉门 | 墙内单扇推拉门 |

| 墙内双扇推拉门 | 单扇双面弹簧门 | 双扇双面弹簧门 | 单扇内外开双层门 | 双扇内外开双层门 | 转门 |

图 7.41　各类开启方式的门

5）折叠门：多用于尺寸较大的洞口，开启后门扇相互折叠占用空间较少。

6）卷帘门：有手动和自动，正卷和反卷之分，开启时不占用空间。

7）翻板门：外表平整、不占空间，多用于仓库、车库。此外，门按所在位置又可分为内门和外门。

3. 门的尺寸

门的宽度和高度尺寸是由人体平均高度、搬运物体（如家具、设备），人流股数、人流量来确定的。门的高度一般以 300mm 为模数，特殊情况可以 100mm 为模数。常见的有 2000mm、2100mm、2200mm、2400mm、2700mm、3000mm、3300mm 等。当高超过 2200mm 时，门上加设亮子。门宽一般以 100mm 为模数，当大于 1200mm 以上时，以 300mm 为模数。辅助用门宽为 700～800mm，门宽为 800～1000mm 时，常做单扇门；门宽为 1200～1800mm 时，做双扇门；门宽为 2400mm 以上时，做四扇门。

7.3.4　门的构造

1. 平开木门的组成与构造

平开木门是普通建筑中最常用的一种，它主要由门框、门扇、亮子、五金配件等组成，见图 7.42。

（1）门框由上框、边框组成，当设门的亮子时应加设中横档。三扇以上的门则加设中竖框，每扇门的宽度不超过 900mm。门框截面尺寸和形状取决于门扇的开启方向、裁口大小等，一般裁口深度为 10～12mm，单扇门框断面为 60mm×90mm，双扇门 60mm×100mm，其断面见图 7.43。门框安装分为立口和塞口两种，其构造处理同木窗框一致，见图 7.44。

图 7.42　平开木门的组成

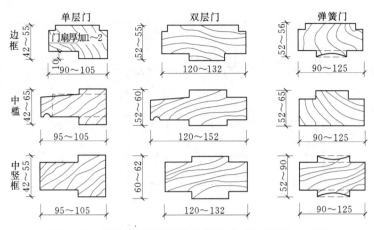

图 7.43　平开门门框断面形状与尺寸（尺寸单位：mm）

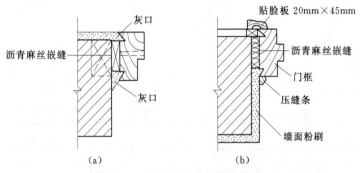

（a）　　　　　　　　　　（b）

图 7.44　门框的安装与接缝处理

（a）墙中预埋木砖用圆钉固定；（b）灰缝处加压缝条和贴脸板

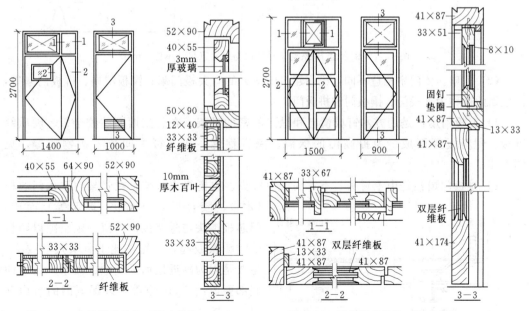

图 7.45　夹板门的构造（尺寸单位：mm）　　　图 7.46　镶板门的构造（尺寸单位：mm）

159

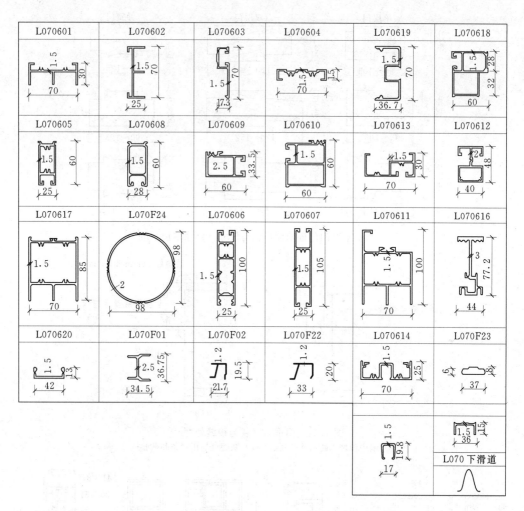

图 7.47 铝合金 70 系列型材截面与尺寸（尺寸单位：mm）

（2）门扇。依门扇构造不同，民用建筑中常见的有夹板门扇、镶板门扇、拼板门扇等，门也因此被称为夹板门、镶板门和拼板门。

1）夹板门扇：是用方木钉成横向和纵向的密肋骨架，在骨架两面贴胶合板、硬质纤维板、塑料板等而成。为提高门的保温、隔音性能，在夹板中间填入矿物毡等，见图 7.45。

2）镶板门扇：是由上冒头、下冒头、中冒头、边挺组成骨架，在骨架内镶入门芯板（木板、胶合板、纤维板、玻璃等）而成。门芯板端头与骨架裁口内留一定空隙以防板吸潮膨胀鼓起，下冒头比上冒头尺寸要大，主要是因为靠近地面易受潮、破损。门扇的底部要留出 5mm 空隙，以保证门的自由开启，见图 7.46。

3）拼板门扇：其构造类似于镶板门，

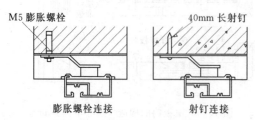

图 7.48 门框与墙体连接构造

只是芯板规格较厚，一般为 15～20mm，坚固耐久、自重大，中冒头一般只设一个或不设，有时不用门框，直接用门铰链与墙上预埋件相连。

此外有时还可以用钢、木组合材料制成钢木门。

（3）五金零件和附件。平开木门上常用五金零附件有铰链（合页）、拉手、插锁、门锁、铁三角、门碰头等。五金零件和附件与木门间采用木螺丝固定。门附件主要有木质贴脸板、筒子板等。

2. 铝合金门及其构造

铝合金门的门框、门扇均用铝合金型材制作，避免了其他金属门（如钢门）易锈蚀、密封性差、保温性能差的不足。为改善铝合金门的热桥散热，可在其内部夹泡沫塑料等材料。由于生产厂家不同，门框、门扇及配件型材种类繁多，其中 70 系列推拉门框、门扇型材见图 7.47。门可以采用推拉开启和平开，为了便于安装，一般先在门框外侧用螺钉固定钢质锚固件，另一侧固定在墙体四周，其构造与铝合金窗基本类似，见图 7.48。门扇的构造及玻璃的安装同铝合金窗的构造，见图 7.49。

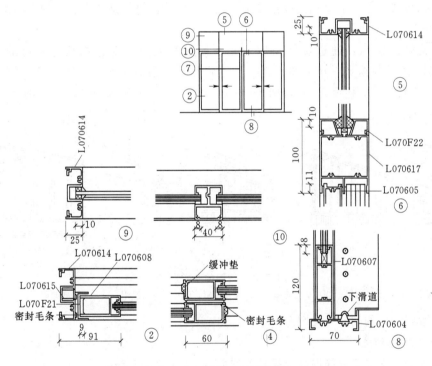

图 7.49　铝合金门的构造（尺寸单位：mm）

7.4　遮　阳　设　施

在进行建筑设计时，一定要使建筑物的主要房间具有良好的朝向，以便通风，获得良好的日照等。但在炎热的夏季，阳光直射到室内会使室内温度过高并产生眩光，从而影响人们正常工作、学习和生活。因此有的建筑要考虑设置遮阳设施来解决这一问题。

1. 遮阳的种类及对应朝向

遮阳包括绿化遮阳和加设遮阳设施两个方面。绿化遮阳一般用于低层建筑，通过在房屋附近种植树木或攀缘植物达到遮阳效果。

遮阳设施有两种。对于标准较低或临时性建筑，可用油毡、波形瓦、纺织物等作为活动性遮阳设施；对于标准较高的建筑则应设置遮阳板作永久性遮阳设施，可起到遮阳、隔热、挡雨、丰富美化建筑立面等作用。本节重点讲述永久性遮阳设施。

（1）水平遮阳。设于窗洞口上方或中部，能遮挡从窗口上方射来、高度角较大的阳光，适于朝南向或接近南向的建筑，见图 7.50（a）。

（2）垂直遮阳。设于窗两侧或中部，能遮挡从窗口两侧斜射来，高度角较小的阳光，适于东、西朝向的建筑，见图 7.50（b）。

（3）综合遮阳。设于窗上部、两侧的水平和垂直的综合遮阳设施，具有上述两种遮阳的特点，适于东南、西南朝向的建筑，见图 7.50（c）。

（4）挡板式遮阳。能遮挡高度角较小，正射窗口的阳光，适于东、西朝向的建筑，见图 7.50（d）。

（5）旋转式遮阳：通过旋转角度达到不同遮阳要求，能遮挡任意角度的照射阳光，当遮阳挡板与窗成 90°时透光量最大，平行时遮阳效果最好。所以适于任何朝向的建筑。旋转式遮阳板应距窗外侧一定距离，主要为避免影响窗的开启，见图 7.50（e）。

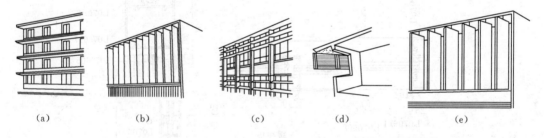

图 7.50　遮阳的基本形式

(a) 水平遮阳；(b) 垂直遮阳；(c) 综合遮阳；(d) 挡板式遮阳；(e) 旋转式遮阳

各种遮阳适用的朝向，见图 7.51。

2. 遮阳板的构造

（1）预制或现浇的钢筋混凝土板较普遍采用，一般与房屋圈梁或框架梁整浇或预制板焊接。垂直遮阳板的构造见图 7.52（a），水平遮阳板的构造见图 7.52（b）。

（2）砖砌遮阳板只用于垂直式遮阳，砌在窗两侧突出的扶壁小柱或小墙上。

（3）玻璃钢遮阳板采用定型玻璃钢，并用螺栓固定在窗洞上方。

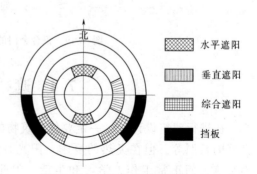

图 7.51　遮阳设施适用的朝向

此外，还可以用磨砂玻璃、钢百叶、塑铝片等，悬挂于窗洞口上方的水平悬挑板下，从而达到遮阳的目的。

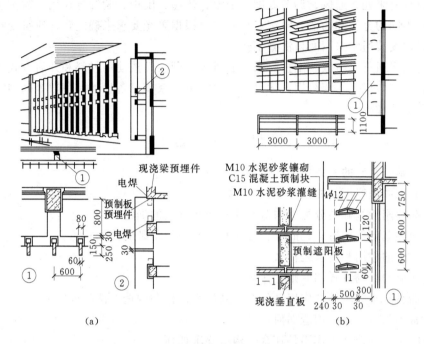

图 7.52　钢筋混凝土遮阳板的构造（尺寸单位：mm）
(a) 垂直遮阳板；(b) 水平遮阳板

本 章 小 结

本章内容由三个部分组成，各部分主要掌握内容如下。

1. 基础部分

（1）地基与基础的区别与联系。基础是房屋建筑的重要组成部分，它承受建筑物上部结构传来的全部荷载，并将这些荷载连同基础的自重一起传给地基。地基是基础下面直接承受荷载的土层。

（2）在保证地基承载力要求的前提下，确定合理的基础埋置深度。

（3）基础按材料和受力特点分为刚性基础和非刚性基础，要掌握刚性基础的概念和常用类型；按构造形式分为条形基础、独立基础、筏板基础、箱形基础及桩基础等，应了解不同类型基础的使用特点。

2. 墙体部分

（1）墙体的功能、作用和设计要求。

（2）墙按结构受力情况分为承重墙和非承重墙两种，非承重墙分为自承重墙、隔墙和幕墙，隔墙是不承重的，仅起分隔作用。

（3）了解常用砖墙的构造和框架结构的墙体构造，实心墙体的组砌方式，墙体局部构造包括防潮层、勒脚、散水、窗台、过梁、圈梁、构造柱等内容。

3. 门窗部分

（1）窗具有采光、通风、调节温度、观察、传递、围护、装饰等作用，窗按使用材料和开启方式不同的分类和构造，窗洞口尺寸主要根据采光要求来确定，并应符合相应的模数要求，窗框安装通常采用塞口法施工。

（2）门具有通行、疏散、围护、采光通风等作用。门按使用材料和开启方式不同的分类与构造，门洞口尺寸主要根据人体尺寸、通行量、家具设备尺寸、模数等来确定。了解遮阳设施的类型和构造。

思　考　题

7.1　地基与基础的关系如何？

7.2　基础的埋置深度如何确定？

7.3　简述刚性基础的分类、构造尺寸和构造方法的确定。

7.4　简述基础按构造形式的分类方法和不同类型基础的使用特点。

7.5　墙体的作用和要求是什么？

7.6　砖墙的组砌方式和原则是什么？

7.7　墙身水平防潮层的作用是什么？其设置部位和构造方法怎样？

7.8　常用门窗过梁的构造如何？

7.9　圈梁、构造柱的作用是什么？构造要求如何？

7.10　窗的分类和作用如何？

7.11　平开木窗、铝合金窗、塑钢窗的构造要求有哪些？

7.12　门的分类和作用如何？

7.13　平开木门、铝合金门的构造要求有哪些？

第8章 屋顶、楼层与地坪构造

教学要求：

通过本章学习要求了解屋顶、楼层与地坪的类型和基本组成，重点掌握屋顶、楼层与地坪的设计要求和主要构造做法。

屋顶、楼地层是建筑物中的水平受力构件，属于受力系统中的第一个层次，施加在其上的活荷载及其自重都必须通过受力系统的其他层次传递到地基上去。因此，这些水平构件的支承和被支承的情况，决定了许多垂直构件的布置。此外，这些水平构件大都同时兼有围护和分隔建筑空间的作用。因此，在进行建筑设计和建造的过程中，不但需要研究各种建筑空间的构成及组合，同时也要讨论其围护构件和结构支撑的布置及其构造方式对空间功能和使用情况的影响。

8.1 屋面的组成及构造

根据屋顶系统的支承结构和构造方式不同，屋顶可分成为平屋顶、坡屋顶及曲面屋顶等几种形式（图 8.1）。平屋顶一般是指屋面坡度不超过 5％的屋顶，坡屋顶是指屋面坡度不小于 10％的屋顶。

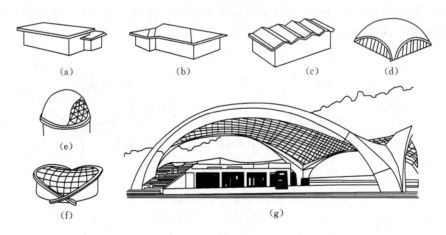

图 8.1 屋顶的形式

(a) 平屋顶；(b) 坡屋顶；(c) 折板；(d) 壳体；(e) 球形网壳；(f) 悬索；
(g) 日本熊本县小国町某悬索结构建筑

屋顶的坡度大小是由多方面因素决定的，它与屋面选用的材料、当地降雨量的大小、屋顶结构形式、建筑造型以及经济条件有关。

屋顶作为外围护结构，除应满足强度、刚度和整体稳定性要求外，还应满足防水、保温、隔热等方面的要求。

8.1.1 平屋顶的基本构造

平屋顶是较常见的屋顶形式，其主要的特点是构造简单，节省材料，节省空间，屋顶平面便于利用。

1. 平屋顶的组成

平屋顶的基本组成有面层、结构层、顶棚和附加层（图 8.2）。附加层包括保温层、隔热层、隔汽层、找平层、结合层等。设什么附加层，要根据屋面的具体情况而定。

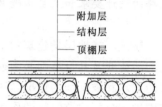

图 8.2 平屋顶的组成

2. 平屋顶排水

为了迅速排除屋面雨水，保证水流畅通，需进行周密的排水设计，选择适宜的排水坡度，确定排水方式，做好排水组织设计。

（1）屋顶坡度的形成。平屋顶常用的坡度为 2%～5%，坡度的形成一般可通过两种方法来实现，即材料找坡和结构找坡。

1）材料找坡：材料找坡是在水平的屋面板上面，利用材料厚度不一形成一定的坡度。找坡材料多用炉渣等轻质材料加水泥或石灰形成，一般设在承重屋面板与保温层之间，如图 8.3（a）所示。材料找坡可使室内获得水平的顶棚层，但增加了屋面自重。当屋顶设散粒状保温层时，也可以用保温层兼作材料找坡层。

2）结构找坡：结构找坡是将屋面板搁放在有一定倾斜度的梁或墙上，以形成屋面的坡度，见图 8.3（b）。结构找坡不需要另做找坡层，从而减少了屋面荷载，且施工简单，造价较低，但其顶棚是倾斜的，室内空间高度不相等，使用上不习惯，往往需要做吊顶。多用于跨度较大的生产性建筑和公共建筑中。

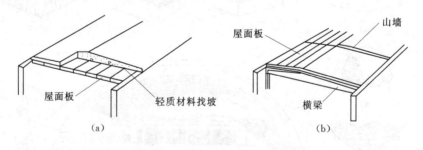

图 8.3 屋顶坡度形成的方法
(a) 材料找坡；(b) 结构找坡

（2）排水方式的选择。屋面的排水方式分为无组织排水和有组织排水两大类。

1）无组织排水：无组织排水又称自由落水。是使屋面雨水由檐口自由落到室外地面。这种做法构造简单、经济，一般适用于低层和雨水较少的地区（图 8.4）。

2）有组织排水：有组织排水是将屋面划分成若干个排水区，按一定的排水坡度把屋面雨水有组织地排到檐沟或雨水口，通过雨水管排泄到散水或明沟中。

有组织排水分为外排水和内排水两种。外排水视檐口做法的不同可分为檐沟外排水和女儿墙外排水（图 8.5）。

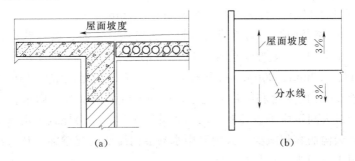

图 8.4 无组织排水

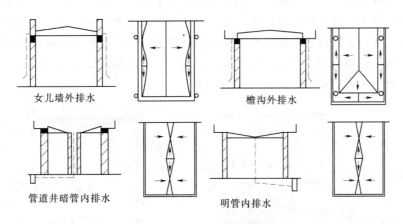

图 8.5 有组织排水

（3）屋面排水组织设计。屋面排水组织设计就是把屋面划分成若干个排水区，将各排水区的雨水分别引向各雨水管，使排水线路短捷，雨水管负荷均匀，排水顺畅。为此，屋面须有适当的排水坡度，设置必要的天沟、雨水管和雨水口，并合理地确定这些排水装置的规格、数量和位置，最后将它们标绘在屋顶平面图上。这一系列的工作就是屋面排水组织设计。

进行屋顶排水组织设计时，须注意下述事项：

1）划分排水分区：划分排水分区的目的是便于均匀地布置雨水管，排水区域的大小，一般按一个雨水管负担 200m² 屋面面积的雨水考虑，屋面面积按水平投影面积计算。

2）确定排水坡面的数目：进深较小的房屋或临街建筑常采用单坡排水，进深较大时，为了不使水流的路线过长，应采用双坡排水。坡屋顶则应结合造型要求选择单坡、双坡或四坡排水。

3）确定天沟断面大小和天沟纵坡的坡度值：天沟即屋顶上的排水沟，位于外檐边的天沟又称檐沟。天沟的功能是汇集和迅速排除屋面雨水，故其断面大小应恰当，沟底沿长度方向应设纵向排水坡，简称天沟纵坡。天沟纵坡的坡度宜小于 1%。天沟可用镀锌钢板或钢筋混凝土板等制成。金属天沟的耐久性较差，因而无论在平屋顶还是坡屋顶中大多采用钢筋混凝土天沟。

天沟的净断面尺寸应根据降雨量和汇水面积的大小来确定。一般建筑的天沟净宽不应小于 200mm。天沟上口至分水线的距离不应小于 120mm。

4）雨水管的规格及间距：雨水管依材料分为铸铁、塑料、镀锌铁皮、石棉水泥等多种，根据建筑物的耐久等级加以选择。现常用的是塑料管。其管径有 50mm、75mm、100mm、125mm、150mm、200mm 等几种规格。一般民用建筑常用 75mm、100mm 的雨水管，面积小于 25m² 的露台和阳台可选用直径 50mm 的雨水管。雨水管的数量与雨水口相等，雨水管的最大间距应予以控制。雨水管的间距过大，会导致天沟纵坡过长，沟内垫坡材料加厚，使天沟的容积减少，大雨时雨水易溢向屋面引起渗漏或从天沟外侧涌出，因而一般情况下雨水口间距不宜超过 24m。

考虑上述各事项后，即可较为顺利地绘制屋顶平面图。图 8.6 为屋顶平面图示例，该屋顶采用双坡排水、檐沟外排水方案，排水分区为交叉虚线所示范围，该范围也是每个雨水口和雨水管所担负的排水面积。天沟的纵坡坡度为 1‰，箭头指示沟内的水流方向，两个雨水管的间距控制在 18～24m，分水线位于天沟纵坡的最高处，距沟底的距离可根据坡度的大小算出，并可在檐沟剖面图中反映出来。

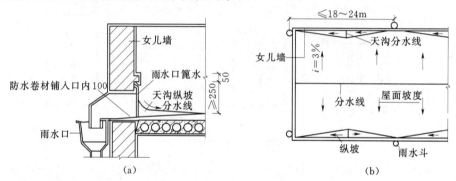

图 8.6　平屋顶女儿墙外排水（尺寸单位：mm）
(a) 檐口；(b) 屋顶平面图

3. 平屋顶类型

平屋顶按其使用功能可分为上人和不上人两种；按其面层所用防水材料不同可分为柔性防水屋面、刚性防水屋面及涂膜防水屋面等；根据室内使用要求可分为有保温隔热和无保温隔热屋顶。屋顶防水的具体构造将在建筑防水章节中介绍。

8.1.2　坡屋顶构造

坡屋顶多采用瓦材防水，而瓦材尺寸小、接缝多、易渗漏，故坡屋顶的坡度一般大于10°，通常取 30°左右。因此，坡屋顶的主要特点是：坡度大，排水快，防水性能好，但屋顶构造高度大，消耗材料多，构造复杂。

1. 坡屋顶的形式

根据坡面数目不同，坡屋顶的形式分为：

（1）单坡屋顶。一面为坡屋顶，雨水仅从一侧排下（图 8.7）。

（2）双坡屋顶。由两个坡面交接形成的屋顶，雨水向两侧排下。根据檐口和山墙的处理方式不同，又可分为：硬山和悬山坡屋顶（图 8.8）。

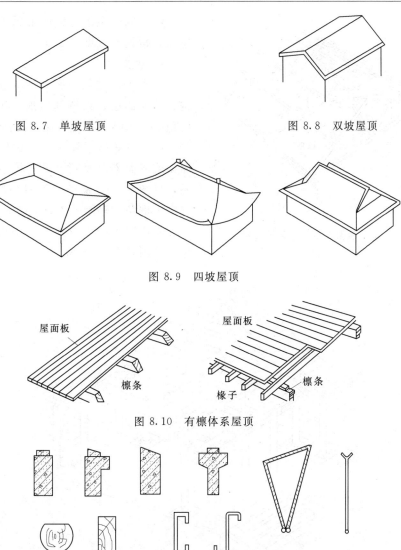

图 8.7　单坡屋顶　　　　　　　　　　图 8.8　双坡屋顶

图 8.9　四坡屋顶

图 8.10　有檩体系屋顶

图 8.11　檩条类型

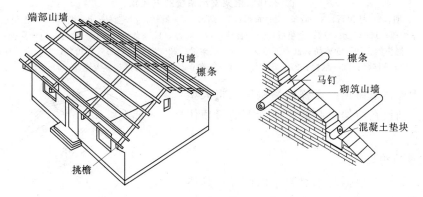

图 8.12　山墙支承体系的坡屋顶

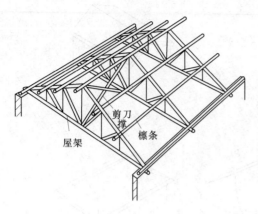

图 8.13　屋架支承体系的坡屋顶

（3）四坡屋顶。由四个屋面交接形成的屋顶，常见形式见图 8.9。

2. **坡屋顶的组成**

与平屋顶类似，坡屋顶一般也由承重结构、屋面面层、顶棚和附加层组成。其中坡屋顶的承重结构系统有以下两种形式：

（1）有檩体系屋顶。有檩体系屋顶是由屋架或屋面梁、檩条、屋面板组成的屋顶体系，见图 8.10。檩条的类型有木檩条、钢筋混凝土檩条和轻刚檩条，见图 8.11。

有檩屋顶的支撑体系有山墙、屋架和梁架，见图 8.12～图 8.14。

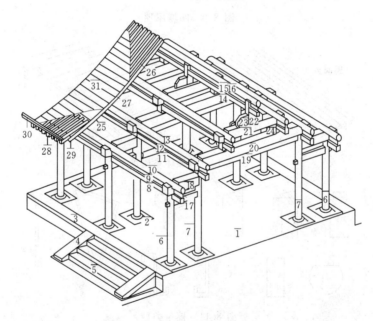

图 8.14　梁架支承系统的坡屋顶

1—台明；2—柱顶石；3—阶条；4—垂带；5—踏跺；6—檐柱；7—金柱；8—檐枋；9—檐垫板；
10—檐檩；11—金枋；12—金垫板；13—金檩；14—脊枋；15—脊垫板；16—脊檩；17—穿插枋；
18—抱头梁；19—随梁枋；20—五架梁；21—三架梁；22—脊瓜柱；23—脊角背；24—金瓜柱；
25—檩椽；26—脑椽；27—花架椽；28—飞椽；29—小连檐；30—大连檐；31—望板

（2）无檩体系屋顶。无檩体系屋顶是将大型屋面板直接铺设在屋架上弦或屋面梁上的屋顶体系，见图 8.15。

3. **坡屋顶构造**

坡屋顶的构造根据防水材料不同而异，具体见"建筑防水"一章。

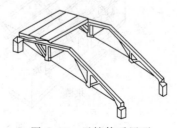

图 8.15　无檩体系屋顶

8.2 楼板的类型与构造

8.2.1 楼层的设计要求及基本组成

1. 楼层的设计要求

在有楼层的建筑物中，楼板层是沿水平方向分隔上下空间的结构构件。它除了承受并传递垂直荷载和水平荷载，应具有足够的强度和刚度外，还应具有一定的防火、隔声和防水等方面的能力。建筑物中有些固定的水平设备管线，也可能会在楼层内安装。

2. 基本组成

楼层的基本组成，见图8.16。

（1）面层。又称楼面或地面，其作用是保护楼板并传递荷载，对室内有重要的清洁及装饰作用。其做法和要求，将在建筑装修章节中介绍。

（2）结构层（楼板层）。是承重部分，一般包括梁和板。主要功能是承受楼板层上全部荷载，并将这些荷载传递给墙或柱，同时还对墙身起水平支撑作用。

（3）顶棚层。其作用是保护楼板并起美观作用。

（4）附加层。可根据构造和使用要求设置结合层、找平层、防水层、保温层、隔热层、隔声层、管道敷设层等不同构造层次。

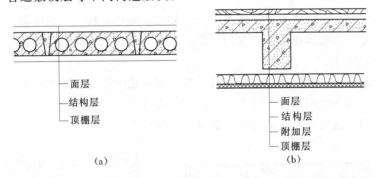

（a）　　　　　　　　　　　（b）

图8.16　楼层的基本组成

8.2.2 楼板的类型

根据所采用的材料不同，楼板可分为木楼板、钢筋混凝土楼板及压型钢板组合楼板等多种形式（图8.17）。由于钢筋混凝土楼板强度高、刚度大、可塑性和防火性能好，且便于工业化生产和机械化施工等，因此是目前我国工业与民用建筑中常采用的楼板形式。根据施工方法不同，钢筋混凝土楼板可分为现浇整体式、预制装配式及装配整体式三种。

8.2.2.1 钢筋混凝土楼板

1. 现浇整体式钢筋混凝土楼板

现浇整体式钢筋混凝土楼板是在施工现场经过支模、绑扎钢筋、浇灌混凝土、养护、拆模等施工程序而形成的楼板。其优点是整体性好，可以适应各种不规则的建筑平面，预留管道孔洞较方便及防潮防水性能好；缺点是湿作业量大，工序繁多，需要养护，施工工期较长，而且受气候条件影响较大。

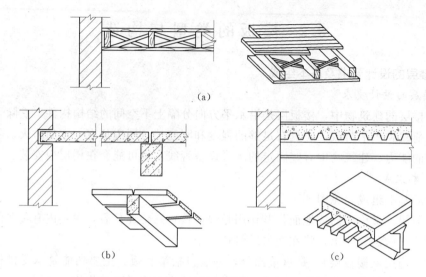

图 8.17　楼板类型

(a) 木楼板；(b) 钢筋混凝土楼板；(c) 钢衬楼板

现浇整体式钢筋混凝土楼板，根据受力和传力情况分为板式楼板、梁板式楼板、无梁楼板三种。

(1) 板式楼板。在墙体承重建筑中，当房间尺寸较小，楼板上的荷载直接由楼板传递给墙体，这种楼板称板式楼板。它多用于跨度较小的房间或走廊，如居住建筑中的厨房以及公共建筑的走廊等。

(2) 梁板式楼板。当房间跨度较大时，为了使楼板的受力与传力更加合理，通过在板下设梁的方式，将一块板划分为若干个小块，从而减小了板的跨度（图 8.18）。使楼板上的荷载先由板传递给梁，再由梁传递给墙或柱。这种楼板结构称梁板式楼板。

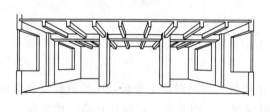

图 8.18　梁板式楼板实例

在板底增加梁不但具有结构和经济方面的意义，经过对楼板的传力路线的设计，还可以重新分配传到梁上的荷载大小，从而控制其断面尺寸，这样对争取某些结构梁底的净高以及在平面上按照建筑设计的需要局部增加或者取消某些楼层的支座，都是很有用处的。

梁板式楼板的梁可以形成主次梁的关系。当梁板式楼盖板底某一个方向的次梁平行排列成为肋状时，可称之为肋形楼板。为了更充分发挥楼板结构的效力，合理选择构件的截面尺寸至关重要。梁板式楼板常用的经济尺寸如下：主梁的跨度一般为 5～9m，最大可达 12m，主梁高为跨度的 1/14～1/8；次梁的跨度即主梁的间距，一般为 4～6m，次梁高为跨度的 1/18～1/12。主次梁的宽高之比均为 1/3～1/2；板的跨度即为次梁的间距，一般为 1.8～3.6m，根据荷载的大小和施工要求，板厚一般为 60～180mm。

"井"式楼板是梁板式楼板的一种特殊形式，其特点是不分主梁、次梁，梁双向布置，断面等高且同位相交，梁之间形成井字格（图 8.19）。梁的布置既可正交正放，也可正交斜放，其跨度一般为 10～30m，梁间距一般为 3m 左右。这种楼板外形规则、美观，而且梁的截面尺寸较小，相应提高了房间的净高，适用于建筑平面为方形或近似方形的大厅。

（3）无梁楼板。是将现浇钢筋混凝土板直接支承在柱上的楼板结构。为了增大柱的支承面积和减小板的跨度，常在柱顶增设柱帽和托板（图 8.20）。无梁楼板顶棚平整，室内净空大，采光、通风好。其经济跨度为 6m 左右，板厚一般为 120mm 以上，多用于荷载较大的商店、仓库、展览馆等建筑中。

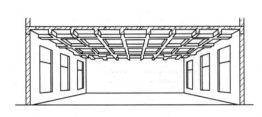

图 8.19 井式楼板

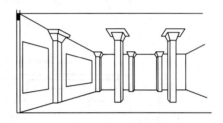

图 8.20 无梁楼板

2. 预制装配式钢筋混凝土楼板

预制装配式钢筋混凝土楼板是把楼板分成若干构件，在预制加工厂或施工现场外预先制作，然后运到施工现场进行安装的钢筋混凝土楼板。这样可节省模板、缩短工期，但整体性较差，一些抗震要求较高的地区不宜采用。

预制构件可分为预应力和非预应力两种。采用预应力构件，可推迟裂缝的出现和限制裂缝的开展，从而提高了构件的抗裂度和刚度。预应力与非预应力构件相比较，可节省钢材约 30%～50%，可节省混凝土 10%～30%，减轻自重，降低造价。

梁的截面形式有矩形、T 形、倒 T 形，十字形等，设计时应根据不同的需要选用。

预制板的类型有三种：实心平板、槽形板、空心板。

（1）实心平板。实心平板制作简单，一般用做走廊或小开间房屋的楼板，也可作架空搁板、管沟盖板等（图 8.21）。

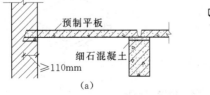

预制平板

细石混凝土

≥110mm

（a）

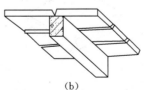

（b）

图 8.21 预制钢筋混凝土平板

实心平板的板跨一般不大于 2.4m，板宽约为 600～900mm，板厚为 50～80mm。

（2）槽形板。槽形板是一种梁板结合的构件，即在实心板的两侧设有纵肋，荷载主要由板侧的纵肋承受，因此板可做得较薄。当板跨较大时，应在板纵肋之间增设横肋加强其刚度，为了便于搁置，常将板两端用端肋封闭（图 8.22）。

槽形板的板跨度为 3.0～7.2m，板宽约为 600～1200mm，板厚为 25～30mm，肋高为 120～300mm。

槽形板的搁置有正置与倒置两种：正置板底不平，多作吊顶；倒置板底平整，但需另作面板，可利用其肋间空隙填充保温或隔声材料。

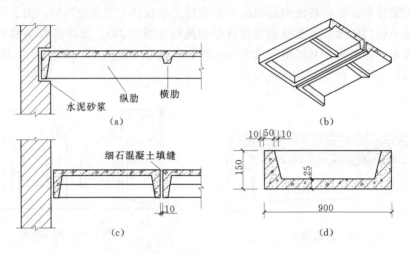

图 8.22　槽形板搁置（尺寸单位：mm）
(a) 槽形板纵剖面；(b) 槽形板底面；(c) 槽形板横剖面；(d) 倒置槽形板横剖面

（3）空心板。空心板的受力特点与槽形板类似，荷载主要由板纵肋承受，但由于其传力更合理，自重小，且上下板面平整，因而应用广泛。

空心板按其抽孔方式的不同，有方孔板、椭圆孔板、圆孔板之分。方孔板较经济，但脱模困难，现已不用；圆孔板抽芯脱模容易，目前使用较为普遍（图 8.23）。

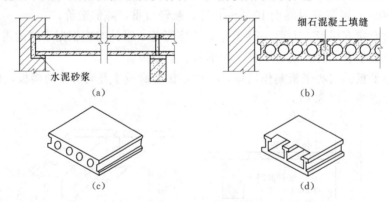

图 8.23　预制空心板
(a) 纵剖面；(b) 横剖面；(c) 剖面形式；(d) 端头形式

空心板有中型板与大型板之分。中型空心板的板跨不大于 4.2m，板宽为 500～1500mm，板厚为 90～120mm，圆孔直径为 50～75mm，上表面板厚为 20～30mm，下表面板厚为15～20mm。大型空心板板跨为4～7.2m，板宽为1200～1500mm，板厚为180、240mm。为避免支座处板端压坏，板端孔内常用砖块、砂浆块、专制填块塞实。

3．预制板的布置与细部构造

（1）预制板的布置。预制板的布置，首先应根据房间的开间、进深尺寸来确定板的支承方式，然后依现有板的规格进行合理布置。板的支承方式有墙承式和梁承式两种。

在使用预制板作为楼层结构构件时，为了减小结构的高度，必要时可以把结构梁的截面做花篮梁或者十字梁的形式，但要注意除去花篮梁和十字梁两侧的支承部分后，梁的有效宽度和高度不能够小于原来的尺寸。当采用梁承式结构布置时，板在梁上的搁置方式一般有两种：板直接搁在矩形梁梁顶上，板搁在花篮梁两侧挑耳上（图8.24）。

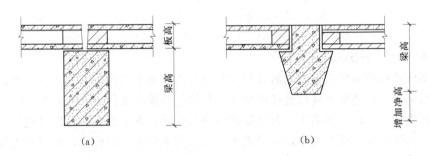

图 8.24　板在梁上的搁置方式

(a) 板搁在矩形梁上；(b) 板搁在花篮梁上

预制空心板是按照均布荷载设计的，而且只有在板的底部沿长方向有冷拔钢丝作为受力钢筋，因此预制空心板决不能三面搁置，在跨中也不能承受较大的集中荷载。

表 8.1　板缝差的处理

序号	板缝差（mm）	处理方法
1	≤60	调整板缝宽度
2	60～120	沿墙边挑出两皮砖
3	120～200	局部现浇钢筋混凝土板带
4	＞200	调整板的规格

（2）板缝差的处理。结构布置时，一般要求板的规格、类型愈少愈好。排板过程中，当板的横向尺寸（板宽方向）与房间平面尺寸出现差额即板缝差时，表8.1给出了具体解决方法。构造作法如图8.25所示。

（3）板的搁置。为了保证板与墙或梁有很好的连接，板的搁置长度要足够。因此相关规范规定，预制板在墙上的搁置宽度应不小于100mm，在梁上的搁置宽度应不小于

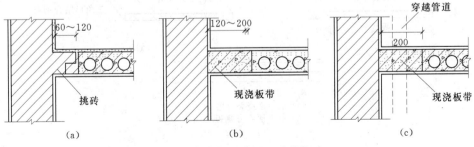

图 8.25　板缝差的处理（尺寸单位：mm）

(a) 墙边挑砖；(b) 现浇板带；(c) 竖管穿过板带

80mm；同时，必须在墙上或梁上铺约 20mm 厚的水泥砂浆。此外，为增强房屋的整体刚度，在楼板与墙体之间以及楼板与楼板之间，常用锚固钢筋予以锚固。锚固筋又称拉结钢筋，各种锚固钢筋的配置方法见图 8.26。

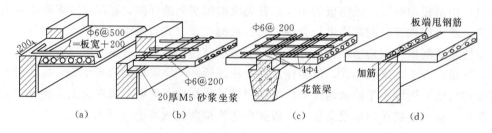

图 8.26　锚固筋的配置（尺寸单位：mm）

（a）板侧锚固；（b）板端锚固；（c）花篮梁上锚固；（d）甩出筋锚固

4. 装配整体式钢筋混凝土楼板

装配整体式钢筋混凝土楼板指将楼层中的部分构件经工厂预制后到现场安装，再经整体浇筑其余部分后，使整个楼层连接成整体。其结构整体刚度优于预制装配式的，而且预制部分构件安装后可以方便施工。特别是其中叠合楼板的下层部分可以同时充当其上层整浇部分的永久性底模，施工时可以承受施工荷载，完成后又不需拆除，可以大大加速施工进度，又节约模板。

预制薄板叠合楼板是用普通钢筋混凝土薄板或预应力混凝土薄板作为底板，在上面再叠合现浇钢筋混凝土层（图 8.27）。钢筋混凝土的梁柱也可以同为装配构件，特别是预制钢筋混凝土梁上部可少浇部分混凝土，露出部分钢筋，以便在现场与楼板上层现浇叠合层连通，更好地增强其结构整体性。

叠合楼板跨度一般为 4~6m，最大可达 9m，以 5.4m 以内较为经济。预应力使用预制板尽管施工方便，但在结构整体刚度方面远不及现浇整体式的好。

8.2.2.2　压型钢板组合楼板

压型钢板组合楼板是一种钢与混凝土组合的楼板。系利用压型钢板作衬板（简称钢衬

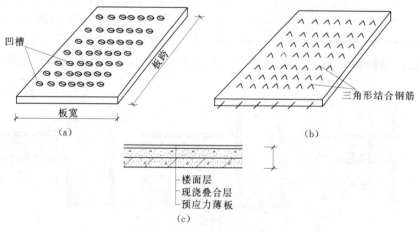

图 8.27　预制薄板叠合楼板

（a）板面刻槽；（b）板面露出三角形结合钢筋；（c）叠合组合楼板

板）与混凝土现浇在一起，支撑在钢梁上构成的整体性楼板结构。主要用于大空间、高层民用建筑及工业建筑中。

压型钢板组合楼板的钢板有单层和双层之分。

1. 压型钢板组合楼板的特点

压型钢板以衬板形式作为混凝土楼板的永久性模板，施工时又是施工的台板，简化了施工程序，加快了施工进度。压型钢板组合楼板可使混凝土、钢衬板共同受力，即混凝土承受剪力和压力，钢衬板层承受下部的拉弯应力。因此钢衬板起着模板和受拉钢筋的双重作用。此外，还可利用压型钢板肋间的空隙附设室内电力管线，亦可在钢衬板底部焊接悬吊管道、通风管和吊顶的支托，从而充分利用了楼板结构中的空间。

2. 压型钢板组合楼板的构造

压型钢板组合楼板主要有楼面层、组合楼板（包括现浇混凝土和钢衬板）、钢梁等几部分组成，可根据需要设吊顶棚（图 8.28）。组合楼板的跨度约为 1.5～4.0m，其经济跨度在 2.0～3.0m 之间。如果建筑空间较大，需要增加梁以满足板跨的要求。压型钢板与其下部梁的连接方法以及分段钢板之间的连接，可参照图 8.29 。

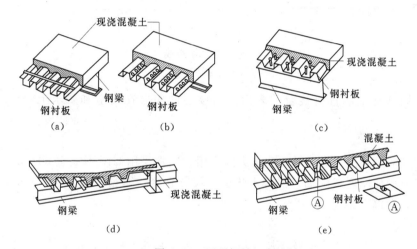

图 8.28 压型钢板组合楼板
(a)、(b)、(c) 组合楼板；(d) 楔形板与平板组成的孔格式组合楼板；
(e) 双楔形板与平板组成的孔格式组合楼板

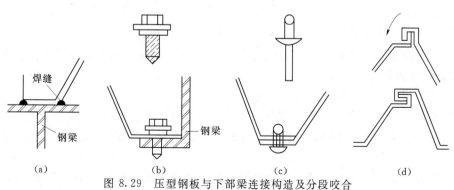

图 8.29 压型钢板与下部梁连接构造及分段咬合
(a) 焊接；(b) 自攻螺栓；(c) 膨胀铆钉；(d) 压边咬接

177

8.3　地坪层构造

地坪是指建筑物底层与土壤接触的结构构件，它承受着地坪上的荷载，并均匀地传给地基。

8.3.1　地坪的组成

地坪是由面层、垫层和基层三部分组成，根据需要，可增设附加层（图 8.30）。

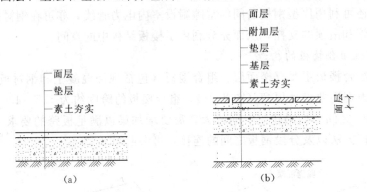

图 8.30　地坪的基本组成

1. 面层

面层是人们日常生活直接接触的表面，与楼层的面层在构造和要求上一致，统称地面。

2. 垫层

垫层是地坪的结构层，起着承重和传力的作用。通常采用 C10 混凝土 60～80mm 厚，荷载大时可相应增加厚度或配筋。混凝土垫层应设分仓缝，缝宽一般为 5～20mm；纵缝间距为 3～6m，横缝间距为 6～12m。

3. 基层

基层多为垫层与地基之间的找平层或填充层，主要起加强地基、帮助结构层传递荷载的作用。基层可就地取材，如北方可用灰土或碎砖，南方多用碎砖石或三合土，均须夯实。

4. 附加层

附加层是为了满足某些特殊使用功能要求而设置的一些层次，如结合层、保温层、防水层、埋设管线层等。其材料常为 1∶6 水泥焦渣，也可用水泥陶粒、水泥珍珠岩等。

8.3.2　地坪的类型

按地坪面层所用材料和施工方法的不同，可分为以下几类：

（1）整体类地坪有水泥砂浆、细石混凝土、水磨石、菱苦土地坪等。

（2）块材类地坪有黏土砖、大阶砖、缸砖、马赛克、人造石板、天然石板、木地板地坪等。

（3）卷材类地坪有橡胶地毡、塑料地毡、化纤地毡、无纺地毯、手工编织地毯等。

（4）涂料类地坪包括各种高分子合成涂料所形成的地坪。

8.3.3 地坪层的设计要求

地坪层的设计要求如下：

（1）具有足够的坚固性，且表面平整光洁，易清洁不起灰。

（2）面层的温度性能要好，导热系数小，冬季使用不感寒冷。

（3）面层应具有一定的弹性，行走舒适。

（4）满足某些特殊的要求，如防火、防水、防腐、防电等。

本 章 小 结

（1）屋顶是承重构件，也是围护构件。屋顶基本组成有：面层、结构层、顶棚。屋顶的设计除应满足强度、刚度和整体稳定型要求外，还应满足防水、保温、隔热等方面的要求。

（2）屋顶按外形分为坡屋顶、平屋顶和其他形式的屋顶。坡屋顶的坡度一般大于10%，平屋顶的坡度小于5%。其他形式的屋顶则外形多样，坡度随外形变化。

（3）平屋顶的排水方式有两种：无组织排水、有组织排水。有组织排水又分为外排水和内排水。常用的外排水有：挑檐沟外排水、女儿墙天沟外排水。

（4）平屋顶坡度形成的方法有：材料找坡、结构找坡。

（5）屋顶排水设计的主要内容是：确定屋面排水坡度的大小和坡度形成的方法；选择排水方式和屋顶剖面轮廓线；绘制屋顶排水平面图。每个雨水管可排除约 $200m^2$ 的屋面雨水，其间距控制在24m以内。矩形天沟净宽不小于200mm，天沟纵坡最高处离天沟上口的距离不小于120mm，天沟纵向坡度取0.5%～1%。

（6）坡屋顶组成与平屋顶类似，坡屋顶一般也由承重结构、屋面面层、顶棚和附加层组成。坡屋顶的承重结构系统有：有檩体系屋顶、无檩体系屋顶。有檩体系的屋顶支撑体系有：山墙、屋架、梁架。

（7）楼板层、地层是水平方向分隔房屋空间的承重构件。楼板层主要由面层、楼板、顶棚三部分组成，楼板层的设计应满足建筑的使用、结构、施工以及经济等方面的要求。

（8）钢筋混凝土楼板根据其施工方法不同可分为现浇式、装配式和装配整体式三种。装配式钢筋混凝土楼板，常用的板型有平板、槽形板、空心板。为加强楼板的整体性，应注意楼板的细部构造，现浇式钢筋混凝土楼板有现浇肋梁楼板、井式楼板和无梁楼板。装配整体式楼板有叠合式楼板。

（9）压型钢板组合楼板是钢板和混凝土组合的楼板，由于其自身的优点，所以将被越来越广泛地运用。

（10）地坪层由面层、垫层和素土夯实层及附加层构成。

思 考 题

8.1 屋顶的作用及设计要求有哪些？

8.2 平屋顶的基本组成有哪些？

8.3 平屋顶排水坡度的形成方法有哪两种？平屋顶的外排水的类型有哪些？平屋顶

的排水组织设计包括哪些内容？

8.4　坡屋顶的基本组成有哪些？

8.5　坡屋顶的支承体系有哪些？

8.6　平屋顶和坡屋顶各有什么特点？

8.7　楼板层与地坪层有什么相同和不同之处？

8.8　楼板层的基本组成及设计要求有哪些？

8.9　常用的装配式钢筋混凝土楼板的类型及其特点有哪些？

8.10　装配式钢筋混凝土楼板的细部构造有哪些？

8.11　普通楼板的跨度为什么不能过大？

8.12　井式楼板和无梁楼板的特点及适用范围是什么？

第9章 建筑防水、防潮构造

教学要求：

本章介绍了刚性防水屋面和柔性防水屋面的构造做法，楼板层的排水和防水处理方法，墙身和地坪层的防潮措施，地下室防潮和防水机理和构造方法；学习时重点掌握屋面和地下室防潮防水的构造方法。

9.1 概　　述

9.1.1 建筑防水的目的

建筑防水是建筑维护构造的一个重要组成部分。建筑中渗漏水现象时有发生，轻则会引起室内墙面和顶棚发霉脱皮，危及人的身体健康，重则会威胁到结构构件的安全，影响建筑的使用寿命。建筑防水就是要通过各种措施防止水的渗漏，保证人在建筑中的各种活动不受影响。

9.1.2 建筑防水的类型

通常建筑防水分为构造防水和材料防水两种。构造防水是指对建筑构件采取构造措施，通过特殊设计和处理，在构件上对水的通道设置障碍，所以构造防水又叫构造自防水。例如，同样材料的坡屋顶比平屋顶防水效果好。材料防水是指在防水的重点部位添加各种防水材料，利用材料本身的防水性能来达到预期目的。在建筑设计中，必须依据建筑不同部位的特点及其材料特性，合理地选择防水方案。

目前，建筑各部位的防水方式多以材料防水为主，并按照防水材料的特性分为：刚性防水、柔性防水、涂膜防水等。

结构自防水和刚性材料防水，如：涂抹防水砂浆、浇筑掺有外加剂的细石混凝土或预应力混凝土等均属于刚性防水；用各种防水卷材形成的防水均属于柔性防水；涂刷各种防水涂料形成的防水均属涂膜防水。

1. 刚性防水

（1）刚性防水材料。常见的刚性防水材料有防水混凝土、防水砂浆和聚合物水泥砂浆。

（2）刚性防水的特点及适用范围。刚性材料防水可同时兼有防水和承重双重功能，构造简单，施工方便，造价低廉。但对温度变化和结构变形较敏感，容易因变形而产生裂缝，造成渗漏。

刚性防水一般用于地下室或南方地区的屋面防水。但不宜用于高温、有振动和基础有较大不均匀沉降的建筑，也不适用于有松散保温层的屋面防水。

当防水要求较高、有多道防水设防要求时，可将刚性防水层与柔性防水或涂膜防水结合使用。

2. 柔性防水

柔性防水是指用本身不透水、又有一定的延展性和弹性、可以在一定范围内适应微小变形的材料进行防水。由于它们一般都是卷材，可供铺设，故又被称为卷材防水。

（1）柔性防水材料。目前常见的防水卷材有：

1）沥青防水卷材（简称沥青卷材或油毡卷材）：即用原纸、纤维织物、纤维毡等胎体材料浸涂沥青，表面撒布粉状、粒状或片状材料制成可卷曲的片状防水材料。

2）高聚合物改性沥青防水卷材（简称改性沥青卷材）：即用合成高分子聚合物改性沥青为涂盖层，纤维毡、纤维织物或塑料薄膜为胎体，粉状、粒状、片状或塑料膜为覆盖材料制成可卷曲的片状防水材料。常见的有 SBS 改性沥青防水卷材和 APP 改性沥青防水卷材。

3）合成高分子防水卷材（简称高分子卷材）：即用合成橡胶、合成树脂或两者的混合体为基料，加入适量的化学助剂和填充剂等，采用橡胶或塑料加工工艺制成的可卷曲的片状防水材料。常见的有三元乙丙橡胶防水卷材、聚氯乙烯防水卷材等。

（2）柔性防水材料的特点及适用范围。传统的油毡卷材虽然具有较好的经济性，但是由于施工麻烦，质地较脆，在荷载作用下容易开裂，造成漏水，而且存在着遇冷易开裂，遇热易流淌，易老化，耐气候性和耐久性都较差的弊端，目前已趋于淘汰。而改性沥青防水卷材和高分子防水卷材由于具有弹性、延伸率大、耐老化、温度范围广、耐候性强等多方面优势，已成为当今防水材料的主流。其中高分子卷材一般采用冷施工作业，操作更灵活、简便。

柔性防水运用广泛，更多用于北方地区的屋面防水，在地下室防水中一般与刚性防水结合使用。

3. 涂膜防水

涂膜防水又称涂料防水，是指用可塑性和粘结力较强的涂料。一是靠涂料本身或者与基底表面发生化学反应所生成的不溶性物质来封闭基层表面的孔隙；二是生成不透水的薄膜，附着在基底表面，从而达到防水目的。

（1）涂膜防水材料。涂膜防水材料主要有水泥基涂料、高聚合物改性沥青防水涂料、合成高分子防水涂料三大类，常用的有再生橡胶沥青涂料、氯丁胶乳沥青涂料、塑料油膏、聚氨酯防水涂料等。

（2）涂膜防水的特点和适用范围。涂膜防水材料具有防水性好、粘结力强、延伸性大、耐腐蚀、不易老化等优点，有些防水涂料还可以附着在潮湿的表面上，不受某些施工条件限制，灵活方便，容易维修，近年来使用日益广泛。

由于涂膜防水材料具有较强的可塑性，故可用于某些难以铺设防水卷材的地方或填补某些细小的缝隙（如管道出口处等），尤其在浴厕间楼地面的防水中应用广泛。但使用时，也应注意防止涂膜开裂渗漏。当防水设防要求较高时，涂膜防水可与刚性防水或柔性防水结合使用。当建筑物可能受到较大振动或位于寒冷地区时不宜采用。

此外，用于屋顶的防水材料还有各种瓦材、金属皮等。

9.2　屋面防水构造

屋面防水的设防标准取决于屋面的防水等级，屋面防水等级按建筑物的性质及其重要性进行划分。

9.2.1 平屋面的防水

按防水材料的不同，平屋面防水主要有：柔性防水、刚性防水、涂膜防水。

9.2.1.1 柔性防水屋面

1. 柔性防水屋面构造

柔性防水屋面的构造层次包括结构层、找坡层、找平层、结合层、防水层和保护层，如图 9.1 所示。

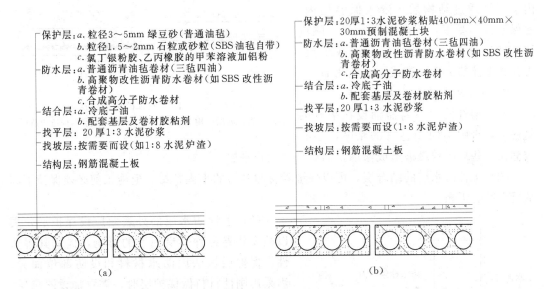

图 9.1 柔性防水屋面

(a) 不上人的柔性防水屋面；(b) 上人的柔性防水屋面

(1) 结构层。通常为预制或现浇钢筋混凝土屋面板，要求有足够的强度和刚度。

(2) 找平层。一般采用 20mm 厚 1:3 水泥砂浆。当下部为松散材料时，找平层厚度应加大到 30~35mm，分层施工。

(3) 找坡层。当屋顶采用材料找坡时，应选用轻质材料形成所需要的排水坡度。通常是在结构层上铺 1:6 或 1:8 的水泥焦渣或水泥膨胀蛭石。如果屋顶设散粒状保温层时，也可以用保温层兼作找坡层。当屋顶采用结构找坡时，则不设找坡层。

(4) 结合层。结合层的作用是使卷材防水层与基层粘结牢固。结合层所用的材料应根据卷材防水层材料的不同来选择。如油毡卷材、聚氯乙烯卷材及自粘型彩色三元乙丙复合卷材所用的结合层是冷底子油；三元乙丙橡胶卷材则用聚氨酯底胶等。

(5) 防水层。一般应选择改性沥青防水卷材或高分子防水卷材，卷材厚度应满足屋面防水等级的要求。

(6) 保护层。当屋面为不上人屋面时，保护层可根据卷材的性质选择浅色涂料（如银色着色剂）、绿豆砂、蛭石或云母等颗粒状材料；当屋面为上人屋面时，通常应采用 40mm 厚 C20 细石混凝土或 20~25mm 厚 1:2.5 水泥砂浆，但应做好分格和配筋处理，并用油膏嵌缝。还可以选择大阶砖、预制混凝土薄板等块材。

此外，屋顶有时要设保温层，保温层的材料常用水泥膨胀珍珠岩、水泥蛭石、矿棉岩棉以及聚苯乙烯泡沫塑料板、聚氨泡沫塑料板等。保温层可以设在防水层下面，也可以设在防水层之上，见图 9.2。当保温层设在防水层之下时，还要设隔汽层，隔汽层的作用是防止室内水蒸气透过结构层，渗入保温层内，使保温材料受潮，影响保温效果。隔汽层的做法通常是在结构层上做找平层，再在其上涂热沥青一道或铺一毡两油。

2. 柔性防水屋面的构造要点

（1）柔性防水材料需铺设在平整的基底上，否则不便于卷材的粘贴，还有可能在某些局部被戳破造成渗漏，因此必须做找平层。

（2）柔性防水层的结合层，可以保证卷材与基层的牢固粘结，但施工前必须保持下部基层干净、干燥。

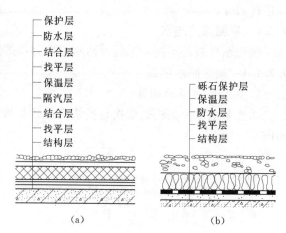

图 9.2　保温屋顶的构造层次

(a) 正置保温层的构造层次；(b) 倒置保温层的构造构造层

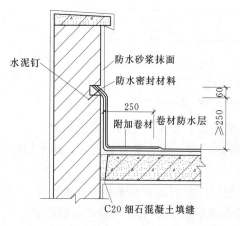

图 9.3　柔性防水屋面女儿墙处的泛水

（3）柔性防水层的外表面应设保护层，用以减少外界各种不良因素的影响，提高其耐久性。保护层做法因防水材料和设防部位而异。当采用刚性材料做保护层时，需要加设隔离层，并做分格缝。

3. 柔性防水屋面细部构造

柔性防水屋面的细部构造包括：屋面泛水、檐口、天沟、雨水口、变形缝等部位的构造处理。

（1）屋面泛水构造。屋面泛水是指屋面与垂直于屋面构件之间的防水处理。如图 9.3 所示，泛水做法应注意以下几方面：

1）屋面在泛水处应加铺一道附加卷材，泛水高度不小于 250mm。

2）屋面与垂直面交接处的水泥砂浆应抹成圆弧或 45° 斜面，上刷卷材粘结剂使卷材铺贴牢固，以免卷材架空或折断；圆弧半径因防水材料而异（表 9.1）。

表 9.1　　　　　　　　　　　泛水处平层圆弧半径　　　　　　　　　　　单位：mm

卷材种类	圆弧半径	卷材种类	圆弧半径
沥青防水卷材	100～150	合成高分子防水卷材	20
高聚物改性沥青防水卷材	50		

3）做好泛水上口的卷材收头固定，防止卷材从垂直墙面下滑。

一般做法是：将卷材的收头压入垂直墙面的凹槽内，用防水压条和水泥钉固定，再用密封材料填塞封严，外抹泥砂浆保护。

（2）屋面檐口构造。柔性防水屋面的檐口构造有自由落水檐口、挑檐沟檐口及女儿墙檐口等，见图9.4。檐口的构造主要注意处理好卷材的收口固定，并做好滴水，女儿墙檐口还要注意处理好泛水的构造。

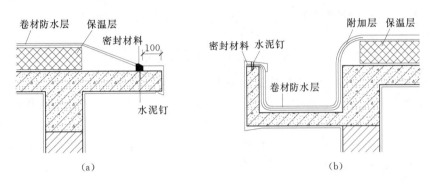

图 9.4　柔性防水屋面的檐口构造
（a）自由落水檐口；（b）挑檐沟檐口

（3）雨水口构造。柔性防水屋面的雨水口一般有两种，即用于檐沟排水的直管式雨水口和用于女儿墙外排水的弯管式雨水口。直管式雨水口为防止其周边漏水，应加铺一层卷材并贴入连接管内100mm，雨水口上用定型铸铁罩或钢丝球盖住，并用油膏嵌缝。弯管式雨水口穿过女儿墙预留的孔洞，屋面防水层应铺入雨水口内壁四周不小于100mm，并安装铸铁箅子以防杂物流入造成堵塞（图9.5）。

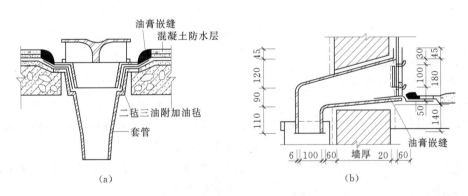

图 9.5　柔性防水屋面雨水口构造（尺寸单位：mm）
（a）直管式雨水口；（b）弯管式雨水口

（4）屋面变形缝处柔性防水构造。屋面变形缝按建筑设计可设于同层等高屋面上，也可设在高低屋面的交接处，见图9.6。等高屋面变形缝的构造，即先用伸缩片盖缝，在变形缝两侧砌筑附加墙，高度不低于泛水高度，完成油毡收头。附加墙顶部应先铺一层附加卷材，再做盖缝处理。高低缝的泛水构造，与变形缝不同的是只需在低屋面上砌筑附加墙，盖缝的镀锌钢板在高跨墙上固定。

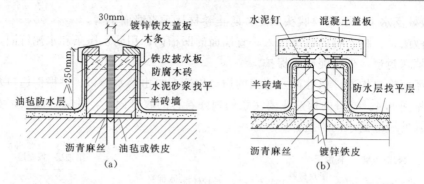

图 9.6　柔性防水屋面变形缝

（5）屋面检修口、屋面出入口构造。不上人屋面应设屋面检修口。检修口四周用砖砌筑孔壁，高度不应小于泛水高度，壁外侧的防水层应做泛水，并用镀锌钢板收头，见图 9.7（a）。

出屋面楼梯间需设屋顶出入口。楼梯间的室内地面应高出室外或作门槛，防水层的构造做法与泛水做法相似，见图 9.7（b）。

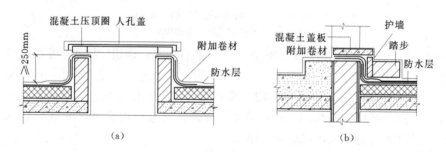

图 9.7　屋面检修口、出入口构造
（a）屋面检修孔；（b）屋面出入口

9.2.1.2　刚性防水屋面

1. 刚性防水屋面的构造

刚性防水屋面一般由结构层、找平层、隔离层和防水层组成，见图 9.8。

（1）结构层。要求有足够的强度和刚度，一般用于现浇或预制装配的钢筋混凝土屋面，且采用结构找坡。

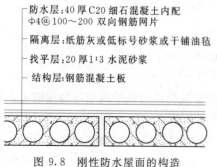

图 9.8　刚性防水屋面的构造
（尺寸单位：mm）

（2）找平层。通常在结构层上用 20mm 厚 1:3 水泥砂浆找平。

（3）隔离层。一般采用 3~5mm 厚纸筋灰，或采用低强度等级砂浆，也可在薄砂层上干铺一层油毡。

（4）防水层。常用厚度不小于 40mm 厚 C20 防水混凝土，双向配置 φ4~φ6@100~200mm 钢筋网片，并做分格缝。

2. 刚性防水屋面的构造要点

（1）刚性防水层一般不需要先找平，但当底面极不平整时，也可通过设找平层来保证防水层薄厚均匀。

（2）在工程中，整体现浇的钢筋混凝土结构层上可以选择防水砂浆作为防水层，即在20～25mm 厚 1：2 的水泥砂浆中添 3‰～5‰ 的防水剂；而在预制装配式的钢筋混凝土结构上则应选择防水混凝土，即采用厚度不小于 40mm 的 C20 细石混凝土，在接近其上表面处配置 φ4～φ6@100～200mm 的钢筋网片（主要防止防水层表面产生裂缝），并做不小于 10mm 厚的保护层。

（3）为了抵御因热胀冷缩及建筑结构变形所造成的刚性防水层开裂，刚性防水层还应设置分格缝和隔离层。

分格缝间距一般不超过 6m，位置因防水层所处的部位而异（图 9.9）。

隔离层的做法是在刚性防水层下铺设纸筋灰、低强度等级砂浆，或干铺一层卷材等，目的是将刚性防水层与结构层脱离，允许它们之间有相对位移，以保证防水层在温度作用下自由伸缩而不

图 9.9 分格缝的设置

受结构层的牵制，也避免因结构层变形而造成防水层被破坏。为了使上述相对位移易于实现，隔离层下需要平整的基底，即应做找平层。

3. 刚性防水屋面细部构造

刚性防水屋面的细部构造包括：屋面防水层的分格缝、泛水、檐口、雨水口等部位的构造处理。

（1）屋面分格缝做法。屋面分格缝实质上是在屋面防水层上设置的变形缝，其位置应设在温度变形允许范围以内和结构变形敏感部位，其构造见图 9.10。

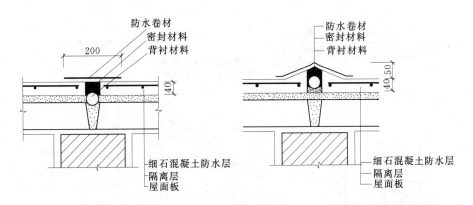

图 9.10 分格缝的构造（尺寸单位：mm）

构造要点：

1）防水层内的钢筋在分格缝处应断开。

2）缝内用弹性材料填塞，油膏封口。

3）封口表面宜用宽 200～300mm 的防水卷材铺贴盖缝。

（2）屋面泛水构造。刚性防水层与垂直于屋面构件之间须留有变形缝，并设置泛水（图 9.11）。泛水的构造要点与柔性防水屋面泛水的构造相似。

（3）屋面檐口构造。同柔性防水屋面类似，刚性防水屋面的檐口构造也有自由落水檐口、挑檐沟檐口及女儿墙檐口等，见图 9.12。檐口的构造注意处理好防水层的出挑，并做好滴水处理，女儿墙檐口还要注意处理好泛水的构造。

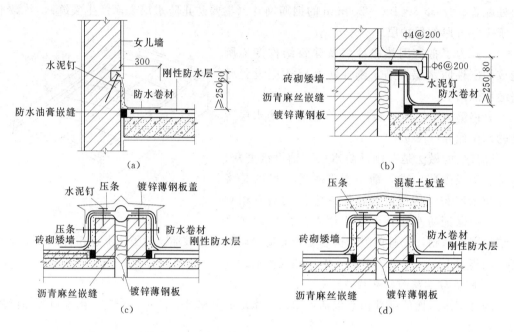

图 9.11 刚性防水屋面女儿墙及变形缝泛水做法（尺寸单位：mm）
（a）女儿墙泛水；（b）高低屋面变形缝泛水；（c）横向变形缝泛水之一；（d）横向变形缝泛水之二

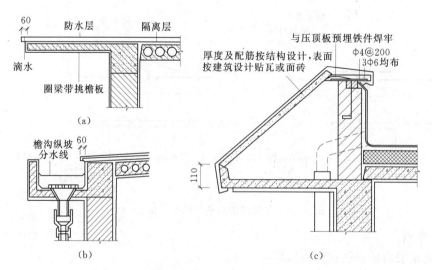

图 9.12 刚性防水檐口构造（尺寸单位：mm）
（a）自由落下；（b）挑檐沟；（c）坡檐沟

（4）雨水口构造。刚性防水屋面的雨水口也有直管式和弯管式两种做法，见图9.13和图9.14。为防止雨水从雨水口套管与沟底接缝处渗漏，应在雨水口周边加铺柔性防水层，并将其延伸至套管内壁。檐口处浇筑的混凝土防水层应覆盖于附加的柔性防水层之上，并将防水层和雨水口之间用油膏嵌实。

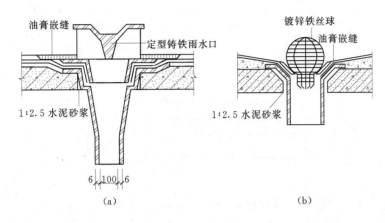

图 9.13　直管式雨水管

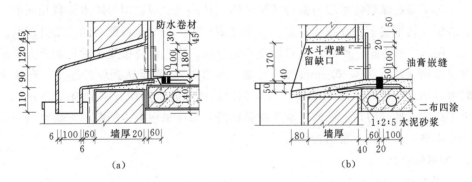

图 9.14　弯管式雨水管（尺寸单位：mm）

9.2.1.3　涂膜防水屋面

涂膜防水屋面又称涂料防水屋面，主要是用于防水等级为Ⅲ级、Ⅳ级的屋面防水，可作为Ⅰ级、Ⅱ级屋面多道防水设防中的一道防水层。

1. 涂膜防水屋面的构造

涂膜防水屋面的构造层次包括结构层、找坡层、找平层、结合层、防水层和保护层（图9.15）。其中结构层、找坡层、找平层和保护层的做法与柔性防水屋面相同。结合层主要采用与防水层所用涂料相同的材料经稀释后打底；防水层的材料和厚度根据屋面防水等级确定。

涂膜防水屋面的泛水构造与柔性防水屋面基本相同，但屋面与垂直墙面交接处应加铺附加卷材，加强防水。涂膜防水只能提高构件表面的防水能力，当基层由于温度变形或结构变形而开裂时，也会引起涂膜防水层的破坏，出现渗漏。因此，涂膜防水层在大面积屋面和结构敏感部位，也需要设分格缝。其构造与刚性防水屋面的分隔缝的构造类似。

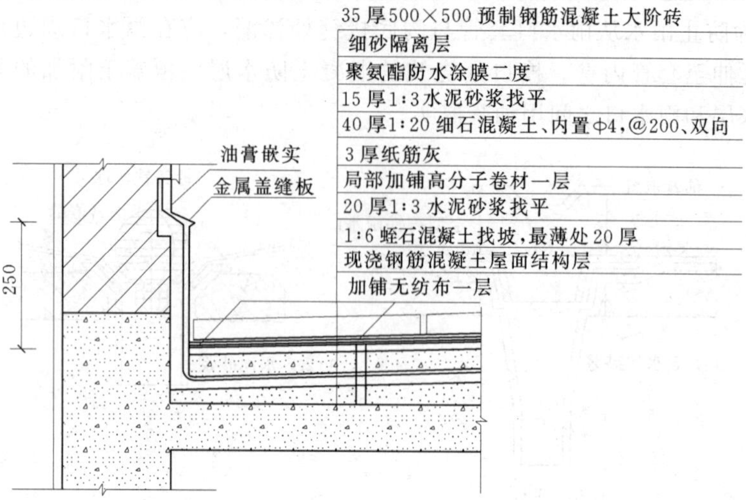
35厚500×500预制钢筋混凝土大阶砖
细砂隔离层
聚氨酯防水涂膜二度
15厚1:3水泥砂浆找平
40厚1:20细石混凝土、内置ф4,@200、双向
3厚纸筋灰
局部加铺高分子卷材一层
20厚1:3水泥砂浆找平
1:6蛭石混凝土找坡,最薄处20厚
现浇钢筋混凝土屋面结构层
加铺无纺布一层
油膏嵌实
金属盖缝板
250

图 9.15　涂膜防水屋面及泛水构造（尺寸单位：mm）

2. 涂膜防水的构造要点

（1）为了保证涂膜防水层与基层粘结牢固，其结合层应选用与防水涂料相同的材料经稀释后满刷在找平层上，或在找平层上直接涂刷与相应防水涂料配套的基层处理剂。

（2）防水涂料有单一产品，也有做成双组分的。施工时应按规定的比例及方法准确配制，分层涂刷（每层 0.3～0.5mm 厚，涂刷 2 至多层），直至达到设计厚度。有些涂料在施工时可以加入一层纤维性的增强材料来加固，例如防水涂层在遇到有基底分格缝的地方，为了适应变形，防止生成的防水涂膜被拉裂，都应采用单边粘贴的方法空铺一条加筋布或防水卷材，再在其上涂刷若干涂层。

9.2.2　坡屋面防水

1. 坡屋顶的面层

坡屋顶的屋面盖料种类较多，常见有以下几种屋面类型。

（1）瓦屋面。有平瓦、小青瓦、筒板瓦等，这些瓦的平面尺寸一般在 200～500mm 左右，排水坡度常在 20°～30°之间。

（2）波形瓦屋面。波形瓦屋面有纤维水泥波瓦、镀锌铁皮波瓦、铝合金波瓦、玻璃钢波瓦及压型钢板波瓦等，一般宽度为 600～1000mm，长度为 1800～1800mm，厚度较薄。常用排水坡度为 10°～20°。

（3）平板金属皮瓦屋面。有镀锌铁皮、涂膜薄钢板、铝合金皮和不锈钢皮等，排水坡度常在 6°～12°之间。

2. 常见坡屋顶的构造

（1）平瓦屋面的构造。

1）冷滩瓦屋面是在椽条上钉挂瓦条后直接挂瓦的一种瓦屋面构造（图 9.16）。其特点是构造简单，造价经济，但易渗漏且保温效果差。

2）以木屋面板作基层的平瓦屋面，是在檩条或椽条上钉屋面板，屋面板上铺一层防水卷材，用顺水条（压粘条）将卷材固定，顺水条的方向应垂直于檐口，在顺水条上钉挂瓦条挂瓦。这种做法的防渗漏效果较好（图9.16）。

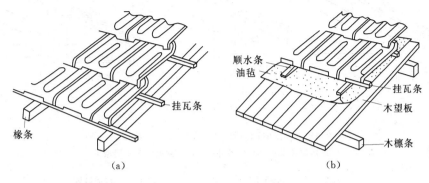

图 9.16　木基层平瓦屋面
(a) 冷滩瓦屋面；(b) 木望板瓦屋面

3）钢筋混凝土板作基层的平瓦屋面：在现代采用平屋顶的建筑中，如果主体结构是混合结构或是钢筋混凝土结构，屋盖多数采用现浇钢筋混凝土的屋面板，其防水构造可以结合屋面瓦的形式并综合现浇钢筋混凝土平屋面的材料防水及传统屋面的构造防水来做，具体构造见图9.17。

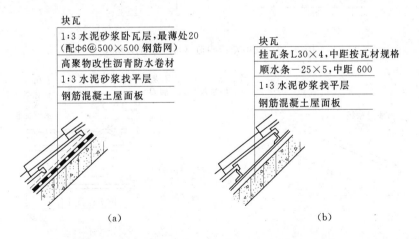

图 9.17　粘土瓦的钢筋混凝土坡屋面防水构造示意（尺寸单位：mm）
(a) Ⅱ级防水屋面构造；(b) Ⅲ级防水屋面构造

在瓦屋面上，还有一些特殊的地方，如檐口处，屋脊处等，是防水的薄弱环节，必需用特殊形式的瓦片，或者做特殊的处理，见图9.18～图9.21，在此不一一赘述。

（2）金属瓦屋面的构造。金属瓦屋面是用铝合金或镀锌钢板压型板、波纹板作屋面防水层，由檩条、木望板、钢屋架或钢筋混凝土屋面板做基层的一种屋面（图9.22）。其特点是自重轻，防水性能好，耐久性能好，施工方便，有较好的装饰性。

金属瓦的厚度很薄（厚度在1mm以内），铺设这样薄的瓦材必须用钉子固定在木望板上，木望板则支撑在檩条上。为防止雨水渗漏，瓦材下应干铺一层油毡。金属瓦与金属瓦之间的拼缝通常采取相互交搭卷折成咬口缝，以避免雨水从缝中渗漏。平行于屋面水流

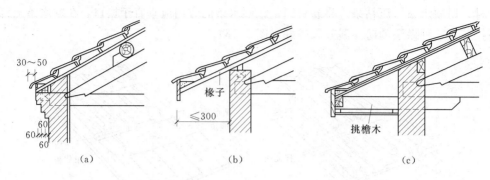

图 9.18 平瓦屋面纵墙檐口构造（尺寸单位：mm）

（a）砖墙挑檐；（b）椽条外挑；（c）挑檐木置于屋架下

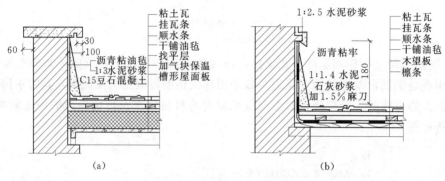

图 9.19 硬山檐口构造（尺寸单位：mm）

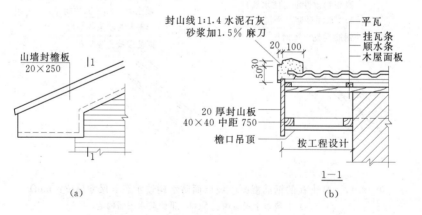

图 9.20 悬山檐口构造（尺寸单位：mm）

（a）悬山山墙封檐；（b）1—1 剖面图

方向的竖缝宜做成立咬口缝。但上下两排瓦的竖缝应彼此错开，垂直于屋面水流方向的横缝应采用平咬口缝，如图 9.23 所示。平咬口缝又分为单平咬口缝和双平口咬缝，后者的防水效果优于前者，当屋面坡度小于或等于 30％时，应采取双平口咬缝，大于 30％时可采用单平咬口缝。为了使立咬口缝能竖直起来，应先在木望板上钉铁支脚，然后将金属瓦的边折卷固定在铁支脚上，采用铝合金瓦时，支脚和螺钉均应改用铝制品，以免产生电化腐蚀。所有的金属瓦必须相互连通导电，并与避雷针或避雷带连接。

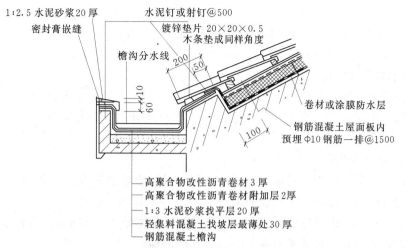

图 9.21　平瓦保温屋面檐口构造（尺寸单位：mm）

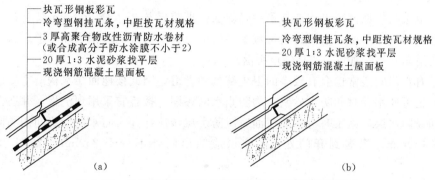

图 9.22　块瓦形钢板彩瓦的钢筋混凝土坡屋面构造示意

（a）Ⅱ级防水屋面构造；（b）Ⅲ级防水屋面构造

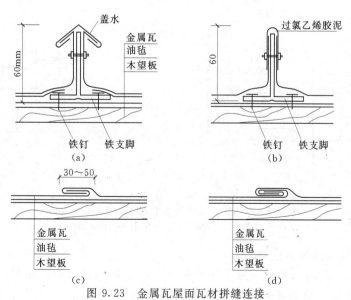

图 9.23　金属瓦屋面瓦材拼缝连接

（a）立咬口缝一；（b）立咬口缝二；（c）单平咬口缝；（d）双平咬口缝

9.3　楼板层防水构造

9.3.1　楼地面防水构造

有水侵蚀的房间，如厨房、卫生间、浴室等，用水频繁，室内地面出现积水的几率高，容易发生渗漏现象。这些房间的楼地面、墙面及管道穿越楼板的地方，都是防水的重点。

1. 楼地面排水做法

要解决有水房间楼地面的防水问题，首先应保证楼地面排水路线通畅。为便于排水，有水房间的楼地面应设有 1‰～2‰ 的坡度，将水导入地漏。如图 9.24 所示。为防止室内积水外溢，有水房间的楼地面标高应比其他房间或走廊低 20～30mm；当有水房间的地面不便降低时，亦可在门口处做出高 20～30mm 的门槛。

2. 楼地面防水构造

住宅卫生间楼地面防水构造常采用降板法，即将结构板下降 300mm 以上，并用水泥焦渣等轻质材料作垫层，水平管道可藏于垫层中。为了防范地面积水和管道漏水，分别设有上下两道防水层，如图 9.24（a）所示。

由于有水房间通常也会有较多的卫生洁具和管道，因此楼地面防水构造主要以涂膜防水为主，也可使用卷材和防水砂浆。为防止水的渗漏，楼板宜采用现浇板，并在面层和结构层之间设防水层。施工时可参照屋面对应防水层做法，并将防水层沿房间四周向墙面延伸 100～150mm。当遇到开门处，防水层应铺出门外不少于 250mm，如图 9.24（b）所示。

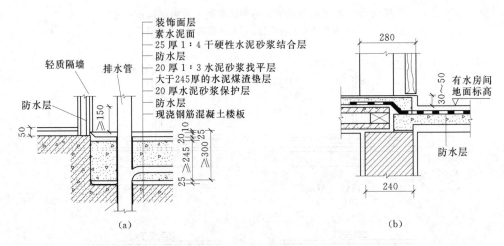

图 9.24　有水房间楼面防水处理（尺寸单位：mm）
（a）住宅卫生间结构板下降；（b）有水房间地面降低

9.3.2　立管穿楼板处防水构造

立管穿楼板处的防水处理一般采用两种方法：一是在管道周围用 C20 干硬细石混凝捣固密实，再用防水涂料作密封处理，如图 9.25（a）所示；二是当有热力管穿过楼板时，为防止由于温度变化，引起管壁周围材料胀缩变形，应在楼板穿管的位置预埋套管，以保证热水管能自由伸缩而不致造成混凝土开裂。套管应比楼面高出30～50mm，如图9.25（b）所示。

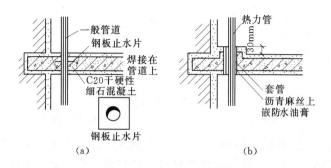

图 9.25 管道穿楼板时的处理
（a）普通管道的处理；（b）热力管道的处理

9.3.3 淋水墙面防水处理

淋水墙面是指卫生间、盥洗室等房间内有水侵蚀的墙面。一般情况下，可以采用防水砂浆打底，并选择马赛克、瓷砖等隔水性较好的材料做面层。也可根据需要，在找平层完成后，涂刷1～2道防水涂料、水泥砂浆保护，再做面层。

9.4　墙身防潮和防水构造

9.4.1 墙身的防潮构造

基础周围的地表水和土壤潮气很容易侵入墙身，影响墙身结构的耐久性和房屋的正常使用，地下潮气对墙身的影响如图9.26所示。因此，在构造上须采取防潮措施，通常用设置防潮层的方法来处理。防潮层分为水平防潮和垂直防潮两种。

1. 水平防潮

水平防潮是指建筑物内外墙靠近室内地坪处沿水平方向通常设置的防潮层，以隔绝地下潮气等对墙身的影响。水平防潮层根据材料的不同，一般有油毡防潮层、防水砂浆防潮层和配筋细石混凝土防潮层等，如图9.27所示。

油毡防潮层具有一定的韧性、延伸性和良好的防水性能。但由于油毡层降低了上下砖砌体之间的粘结力，破坏了砖砌体的整体性，对抗震不利。另外，由于油毡的老化使耐久年限降低，使用寿命一般仅有20年左右，目前已较少采用。

图 9.26 墙身受潮示意图

砂浆防潮层是在需要设置防潮层的位置上铺设防水砂浆层或用防水砂浆砌筑2～3皮砖。防水砂浆是在1∶2水泥砂浆中掺入水泥用量的3％～5％防水剂配制而成的，铺设厚度为20～25mm，砌筑灰缝厚度为15～20mm。防水

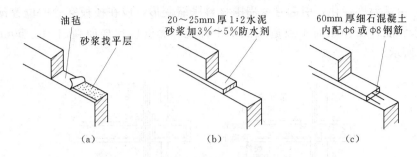

图 9.27　水平防潮层
(a) 油毡防潮层；(b) 砂浆防潮层；(c) 细石混凝土防潮层

砂浆防潮层克服了油毡防潮层的缺点，砌体的整体性好，较适用于抗震地区、独立砖柱和受振动较大的砌体中。但由于砂浆属脆性材料，易开裂，故不适于基础会产生微小变形的建筑中。

配筋细石混凝土防潮层是在需要设置防潮层的位置铺设厚度 60mm 的 C15 或 C20 细石混凝土，内部配置 3φ6 或 3φ8 钢筋以抗裂。由于它的防潮性能和抗裂性能都很好，且能与砌体结合为一体，故很适合于整体刚度要求较高的建筑中。

水平防潮层应设置在距室外地面 150mm 以上的勒脚砌体中，以防止地表水的溅渗。同时，考虑到建筑物室内实铺地坪层下填土或垫层的毛细作用，一般将水平防潮层设置在底层地坪的结构层厚度之间的砖缝中，在设计中常以标高 −0.060 表示，使其更有效地起到防潮作用，如图 9.28 所示。

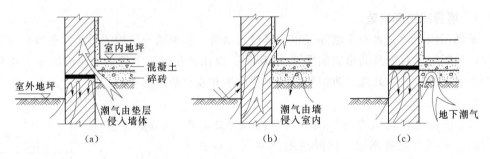

图 9.28　水平防潮层位置
(a) 位置过低；(b) 位置过高；(c) 位置合适

2. 垂直防潮

当相邻室内地坪出现高差或室内地坪低于室外地面时，为了避免地表水和土壤潮气的侵袭，不但要求按地坪高差的不同在墙身设两道水平防潮层，而且要对高差部分的垂直墙面作防潮处理。具体做法是在高地坪房间填土前，于两道水平防潮层之间的垂直墙面上，先用水泥砂浆抹灰，其厚度为 15～20mm，干燥后，再涂以冷底子油一道、热沥青两道（或一毡两油等其他行之有效的防潮处理），而在低地坪一边的墙

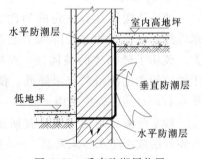

图 9.29　垂直防潮层位置

面上采用水泥砂浆抹面，如图 9.29 所示。

9.4.2 砌体外墙的防水措施

建筑外墙最容易发生渗漏的地方主要是各种构件的接缝处，例如各种外墙板的板缝、外墙与外门窗的交接处及门窗自身的缝等。因此，外墙防水构造主要表现为填缝、盖缝等的处理。对于砌体墙和做大面积粉刷的外墙面来说，还要保证砌块间的灰缝不开裂以及外粉刷没有裂缝。

对于普通砌体外墙，要防止墙面开裂，首先应尽量避免或减少建筑的不均匀沉降；其次，在门窗洞口的四周应采用防水填充剂，或嵌入密封条后用密封胶封闭；同时应做好外墙出挑构件（如雨棚、窗楣板等）与墙面交角处的防水处理，如采用防水砂浆作抹面、涂刷防水涂料等。

9.5 地坪层防潮构造

地坪层一般与土壤直接接触，土壤中的水分通过毛细作用上升，使地层受潮。地下水位越高，受潮就越严重。北方地区为了保证室内温度，房间较封闭，通风不畅，底层房间温度较高。房间和地层受潮，将严重影响房间的卫生状况，甚至使家具发生霉变及影响结构的耐久性；南方地区每当春夏之交，气温升高，加上雨水较多，空气相对湿度大，当水泥地面、水磨石地面等表面温度低于空气温度时，会出现返潮现象。因此，针对不同的地区的温度状况，应分别采取不同的防潮措施。

9.5.1 设置防潮层

在垫层和面层之间铺设一道防潮层，如铺油毡或热沥青。这样可以防止潮气到达面层。也可以在垫层下铺设一层粒径均匀的卵石或碎石，切断毛细水的通道，见图 9.30 (a)、(b)。

9.5.2 设置保温层

对于地下水位低、土壤较干燥的地区，可以在垫层下铺设一层保温材料，如 1：3 水泥炉渣 150mm 厚，通过这种办法可以改善地面上、下温差过大的矛盾。地下水位较高的地区，可将保温层设在面层与垫层之间，并在保温层下设防水层，上铺 30mm 厚细石混凝土，最后做面层，见图 9.30 (c)、(d)。

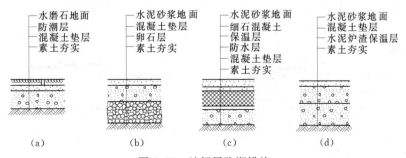

图 9.30 地坪层防潮措施

(a) 设防水层；(b) 铺卵石层；(c) 设保温层和防水层；(d) 设保温层

9.5.3　架空地面

如果地坪层的结构层采用预制板，可以将预制板搁置在地垄墙上或其他构件上，使地层架空，不与地基土接触，形成通风间层，在通风过程中带走潮气，减少了水凝聚的机会，使室内温、湿状况得到明显的改善。

9.6　地下室的防潮和防水构造

由于地下室所处位置的特殊性，其墙体和底板长期受到地潮和地下水的侵蚀。为了保证地下室在使用时不受潮、不渗漏。设计人员必须根据地下水的分布特点和存在状况，以及工程要求，在地下室的设计中采取相应的防潮、防水措施。

一般情况下，当地下水的常年水位和最高水位均在地下室地坪标高以下时，须对地下室进行防潮处理。否则，应对地下室进行防水处理。

9.6.1　地下室的防潮构造

目前地下室多采用钢筋混凝土结构，故可以通过提高混凝土密实性的方法，达到防潮的目的。必要时，也可以在结构层的外侧刷1～2道防水涂料，用以加强。当地下室使用砖墙时，墙体必须采用水泥砂浆砌筑，灰缝必须饱满；墙体的外侧应设垂直防潮层，然后回填500mm宽的低渗透性土壤，如粘土、灰土等，并逐层夯实，见图9.31（a）。

另外，地下室的所有砖墙都必须设两道水平防潮层。一道设在地下室地坪附近（位置视地坪构造而定），另一道设在室外散水坡以上150～200mm处（或依工程具体情况而定），并与垂直防潮层形成封闭。防潮层做法与砖墙墙身防潮层做法相同。为防止地潮沿地下室地坪侵入室内，除加强地坪结构层和面层的防范措施外，还应设一道防水涂料防潮层，见图9.31（b）。

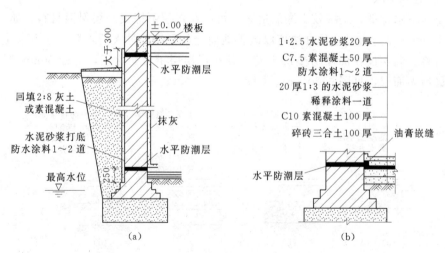

图 9.31　地下室防潮做法（尺寸单位：mm）
(a) 墙体防潮；(b) 地坪防潮

9.6.2 地下室的防水措施

目前在建筑工程中,地下室的防水措施主要可以采取三方面措施:材料防水,降排水法,综合法。

1. 材料防水

材料防水又称隔水法,即利用防水材料将地下水隔绝在建筑空间之外,这是目前最常见的地下室防水措施。通常按防水材料的设置位置,可分为外防水和内防水。

(1)外防水是将防水层设于结构层迎水面(又称正向防水)。这种方法能够减少地下水对主体结构的侵害,对室内预埋件无影响,但施工时土方开挖量大,后期维修困难。

(2)内防水是将防水层设于结构层背水面(又称反向防水)。一般用于防治毛细水、气态水,当地下水静水压力较大时不宜采用。这种方法土方量较少,防水层可待建筑沉降稳定后再做,减少了结构变形对防水层的影响,后期维修方便。但主体结构长期受地下水的浸泡、腐蚀,影响其耐久性,室内预埋件处理较复杂。

2. 降排水法

降排水法可分为补排和内排两种方法。

(1)外排法。即采取永久性的排水措施,将地下水位降至地下室底板以下,以减少或消除地下水的影响。如在地下建筑的下部或周围设集水管,将水汇集后排走或抽走。

当地下水位高于地下室底板,又不宜采用隔水法时,在地形地质、经济、建筑功能等条件允许的情况下可以采用。目前在施工中,常常利用此方法控制地下水。

(2)内排法。即在结构层内侧再做夹层,将渗入地下室的水通过永久性的自流排水系统排至集水坑,再排至室外管道。

这种方法用于当地下水位高、水量大、难以采用隔水法或降水法;或常年水位虽低于底板以下,但丰水期高于底板小于500mm的情况。

3. 综合防水法

在实际工程中,当地下室的防水要求较高时,必须确保防水的可靠性。在有效高度允许的情况下,可以将以上几种措施综合运用,形成综合防水法。

9.6.3 地下室的防水构造

这里主要介绍材料防水的构造。

地下室材料防水主要有刚性防水和柔性防水两大类。由于绝大多数民用建筑的地下室防水等级都较高,因此在设计中,通常是采用将柔性防水(或涂膜防水)与刚性防水相结合的复合防水做法。

1. 刚性防水构造

地下室的刚性防水多采用结构构件自防水,即在钢筋混凝土结构构件中,使用防水混凝土,以提高其抗渗透的能力(图9.32)。

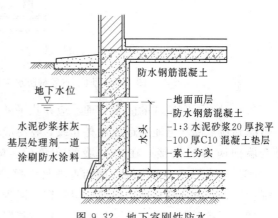

图 9.32 地下室刚性防水

2. 柔性防水构造

柔性防水在地下室的防水设计中应用广泛。考虑到水压力的作用，柔性防水材料必须根据水头的大小和地下室的防水等级来确定。

地下室的柔性防水在满足基本构造要求的情况下，还应特别注意（图 9.33）：

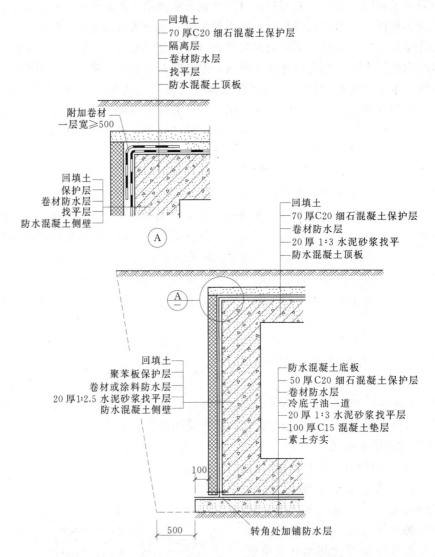

图 9.33 地下室卷材防水构造（尺寸单位：mm）

（1）对地下室地坪的防水处理。应在找平的基础上，将防水卷材满铺于混凝土垫层，但考虑到地下潮气可能会造成卷材起鼓，卷材应采用条状粘贴法粘结，并向墙面延伸，留茬与墙面防水层搭接。在与立墙的交角处，应加铺相同材料的附加卷材，宽 300～500mm。防水层之上可虚铺一层沥青卷材作保护隔离，其上浇筑 45mm 厚 C20 细石混凝土保护层，并做分格处理，以便再浇筑钢筋混凝土底板。

（2）对地下室立墙的防水处理。卷材与基层应采用满粘法粘贴，至室外地坪处再改用防水砂浆向上延伸 500mm 以上。防水层外侧宜采用软保护层保护，即用胶粘剂法粘固定 50～60mm 厚聚苯乙烯泡沫塑料板，再分步回填。也可砌砖墙保护，边砌边填实，或铺抹 30mm 厚 1：3 水泥砂浆。

    3. 涂膜防水构造

防水涂料一般用于地下室的防潮，在防水构造中一般不单独使用。通常在新建防水钢筋混凝土结构中，涂膜防水应做在迎水面作为附加防水层，加强防水和防腐能力。对已建防水（含防潮）建筑，涂膜防水可做在外围护结构的内侧，作为补漏措施。

本 章 小 结

（1）建筑防水分为屋顶防水、楼地层防潮与防水、地下室防潮与防水及墙体的防潮与防水等类型。

（2）根据防水的材料不同，防水可分为柔性防水、刚性防水、涂料防水等。

（3）柔性（卷材）防水屋面的防水层下面须做找平层、上面应做保护层、不上人屋面用绿豆砂保护、上人屋面用地面构成保护层；保温层设在防水层之下时须在其下加隔汽层，铺在防水层之上时则不加，但必须选用不透水的保温材料。柔性防水屋面的细部构造是防水的薄弱部位，包括泛水、天沟、雨水口、檐口、变形缝等。

（4）混凝土刚性防水屋面主要适用于我国南方地区。为了防止防水层开裂，应在防水层中加钢筋网片、设置分格缝、在防水层与结构层之间加铺隔离层。分格缝应设在屋面板的支承端、屋面坡度的转折处、泛水与立面的交接处。泛水、分格缝、变形缝、檐口、雨水口等部位的细部构造须有可靠的防水措施。

（5）坡屋顶的面层有平瓦屋面和金属瓦屋面。常用的平瓦屋面，其基层有冷摊瓦作法、木望板作法、钢筋混凝土板作法。金属瓦屋面、彩色压型钢板瓦屋面自重轻、强度高，可用于各种屋面。

（6）楼地面防水主要指有水侵蚀的房间，如厨房、卫生间、浴室等这些房间的楼地面、墙面及管道穿越楼板的地方的防水处理。

（7）楼地面防水构造主要以涂膜防水为主，也可使用卷材和防水砂浆。为防止水的渗漏，楼板宜采用现浇板，并在面层和结构层之间设防水层。施工时可参照屋面对应防水层做法，并将防水层沿房间四周向墙面延伸 100～150mm。当遇到开门处，防水层应铺出门外不少于 250mm。

（8）墙体的防潮包括水平防潮和垂直防潮两种。水平防潮层的位置应与地层的防潮层的位置结合起来。当内墙两侧地面出现高差时，应在墙身内设高低两道水平防潮层，并在土壤一侧设垂直防潮层。

（9）地下室是建造在地表面以下的使用空间。由于地下室的外墙、底板受到地下潮气和地下水的侵袭，因此，必须重视地下室的防潮、防水处理。

（10）当地下水的常年水位和最高水位处在地下室地面以下，地下水未直接侵蚀地下室时，只需对墙体和地坪采取防潮措施。

（11）当设计最高地下水位处在地下室地面以上，地下室的墙身、地坪直接受到水的侵蚀。这时，必须对地下室的墙身和地坪采取防水措施。防水处理有柔性防水和刚性防水及涂膜防水。柔性防水又有外防水和内防水之分。外防水构造必须注意地坪与墙身交接处的接头处理、墙身防水层的保护措施以及上部防水层的收头处理。

思　考　题

9.1　建筑防水中，常用的材料防水有哪些？各自的特点及适用条件是什么？

9.2　柔性防水屋面的构造层次有哪些？各层的作用是什么？

9.3　柔性防水屋面的泛水、天沟、檐口、雨水口的构造要点有哪些？

9.4　何为刚性防水？刚性防水的构造层次有哪些？各层的作用是什么？

9.5　刚性防水的细部构造与柔性的细部构造有什么不同？

9.6　涂膜防水的特点有哪些？

9.7　坡屋面的防水材料有哪些？常用屋面的构造层次有哪些？

9.8　金属屋面的特点有哪些？适用于哪些建筑？

9.9　楼层的防水重点在何处？应如何处理？

9.10　为什么要进行墙体的防潮处理？墙体防潮层的位置在哪里？防潮构造做法有哪些？

9.11　墙体的材料防水构造是怎样的？

9.12　为什要对地下室作防潮、防水处理？

9.13　地下室防潮构造要点有哪些？

9.14　地下室在什么情况要设防水？其外防水与内防水有何区别？外防水构造的要点有哪些？

第10章 楼梯与电梯

教学要求：

了解楼梯、电梯和自动扶梯的类型、组成和尺寸确定，室外台阶与坡道的形式、平面尺寸确定；熟悉电梯井的细部构造及台阶、坡道的构造做法；掌握现浇钢筋混凝土板式楼梯、梁板式楼梯、预制装配式钢筋混凝土楼梯的构造要点和细部做法。

10.1 楼梯的类型与构造

建筑物中各楼层常用的垂直交通联系构件有楼梯、电梯、电动扶梯、台阶、坡道等。

坡道：坡度范围 $0°\sim15°$，一般采用 $11°19'$ 较合适。常用于医院、车站和其他公共建筑入口处，以便机动车辆通行和无障碍设计。其中无障碍设计的坡度要求为 $1/8\sim1/12$。

楼梯：坡度范围 $20°\sim45°$，$33°52'$ 是符合人体生理的最佳坡度。楼梯主要用于解决楼层之间的垂直交通。楼梯坡度越陡需要的进深越小，越节约空间；反之则需要的进深越大，但行走舒适。所以可根据建筑物的使用性质、楼梯间平面尺寸等综合确定其坡度。一般地，公共建筑的楼梯平缓些，居住建筑的楼梯陡立些。

爬梯：坡度一般大于 $45°$，$60°$ 较合适。适用于仅供少数人行走的楼梯，由于坡度较陡，可节约空间。例如在图书馆的闭架书库中，供少数工作人员垂直交通用的可采用爬梯，供室外检修人员及消防用的爬梯，坡度可达 $90°$。

10.1.1 楼梯的组成和设计要求

1. 组成

一般楼梯主要由楼梯段、休息平台、栏杆和扶手三部分组成，如图 10.1 所示。

（1）楼梯段（楼梯跑）。楼梯当中用以解决高差的倾斜部分，由梯段板或由楼体斜梁和踏步组成的供层间上下行的通道，是楼梯的主要使用部分。为满足人体功能要求，一个梯段上踏步数量最多不超过 18 步，并且不少于 3 步。

（2）休息平台。两梯段之间的水平连接部分。一般由平台梁和平台板组成。据平台在楼层中的位置可分为楼层平台和中间平台。楼层平台指与楼板层处于同一标高的平台，作用是调节体力，分配人流，改变行进方向等。中间平台指处于两楼层之间的平台，作用是调节体力，改变行进方向，调节楼

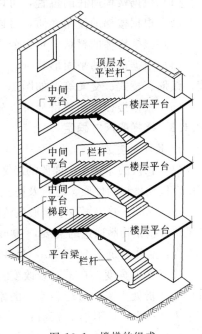

图 10.1 楼梯的组成

梯形式等。

（3）栏杆和扶手。栏杆和扶手是设置在楼梯段和顶层平台边缘的构件，用以保证人们使用楼梯时的安全。栏杆和扶手也是具有较强装饰作用的建筑构件。

2. 设计要求

（1）满足使用要求。楼梯的设计应做到人流通畅，行走舒适，安全防火。

1）人流通畅：楼梯有足够的宽度、数量和合适的位置。例如剧场设计要求 4min 内人流全部疏散完毕；楼梯间有足够的采光和通风，不应有突出物，例如暖气管、柱垛等。

2）行走舒适：楼梯间有合适的坡度。需考虑人在负重状态下的行走，并结合考虑空间的限制，踏步的高宽比适宜。

3）安全防火：扶手牢固，踏步的表面耐磨、防滑、易清洁；楼梯的间距、数量、楼梯与房间的距离应满足《建筑设计防火规范》（GBJ 16—87）；楼梯间的墙必须是防火墙。若粘土砖墙厚度需"24 墙"以上，房间除必要的门外，不得向楼梯间开窗；楼梯不能直接通地下室；防火楼梯不得采用螺旋形或扇形等。

（2）满足施工要求。设计要做到方便施工，经济、结构合理。

坚固，耐久，安全，地震时楼梯部位应形成安全岛，保证疏散顺畅。为加强楼梯间，可在楼梯四角设构造柱，将楼梯设在地震变形较小的部位，高层建筑的楼梯间必须设在靠外墙部位。

（3）造型美观。楼梯造型应美观，形成空间上的变换。

10.1.2　楼梯的类型

楼梯的形式是根据其使用要求，建筑功能，建筑平面和空间特点及楼梯在建筑中的位置等因素确定的，依据不同的分类方法，楼梯可以分成多种类型。

（1）根据楼梯所在的位置，可以分为室内楼梯和室外楼梯。

（2）根据楼梯的使用性质，可以分为主楼梯、辅助楼梯、防火楼梯和疏散楼梯。

（3）根据楼梯的材料，可以分为木楼梯、钢楼梯、钢筋混凝土楼梯和其他材料楼梯。

（4）根据楼梯的平面形状分，可以分为直上、曲尺、双折、双分（双合）、三折、螺旋、弧形、桥式、交叉等，如图 10.2 所示。

（5）根据楼梯段的数量分可以分为单跑、双跑、三跑等。

10.1.3　楼梯的尺寸确定

1. 楼梯的宽度

（1）梯段的净宽度。梯段的净宽度是指扶手内侧的宽度。作为主要交通用的楼梯梯段净宽度应根据楼梯的性质、通行及防火规范的规定来确定。一般按每股人流宽度为 550mm＋（0～150）mm，并以不少于 2 股人流确定；小住宅或户内楼梯可按梯段净宽不小于 900mm，满足单人携带物品通过的需要，900mm 也是梯段的最小净宽度；当双人行走时，楼段的净宽度为：居住建筑 1.1～1.2m，公共建筑 1.4～2.0m；防火楼梯的宽度不小于 1.1m。

（2）平台宽度。在平台处改变行进方向的楼梯，平台宽度应大于等于楼梯段的宽度，保证在转折处人流的通行和家具的搬运；在平台处不改变行进方向的楼梯，一般平台宽度不小于 2b＋h，且不小于 750mm。

（3）楼梯井的宽度。为方便施工，一般设宽度不大于 200mm 的楼梯井，住宅中有时为了节约空间，也可不设楼梯井。

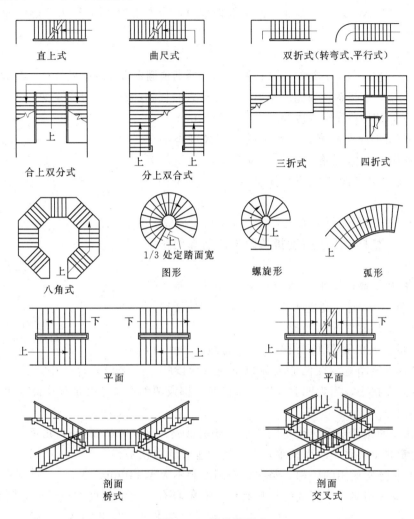

图 10.2　楼梯的形式

2. 楼梯的坡度

常用楼梯的坡度，一般在 $23°\sim37°$ 之间，即 $1:1.5$、$1:2$ 时较舒服。楼梯踏步分踏面和踢面，踏步的水平面叫踏面，用 b 表示其宽度，垂直面叫踢面，用 h 表示其高度，楼梯的坡度决定于踏步 h、b 两个方向的尺寸。根据人的生理条件（人步子的大小，如女子及儿童的跨步长度 580mm，男子为 620mm，抬脚的高低等有关）和建筑物的属性（使用及占地情况）确定。确定楼梯踏步高度的经验公式为 $b+h\approx450$mm 或 $b+2h\approx600\sim620$mm。一般而言，$b\geqslant250$mm，$h\leqslant180$，如表 10.1 所示，满足人流行走的舒适安全。

表 10.1　　常用建筑的踏步尺寸　　　　　　　　　　单位：mm

名称	住宅	学校办公室	剧院会堂	医院	幼儿园
踏步高 h	$150\sim175$	$140\sim160$	$120\sim150$	150	$120\sim150$
踏步宽 b	$250\sim300$	$280\sim340$	$300\sim350$	300	$260\sim300$

应注意的是楼梯各梯段的坡度应一致，双跑楼梯各梯段长度宜相同。每个梯段踏步数量设为 N，则 $3 \leqslant N \leqslant 18$。当少于 3 时一般做坡道，当大于 18 时，行人会感到疲劳，则应设中间平台。

3. 梯段及平台下的净空高度

（1）梯段净空高度。其计算方法以踏步前缘处到顶棚垂直线净高度计算。一般应大于人体上肢伸直向上，手指触到顶棚的距离；考虑行人肩扛物品的实际需要，防止行进中碰头，产生压抑感等，故梯段净空高度要求不小于 2200mm。

（2）平台下的净空高度。平台下的净空高度不小于 2000mm，且楼梯段的起始、终了踏步的前缘与顶部突出物内外缘线的水平距离应不小于 300mm，如图 10.3 所示。

4. 栏杆扶手的高度和数量

（1）高度。栏杆扶手的高度指从踏步的前缘到扶手顶面的距离。

一般室内楼梯高度不小于 900mm，靠梯井一侧水平栏杆长度大于 0.5m 时，高度不小于 1.0m，室外楼梯不小于 1.05m，高层建筑应适当提高。

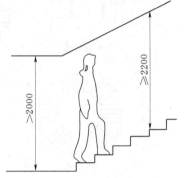

图 10.3　平台下的净空高度
（尺寸单位：mm）

（2）数量。人流密集场所梯段高度超过 1.0m 时，宜设栏杆。当梯段净宽度在两股人流以下时，梯段临空一侧设栏杆扶手；当为三股人流时，梯段两侧设扶手；当为四股及以上人流时，梯段两侧设扶手并加设中间扶手。

（3）其他。

1）幼儿园的楼梯扶手应设高低 2 道，分别供成人（900mm 高）和儿童（600mm 高）使用，且儿童扶手必须设双面扶手，即临墙面也设儿童扶手。

2）有儿童经常使用的楼梯，竖向栏杆间净距不大于 110mm。

3）栏杆应采用坚固、耐久的材料制作，必须具有一定的强度。设计时，栏杆顶部的水平推力，对住宅、宿舍、办公楼、旅馆、医院、托儿所、幼儿园按 0.5kN/m 考虑；对学校、食堂、剧场、电影院、车站、展览馆、体育场按 1.0kN/m 考虑。

【例 10.1】　在进行楼梯构造设计时，应对楼梯各细部尺寸进行详细的确定。现以常用的平行双跑楼梯为例，说明楼梯的设计计算。

1. 设计条件及要求

某住宅楼梯，楼梯间平面 2700mm×5100mm，建筑层高 2.8m，室内外高差 600mm，试设计一平行双跑楼梯，要求平台下能过人（参考尺寸：平台梁 150mm×250mm，平台板厚 80mm）。

2. 设计步骤

（1）计算楼梯间净宽度：2700－（2×120）＝2460mm；梯段最大宽度 2460mm/2＝1230mm。

（2）设梯段净宽度 1100mm，平台宽度不小于 1100mm，取 1100mm。

（3）设踏步高度 h＝170mm，试计算踏步的数量 $N＝H/h＝2800/170＝16.47$ 步。踏

步的数量 N 取整，且最好为偶数，则取 $N=16$。$h=H/N=2800/16=175$，则依 $2h+b=600\sim620$mm，取 $b=250$mm。

（4）入户门侧空出至少一个踏步宽度，则楼层平台大于等于 $900+250=1150$mm。

（5）第一跑梯段平面长：$5100-1100-1150-(2\times120)=2610$mm。踏步面的数量：$2610/250=10.44$，取整 10。平面实际长度：$250\times10=2500$mm。

（6）首层中间平台面的高度：$175\times(10+1)=1925$mm，平台梁下与室内地面净高度 $1925-250=1675$mm，平台下过人要求净高不小于 2.0m，不满足要求。

（7）降低平台梁下地面标高，则需降低不小于 $2000-1675=325$mm。设降低 3 个台阶，每个台阶踏步高 150mm，则地面降低 $3\times150=450$mm，满足要求。

（8）室内外地面高度 $600-450=150$mm。

（9）首层第 2 个楼段设计：踏步数 $16-11=5$，踏面数 $5-1=4$，水平面长度 $4\times250=1000$mm。

（10）2 层及以上每跑梯段踏步数相等 $16/2=8$ 步，水平面长度 $7\times250=1750$mm，首层第 2 跑水平段长度 $1750-1000=750$mm。

（11）核算首层中间平台面到 2 层平台梁底的净高：$(2.8+1.4)-1.925-0.25=2.025m>2.0$m，满足要求。

10.1.4 现浇钢筋混凝土楼梯

1. 特点

现浇钢筋混凝土楼梯整体性好，刚度好，抗震能力强，有良好的可塑性，能适应各种楼梯间平面和楼梯形式，且坚固耐久、节约木材、防火性能好，但施工周期长，模板耗用量大，宜用于无起重设备及小型个体建筑和形态复杂对抗震要求高的建筑。

2. 现浇钢筋混凝土楼梯种类

现浇钢筋混凝土楼梯按梯段的结构受力方式分为：板式梯段和梁板式梯段。

（1）板式梯段。板式梯段宜用于跨度较小，受荷载较轻的建筑中。梯段板底面平整，上部呈锯齿状踏步，纵向配置钢筋搁于楼面梁及平台梁上。

现浇扭板式钢筋混凝土楼梯底面平顺，结构占空间少，造型美观。但由于板跨大，受力复杂，结构设计和施工难度较大，钢筋和混凝土用量也较大。图10.4 为现浇扭板式钢筋混凝土弧形楼梯，一般只宜用于建筑标准高的建筑，特别是公共大厅中。为了使梯段边沿线条轻盈，常在靠近边沿处局部减薄出挑。

（2）梁板式梯段。梁板式梯段包括踏步板与楼梯斜梁。梯斜梁可上翻或下翻形成梯帮，如图 10.5 所示。

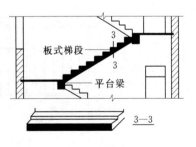

图 10.4 板式梯段

踏步板也可从梯斜梁两边或一边悬挑，单梁或双梁悬臂支承踏步板和平台板。单梁悬臂常用于中小型楼梯或小品景观楼梯，双梁悬臂则用于梯段宽度大、人流量大的大型楼梯。可减小踏步板跨，但双梁底面之间常需另做吊顶。由于踏步板悬挑，造型轻盈美观。踏步板断面形式有平板式、折板式和三角形板式。平板式断面踏步使梯段踢面空透，常用

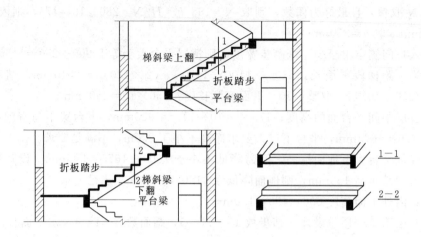

图 10.5　梁板式梯段

于室外楼梯，为了使悬臂踏步板符合力学规律并增加美观，常将踏步板断面逐渐向悬臂端减薄，如图 10.6（a）所示。折板式断面踏步板由于踢面未漏空，可加强板的刚度并避免尘埃下掉，故常用于室内，如图 10.6（b）所示。为了解决折板式断面踏步板底支模困难和不平整的弊病，可采用三角形断面踏步板式梯段，使其板底平整，支模简单［图 10.6（c）］，但这种做法混凝土用量和自重均有所增加。

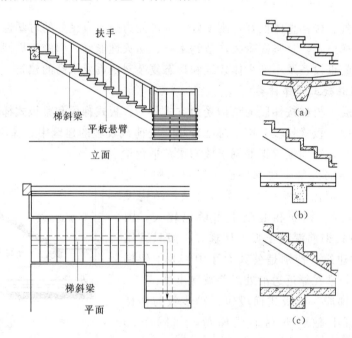

图 10.6　踏步的断面形式

现浇梁悬臂式钢筋混凝土楼梯通常采用整体现浇方式，但为了减少现场支模，也可采用梁现浇，踏步板预制装配的施工方式。这时，对于斜梁与踏步板和踏步板之间的连接，须慎重处理，以保证其安全可靠。在现浇梁上预埋钢板与预制踏步板预埋件焊接，并在踏步之间用钢筋插接后再用高标号水泥砂浆灌浆填实，加强其整体性。

10.1.5 预制装配式钢筋混凝土楼梯

1. 特点

预制装配式钢筋混凝土楼梯是将楼梯构件在工厂或施工现场进行预制，施工时将预制构件在现场进行装配。这种楼梯现场湿作业少，施工速度快，但整体性较差。

2. 预制装配式钢筋混凝土楼梯种类

预制装配式钢筋混凝土楼梯按其构造方式可分为梁承式、墙承式和墙悬臂式等类型。

（1）梁承式。梯段由平台梁支撑的楼梯构造方式。

（2）墙承式。预制踏步板两端直接搁置在墙上的楼梯形式。

（3）墙悬臂式。预制踏步板一端嵌固于楼梯间侧墙上，另一端为悬挑的楼梯形式。

3. 预制装配梁承式钢筋混凝土楼梯

预制装配梁承式钢筋混凝土楼梯系指梯段由平台梁支承楼梯构造方式。由于在楼梯平台与斜向梯段交汇处设置了平台梁，避免了构件转折处受力不合理和节点处理的困难，在一般大量民用建筑中较为常用。预制构件可按梯段（板式或梁板式梯段）、平台梁、平台板三部分进行划分，如图10.7所示。

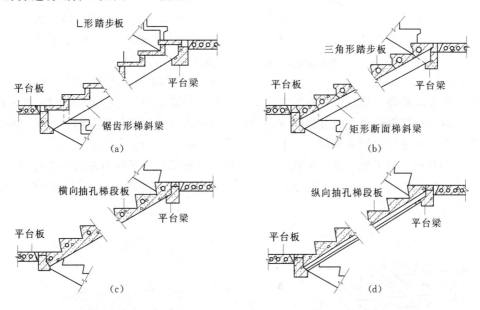

图 10.7　预制装配梁承式楼梯

（1）梯段。根据梯段的结构受力方式可分为梁板式梯段和板式梯段。

1）梁板式梯段：梁板式梯段由梯斜梁和踏步板组成。一般在踏步板两端各设一根梯斜梁，踏步板支承在梯斜梁上。由于板件小型化，不需大型起重设备即可安装，施工简便。

a. 踏步板：踏步板断面形式有一字形、┗形、┓形、三角形等，断面厚度根据受力情况为40～80mm（见图10.8）。一字形断面踏步板制作简单，踢面可漏空或填充，仅用于简易梯、室外梯等。┗形与┓形断面踏步板用料省、自重轻，为平板带肋形式，其缺点是底面呈折线形,不平整。三角形断面踏步板使梯段底面平整、简洁,解决了前几种踏步板底面不平整的问题。为了减轻自重,常将三角形断面踏步板抽孔,形成空心构件。

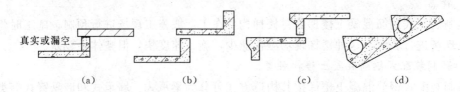

图 10.8　踏步板断面形式

(a) 一字形踏步;(b) ∟形踏步;(c) ⌐形踏步;(d) 三角形踏步

b. 梯斜梁:梯斜梁一般为矩形断面,为了减少结构所占空间,也可做成∟形断面,但构件制作较复杂。用于搁置一字形、∟形、⌐形断面踏步板梁为锯齿形变断面构件。用于搁置三角形断面踏步板的梯斜梁为等断面构件(图 10.9)。梯斜梁一般按 $L/12$ 估算其断面有效高度(L 为梯斜梁水平投影跨度)。

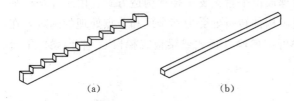

图 10.9　梯斜梁形式

(a) 锯齿形楼梯斜梁;(b) 等断面楼梯斜梁

2) 板式梯段:板式梯段为整块或数块带踏步条板,其上下端直接支承在平台梁上,如图 10.10 所示。由于没有梯斜梁,梯段底面平整,结构厚度小,使其有效断面厚度可按 $L/20 \sim L/30$ 估算。平台梁位置相应抬高,增大了平台下净空高度。

为了减轻梯段板自重,也可做成空心构件,有横向抽孔和纵向抽孔两种方式。横向抽孔较纵向孔合理易行,较为常用。

(2) 平台梁。为了便于支承梯斜梁或梯段板,平衡梯段水平分力并减少平台梁所占结构空间,一般将平台梁做成∟形断面,如图 10.11 所示。其构造高度按 $L/12$ 估算(L 为平台梁跨度)。

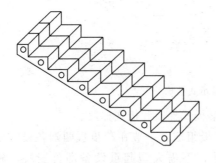

图 10.10　板式梯段

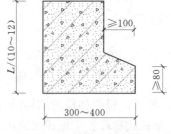

图 10.11　平台梁断面形式

(尺寸单位:mm)

(3) 平台板。平台板可根据需要采用钢筋混凝土空心板、槽板或平板。需要注意的是,在平台上有管道井处,不宜布置空心板。平台板一般平行于平台梁布置,以利于加强楼梯间整体刚度。当垂直于平台梁布置时,常用小平板,图 10.12 为平台板布置方式。

(4) 梯段与平台梁节点处理。梯段与平台梁节点处理是构造设计的难点。就两梯段之间的关系而言，一般有梯段齐步和错步两种方式。就平台梁与梯段之间的关系而言，有埋步和不埋步两种方式。

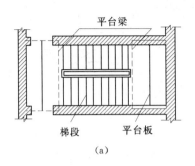
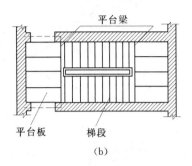

图 10.12　平台板布置方式
(a) 平行于平台梁布置；(b) 垂直于平台梁布置

1）梯段齐步布置的节点处理：如图 10.13（a）所示，上下梯段起步和末步踢面对齐，平台完整，可节省梯间进深尺寸。梯段与平台梁的连接一般以上下梯段底线交点作为平台梁牛腿 O 点，可使梯段板或梯斜梁支承端形状简化。

2）梯段错步布置的节点处理：如图 10.13（b）所示，上下梯段起步和末步踢面相错一步，在平台梁与梯段连接方式相同的情况下，平台梁底标高可比齐步方式抬高，有利于减少结构空间，但错步方式使平台不完整，并且多占楼梯间进深尺寸。

当两梯段采用长短跑时，它们之间相错步数便不止一步，需将短跑梯段做成折形构件，如图 10.13（d）所示。

3）梯段不埋步的节点处理：如图 10.13（c）所示，此种方式用平台梁代替了一步踏步踢面，可以减小梯段跨度。当楼层平台处侧墙上有门洞时，可避免平台梁支承在门过梁上，在住宅建筑中尤为实用。但此种方式的平台梁为变截面梁，平台梁底标高也较低，结构占空间较大，减少了平台梁下净空高度。另外，尚需注意不埋步梁板式梯段采用┗形踏步板时，其起步处第一踢面需填砖。

4）梯段埋步的节点处理：如图 10.13（a）所示，此种方式梯段跨度较前者大，但平台梁底标高可提高，有利于增加平台下净空高度，平台梁可为等截面梁。此种方式常用于公共建筑。另外尚需注意埋步梁板式梯段采用┗形踏步板时，在末步处会产生一字形踏步板；当采用┑形踏步板时，在起步处会产生一字形踏步板。

（5）构件连接。由于楼梯是主要交通部件，对其坚固耐久、安全可靠的要求较高，特别是在地震区建筑中更需引起重视，并且梯段为倾斜构件，故需加强各构件之间的连接，提高其整体性。

1）踏步板与梯斜梁连接：如图 10.14（a）所示，一般在梯斜梁支承踏步板处用水泥砂浆座浆连接。如需加强，可在梯斜梁上预埋插筋，与踏步板支承端预留孔插接，用高标号水泥砂浆填实。

2）梯斜梁或梯段板与平台梁连接：如图 10.14（b）所示，在支座处除了用水泥砂浆座浆外，应在连接端预埋钢板进行焊接。

3）梯斜梁或梯段板与梯基连接：在楼梯底层起步处，梯斜梁或梯段板下应作梯基，梯基

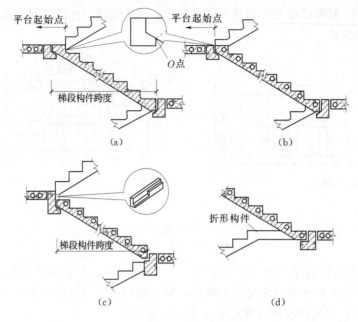

图 10.13　梯段与平台梁节点处理

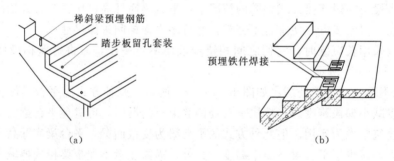

图 10.14　构件连接

（a）留孔套装；（b）预埋铁件焊接

常用砖或混凝土制作，也可用平台梁代替梯基，但需注意该平台梁无梯段处与地坪的关系。

4. 预制装配墙承式钢筋混凝土楼梯

预制装配墙承式钢筋混凝土楼梯系指预制钢筋混凝土踏步板直接搁置在墙上的一种楼梯形式，如图 10.15 所示。其踏步板一般采用一字形、⌐形、¬形断面。

预制装配墙承式钢筋混凝土楼梯由于踏步两端均有墙体支承，不需设平台梁和梯斜梁，也不必设栏杆，需要时设靠墙扶手，可节约钢材和混凝土。但由于每块踏步板直接安装入墙体，对墙体砌筑和施工速度影响较大。同时，踏步板入墙端形状、尺寸与墙体砌块模数不容易吻合，砌筑质量不易保证，影响砌体强度。

这种楼梯由于在梯段之间有墙，搬运家具不方便，也阻挡视线，上下人流易相撞。通常在中间墙上开设观察口，如图 10.15（a）所示，以使上下人流视线流通。也可将中间墙两端靠平台部分局部收进，如图 10.15（b）所示，以使空间通透，有利于改善视线和搬运家具物品。但这种方式对抗震不利，施工也较麻烦。

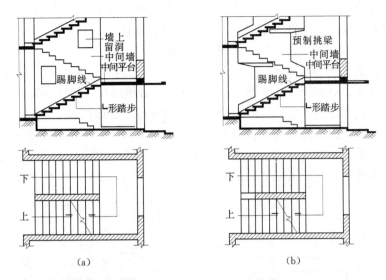

图 10.15　预制装配墙承式楼梯

5. 预制装配墙悬臂式钢筋混凝土楼梯

预制装配墙悬臂式钢筋混凝土楼梯系指预制钢筋混凝土踏步板一端嵌固于楼梯间侧墙上，另一端为凌空悬挑的楼梯形式，如图 10.16 所示。

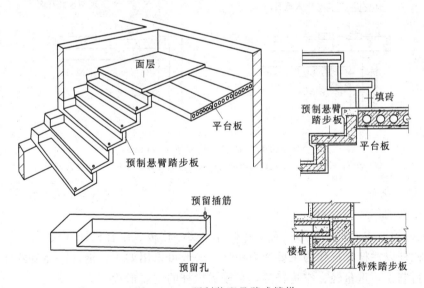

图 10.16　预制装配悬臂式楼梯

预制装配墙悬臂式钢筋混凝土楼梯无平台梁和梯斜梁，也无中间墙，楼梯间空间轻巧空透，结构占空间少，在住宅建筑中使用较多。但其楼梯间整体刚度极差，不能用于有抗震设防要求的地区。由于需随墙体砌筑安装踏步板，并需设临时支撑，施工比较麻烦。

10.1.6　楼梯的细部构造

1. 踏步

（1）踏步面层材料。其做法与楼层面层装修做法基本一致，考虑到其为建筑的主要交通疏散部位且人流量大，使用率高，装修用材标准应高于或至少不低于楼地面装修用材料标准，面层材料应耐磨、美观、不起尘。常用的面层做法有水泥砂浆、普通水磨石、彩色水磨石、缸砖、大理石、花岗石等，如图 10.17 所示。

（2）踏步口的形式。如图 10.17（a）所示踏步口直角，踏步口处踢面倾斜，踢面与踏面成锐角；踏步口处踏面突出踢面 20～30mm。后者做法用在楼梯较陡立、踏步面较小时，这样做可以使踏步面稍宽，在一定程度上会改善行走舒适性。

（3）踏步口的防滑处理。为防止行人滑倒和保护阳角，踏步表面靠近踏步阳角处应设防滑条。常用的防滑材料有：水泥铁屑、金刚砂、金属条（铸铁、铝条、铜条）、马赛克带防滑条、缸砖等。一般防滑条突出踏步面 2～3mm 即可，如图 10.17 所示。

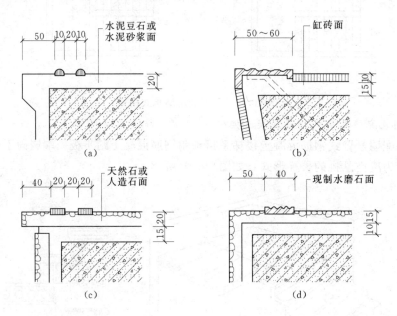

图 10.17　踏步（尺寸单位：mm）
（a）金刚砂防滑条；（b）缸砖防滑条；（c）马赛克防滑条；（d）金属防滑条

2. 栏杆、扶手

（1）栏杆的形式与材料。

1）栏杆的形式：栏杆的形式有空花栏杆、实心栏板、组合栏杆（板）。

空心栏杆以栏杆竖杆作为主要受力构件，一般可采用如木、钢、铝合金型材、铜、不锈钢等材料制作，重量轻、空透轻巧，是楼梯栏杆的主要形式。

实心栏板常采用钢筋混凝土、砖、钢丝网抹灰等材料制作，室内楼梯较少采用。

组合栏杆（板）是空花栏杆和实心栏板的组合，极大程度地丰富了栏杆的形式，栏杆竖杆常采用钢材或不锈钢等材料，栏板部分常采用木材、塑料面板、铝板、有机玻璃、钢化玻璃等（图 10.18）。

2）扶手的材料与断面形式及尺寸：楼梯扶手常用木材、塑料、金属管材（钢管、铝合金管、铜管和不锈钢管等）制作。木扶手和塑料扶手具有手感舒适，断面形式多样的优点，使用最为广泛。木扶手常采用硬木制作。塑料扶手可选用生产厂家定型产品，也可另

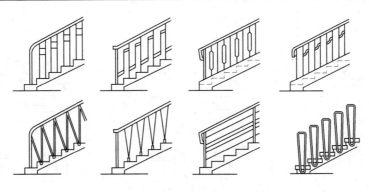

图 10.18 栏杆的形式

行设计加工制作。金属管材扶手由于其可弯性，常用于螺旋形、弧形楼梯扶手，但其断面形式单一。钢管扶手表面涂层易脱落，铝管、铜管和不锈钢管扶手则造价高，使用受限。

扶手断面形式和尺寸的选择既要考虑人体尺度和使用要求，又要考虑与楼梯的尺度关系和加工制作的可能性。图 10.19 为几种常见扶手断面形式和尺度。

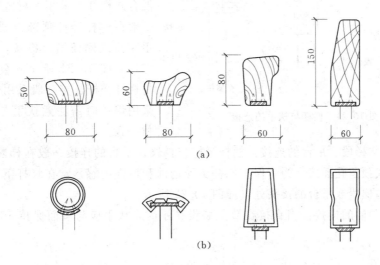

图 10.19 常见扶手断面形式和尺度（尺寸单位：mm）
(a) 木扶手；(b) 塑料扶手

（2）栏杆扶手的转变处理。在梯段转折处，由于梯段间的高差关系，为了保持高度一致和扶手的连续，需根据不同的情况进行处理。

就两梯段之间的关系而言，一般有梯段齐步和错步两种方式。当上下梯段齐步，上下梯段起步和末步踢面对齐，平台完整，各处宽度一致，上下扶手在转折处可同时向平台延伸半步，使两扶手高度相等，连接自然，但这样做缩小了平台的有效深度。如扶手在转折处不伸入平台，下跑梯段扶手在转折处需上弯形成鹤颈扶手。因鹤颈扶手制作较麻烦，也可改用直线转折的硬接方式，还可以将上下梯段的栏杆扶手断开，各自独立，但栏杆扶手的刚度降低，抗侧力较差。

当上下梯段错一步，即上下梯段起步和末步踢面相错一步时，扶手在转折处不需向平台延伸即可自然连接，但错步方式使平台不完整，并且多占楼梯间进深尺寸。当长短跑梯

215

段错开几步时将出现水平栏杆，如图 10.20 所示。

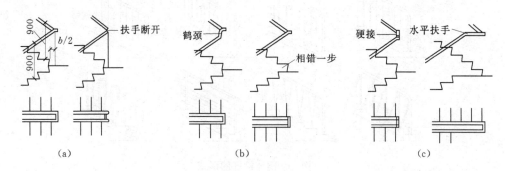

图 10.20　栏杆扶手的转弯处理（尺寸单位：mm）

(a) 正常；(b) 鹤颈；(c) 硬接

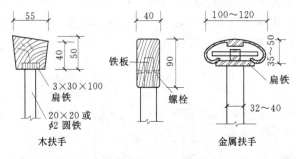

图 10.21　栏杆与扶手的连接

（3）栏杆扶手的连接构造。

1）栏杆与扶手的连接：空花式和混合式栏杆当采用木材或塑料扶手时，一般在栏杆竖杆顶部设通长扁钢与扶手底面或侧面槽口榫接，用木螺钉固定，如图 10.21 所示。金属管材扶手与栏杆竖杆连接一般采用焊接或铆接，采用焊接时需注意扶手与栏杆竖杆用材一致。

2）栏杆与梯段、平台的连接：栏杆竖杆与梯段、平台的连接一般在梯段和平台上预埋钢板焊接或预留孔插接。为了保护栏杆免受锈蚀和增强美感，常在竖杆下部装设套环，覆盖住栏杆与梯段或平台的接头处，如图 10.22 所示。

3）扶手与墙的连接：当直接在墙上装设扶手时，扶手应与墙面保持 100mm 左右的

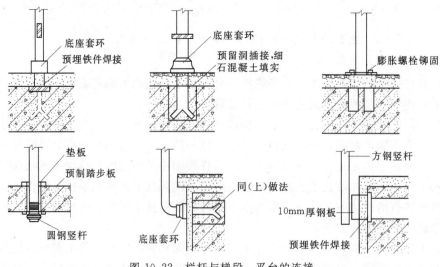

图 10.22　栏杆与梯段、平台的连接

距离。一般在砖墙上留洞，将扶手连接杆件伸入洞内，用细石混凝土嵌固。当扶手与钢筋混凝土墙或柱连接时，一般采取预埋钢板焊接。在栏杆扶手结束处与墙、柱面相交，也应有可靠连接，如图 10.23 所示。

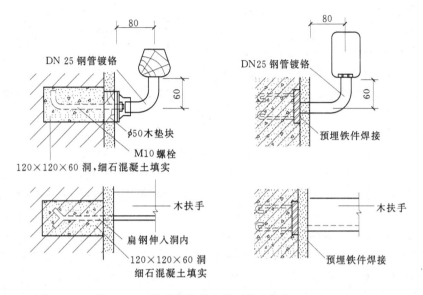

图 10.23 扶手与墙的连接（尺寸单位：mm）

4）首跑梯段下端的处理：在底层第一跑梯段起步处，为增强栏杆刚度和美观，可以对第一级踏步和栏杆扶手进行特殊处理，如图 10.24 所示。

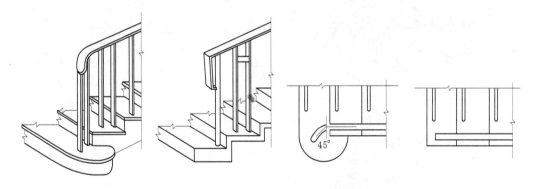

图 10.24 首跑梯段下端的处理

10.2 电梯与自动扶梯

10.2.1 电梯

电梯是多层与高层建筑中常用的设备。部分高层及超高层建筑为了满足疏散和救火的需要，还要专门设置消防电梯。

1. 电梯的分类

（1）电梯的分类。电梯根据动力拖动的方式可分为交流拖动电梯、直流拖动电梯和液压电梯。

电梯根据用途可分为乘客电梯、病房电梯、载货电梯和小型杂物电梯等，如图 10.25 所示。

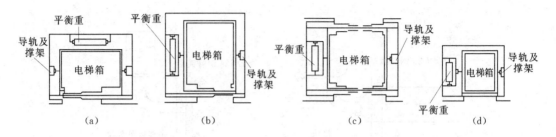

图 10.25 电梯的类型

(a) 客梯（双扇推拉门）；(b) 病床梯（双扇推拉门）；(c) 货梯（中分双扇推拉门）；(d) 小型杂物梯

(2) 电梯的规格。电梯的载重量是划分电梯规格的常用标准，如 400kg、1000kg 和 2000kg 等。

电梯按运行速度的不同分为低速电梯（$v \leqslant 1.0$m/s），快速电梯（1.0m/s$<v \leqslant 2$m/s），高速电梯（2m/s$<v \leqslant 5$m/s），超高速电梯（$v \leqslant 5$m/s）。

2. 电梯的组成

电梯由轿厢、电梯井道和运载设备三部分组成，如图 10.26 所示。轿厢要求坚固、耐

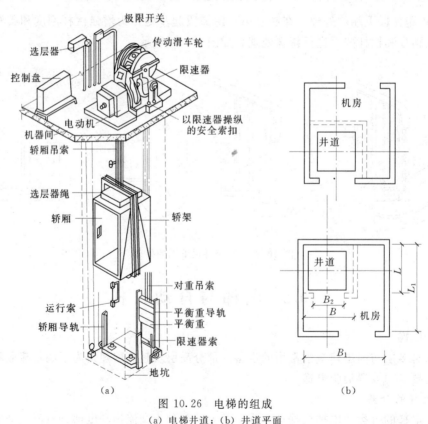

图 10.26 电梯的组成

(a) 电梯井道；(b) 井道平面

用和美观；电梯井道属土建工程内容，涉及到井道、地坑和机房三部分，井道的尺寸由轿厢的尺寸确定；运载设备包括动力、传动和控制系统。

3. 电梯的设计要求

(1) 电梯井道。电梯井道是电梯轿厢的运行通道，包括有导轨、平衡重、缓冲器等设备。电梯井道多数为现浇钢筋混凝土墙体，也可以用砖砌筑，但应采取加固措施，如每隔一段设置钢筋混凝土圈梁。电梯井道内不允许布置无关的管线，要解决好防火、隔声、通风和检修等问题。

1) 井道防火：井道犹如建筑物内的烟囱，能迅速将火势向上蔓延。井道一般采用钢筋混凝土材料，电梯门应采用甲级防火门，构成封闭的电梯井，隔断火势向楼层的传播。

2) 井道隔声：井道隔声主要是防止机房噪声沿井道传播。一般的构造措施是在机座下设置弹性垫层，隔断振动产生的固体传声途径；或在紧邻机房地井道中设置 1.5～1.8m 高的夹层，隔绝井道中空气传播噪声的途径，如图 10.27 所示。

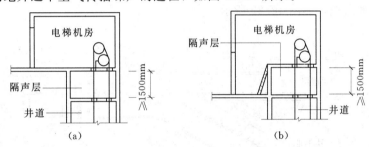

图 10.27 机房隔声层

3) 井道通风：在地坑与井道中部和顶部，分别设置面积不小于 300mm×600mm 的通风孔，解决井道内的排烟和空气流通问题。

4) 井道检修：为设备安装和检修方便，井道的上下应留有必要的空间。空间的大小与轿厢运行速度等有关，可参照电梯型号确定。

(2) 电梯机房。电梯机房一般设在电梯井道的顶部，也有少数电梯将机房设在井道底层的侧面，如液压电梯。电梯机房的高度在 2.5～3.5m 之间，面积要大于井道面积。机房平面位置可以向井道平面相邻两个方向伸出，如图 10.28 所示。

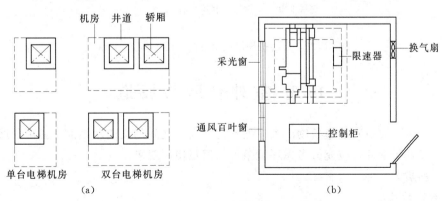

图 10.28 电梯机房

(a) 电梯机房与井道的关系；(b) 电梯机房平面图

219

10.2.2 自动扶梯

自动扶梯的连续运输效率高，多用于人流较大的场所，如商场、火车站和机场等。自动扶梯的坡度平缓，一般为30°左右，运行速度为 0.5～0.7m/s。自动扶梯的宽度有单人和双人两种类型，自动扶梯的规格，见表 10.2。

表 10.2 自动扶梯型号规格

梯型	输送能力 （人/h）	提升高度 （m）	速度 （m/s）	扶 梯 宽 度	
				净宽度 B （mm）	外宽 B_1 （mm）
单人梯	5000	3～10	0.5	600	1350
双人梯	8000	3～8.8	0.5	1000	1750

自动扶梯有正反两个运行方向，它由悬挂在楼板下面的电机牵动踏步板与扶手同步运行。自动扶梯的组成，如图 10.29 所示。

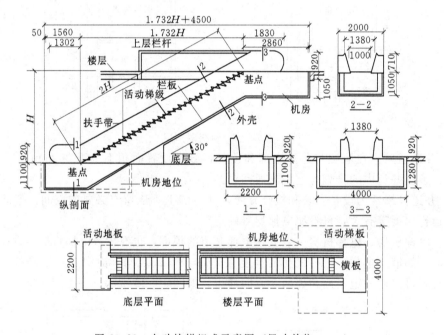

图 10.29 自动扶梯组成示意图（尺寸单位：mm）

10.3 室外台阶与坡道

室外台阶（坡道）是建筑物出入口处室内外高差之间的交通联系部分。由于通行的人流量大，又处于室外，应充分考虑环境条件，满足使用要求。

10.3.1 台阶

1. 台阶的尺度

台阶（坡道）由踏步（坡段）与平台两部分组成。由于处在建筑物人流较集中的出入口处，其坡度应较缓。台阶踏步一般宽取 300～400mm，高取值不超过150mm；坡道坡度一般取 1/6～1/12 左右。

平台设于台阶与建筑物出入口大门之间，以缓冲人流。作为室内外空间的过渡，其宽度一般不小于1000mm，为利于排水，其标高低于室内地面 30～50mm，并做向外 3‰ 左右的排水坡度。人流大的建筑，平台还应设刮泥槽，如图 10.30 所示。

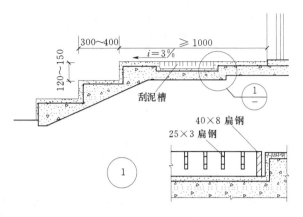

图 10.30 台阶的尺度（尺寸单位：mm）

2. 台阶的构造做法

台阶易受雨水、日晒、霜冻侵蚀等影响，其面层考虑用防滑、抗风化、抗冻融强的材料制作，如选用水泥砂浆、斩假石、地面砖、马赛克、天然石等。台阶垫层做法基本同地坪垫层做法，一般采用素土夯实或灰土夯实，采用 C10 素混凝土垫层即可。对大型台阶或地基土质较差的台阶，可视情况将 C10 素混凝土改为 C15 钢筋混凝土或架空做成钢筋混凝土台阶；对严寒地区的台阶需考虑地基土冻胀因素，可改用含水率低的砂石垫层至冰冻线以下，如图 10.31 所示。

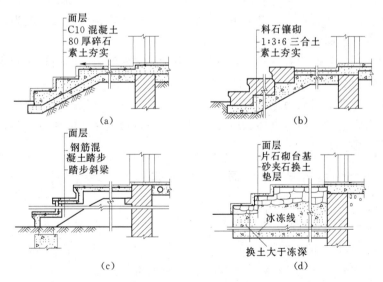

图 10.31 台阶的构造做法

10.3.2 坡道

坡道为了防滑，常将其表面做成锯齿形或带防滑条状，如图 10.32 所示。坡度范围为 0°～15°，一般小于 20°，11°19′ 较合适，常用于医院、车站和其他公共建筑入口处，以便机动车辆通行和无障碍设计。其中无障碍设计的坡度要求为 1/8～1/12。

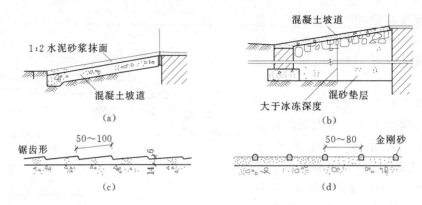

图 10.32 坡道（尺寸单位：mm）
(a) 混凝土坡道；(b) 换土地基坡道；(c) 锯齿形防滑坡道；(d) 防滑条坡道

本 章 小 结

（1）楼梯是由楼梯段、休息平台、栏杆和扶手等部分组成，楼梯类型依据不同的分类法可以分成多种类型。

（2）现浇钢筋混凝土楼梯按梯段的结构受力方式分为：板式梯段和梁板式梯段，梁板梯段有上翻式和下翻式。

（3）预制装配式钢筋混凝土楼梯按构造方式可分为梁承式、墙承式和墙悬臂式等类型。预制踏步板断面形式有一字形、凵形、冂形、三角形等，梯斜梁一般为矩形断面，平台梁一般做成凵形断面。

（4）楼梯踏步口的形式有踏步口直角、踏步口处踢面倾斜、踢面与踏面成锐角、踏步口处踏面突出踢面 20～30mm，踏步口防滑处理常设防滑条。

（5）电梯的种类根据动力拖动方式分为交流拖动电梯、直流拖动电梯和液压电梯；根据用途可分为乘客电梯、病房电梯、载货电梯和小型杂物电梯。电梯由轿厢、梯井道和运载设备三部分组成。

思 考 题

10.1 楼梯的组成有哪些？设计要求是什么？

10.2 楼梯的类型有哪些？

10.3 楼梯的尺寸如何确定？

10.4 现浇钢筋混凝土楼梯种类有哪些？各有何特点？

10.5 预制装配式钢筋混凝土楼梯种类有哪些？

10.6 预制构件有哪些？各有何形式？

10.7 楼梯踏步口的形式有哪些做法？踏步口的防滑处理有哪些方法？

10.8 栏杆的形式有哪些？

10.9 电梯的种类有哪些？电梯由哪几部分组成？设计要求是什么？

10.10 台阶的构造做法是什么？

第11章 建筑装修构造

教学要求：

了解建筑装修的作用和设计要求，常用的墙面装修、地面装修和顶棚装修种类；掌握抹灰类、贴面类、涂料类、铺钉类、裱糊类墙面装修及幕墙装修；整体类地面、地材类地面、卷材地面、涂料地面；直接式顶棚和悬吊式顶棚的构造组成与做法。

11.1 墙面装修构造

11.1.1 墙面装修的作用与设计要求

1. 墙面装修的作用

（1）保护作用。对墙面进行装修处理，可以防止墙体结构免遭风、雨的直接袭击，提高墙体防潮、防风化的能力，从而增强了墙体的坚固性和耐久性。

（2）改善墙体的使用功能。对墙面进行装修处理，还可以改善墙体热工性能，对室内可增加光线的反射，提高室内照度，对有吸声要求的房间的墙面进行吸声处理后，还可以改善室内音质效果。

（3）提高建筑物的艺术效果。利用墙面装修材料的色彩、质感和线脚纹样等处理，可以提高建筑的艺术效果，丰富和美化室内外空间。

2. 墙面装修设计要求

（1）根据使用功能，确定装修的质量标准。不同等级和功能的建筑除在平面空间组合中满足其要求外，还应采用不同装修的质量标准，如高级公寓和普通住宅就不能等同对待，应为之选择相应的装修材料、构造方案和施工措施。就是同等级建筑，由于位置不同，装修的要求也不能视为一样；就是同一栋建筑的不同部位，也可按不同标准进行处理，有特殊要求的，如声学要求较高的录音室、广播室，除了选择声学性能良好的饰面材料外，还应采用相应的构造措施和施工方案。

不同建筑由于装修质量标准不同，采用的材料、构造方案和施工方法不同而造成造价的差别是很大的，一般民用建筑装修费用占土建造价25％左右，标准较高的工程可达40％～50％，一般地讲，高档装修材料能取得较好的艺术效果，但单纯追求效果，片面提高工程质量标准，也是不合理的。反之，片面节约造成不合理使用，甚至影响建筑的耐久性也是不对的。故应根据不同等级建筑的不同经济条件，选择、确定与之相适应的装修标准。

（2）正确合理地选用材料。建筑装修材料是装饰工程的重要物质基础，在装修费用中一般占70％左右。装修工程所用材料量大面广、品种繁多。能否正确选择和合理的利用材料，直接关系到工程质量、效果、造价、做法，而材料的物理、化学性能及其使用性能，是装修用料选择的依据。

除大城市重要的公共建筑可采用较高级装修外，对大量性建筑来讲，因造价不高，装修用料尽可能因地制宜，就地取材，不要舍近求远，舍内求外，只要合理利用材料，就既能达到经济节约的目的，又能保证良好的装饰效果。

3. 墙面装修的类型

（1）按墙面装修的位置，有室外装修和室内装修。室外装修用于外墙面，应选用强度高，耐久性强，抗冻性抗腐蚀性好的材料，室内装修要根据室内空间的使用功能综合考虑。

（2）按材料和施工方式的不同，墙面装修有抹灰类、贴面类、涂料类、铺钉类、裱糊类等五大类。另外，随着国民经济和建筑事业的发展，对建筑装修工程的要求越来越高，一些特种装修已逐渐被人们所接受，如玻璃幕墙装修。

11.1.2 抹灰类墙面装修

抹灰又称粉刷，是由水泥、石灰膏等胶结材料加入砂或石渣，再与水拌和成砂浆或石渣浆用抹具抹到墙面上的一种操作工艺，属湿作业范畴，是一种传统的墙面装修。

1. 抹灰的组成

为保证墙面抹灰牢固、平整，避免开裂和脱落，抹灰应分层施工。普通标准抹灰一般由底层和面层组成；装修标准较高的中级、高级抹灰，在底层和面层之间还要增加一层或数层中间层，如图 11.1 所示。抹灰层总厚度根据位置不同而变化，一般室内抹灰为 15～20mm，室外抹灰为 15～25mm。

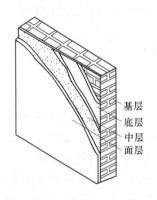

图 11.1 墙面抹灰分层的构造

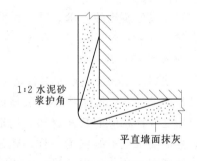

图 11.2 护角的做法

2. 细部处理

（1）护角。为增加墙面转角处的强度，对室内墙面、柱面和门窗洞口的阳角，需做 1:2 水泥砂浆护角，如图 11.2 所示。水泥护角的高度不应小于 2m，每侧宽度不应小于 50mm。

（2）底层抹灰。底层抹灰的作用是与基层黏结初步找平，厚度为 5～15mm。一般室内砖墙多用石灰砂浆和混合砂浆，室外或室内有防水、防潮要求时，应用水泥砂浆。混凝土墙体一般应用混合砂浆或水泥砂浆，加气混凝土墙体内墙可用石灰砂浆或混合砂浆。

（3）中层抹灰。一般中层抹灰所用的材料与底层基本相同，其除找平作用外还能弥补底层砂浆的干缩裂缝。中层抹灰厚度一般为 7～8mm，层数要根据墙面装饰等级确定。

（4）面层抹灰。面层抹灰的作用是装饰，要求平整、均匀，所用材料为各种砂浆或水泥石渣浆。

3. 常用抹灰的做法

（1）根据饰面面层采用的材料不同，有多种抹灰做法。常用的抹灰做法见表11.1。

表 11.1　　　　　　　　　　常用抹灰做法说明

抹灰名称	做　法　说　明	适用范围
纸筋灰墙面（一）	1. 喷内墙涂料； 2. 2mm 厚纸筋灰罩面； 3. 8mm 厚 1∶3 石灰砂浆； 4. 13mm 厚 1∶3 石灰砂浆打底	砖基层的内墙
纸筋灰墙面（二）	1. 喷内墙涂料； 2. 2mm 厚纸筋灰罩面； 3. 8mm 厚 1∶3 石灰砂浆； 4. 6mm 厚 TC 砂浆打底扫毛，配比如下：水泥∶砂∶TC胶∶水＝1∶6∶0.2∶适量 5. 刷加气混凝土界面处理剂一道	加气混凝土基层的内墙
混合砂浆墙面	1. 喷内墙涂料； 2. 5mm 厚 1∶0.3∶3 水泥石灰混合砂浆面层； 3. 15mm 厚 1∶1∶6 水泥石灰混合砂浆打底找平	内墙
水泥砂浆墙面（一）	1. 6mm 厚 1∶2.5 水泥砂浆罩面； 2. 9mm 厚 1∶3 水泥砂浆刮平扫毛； 3. 10mm 厚 1∶3 水泥砂浆打底扫毛或划出纹道	砖基层的外墙或有防水要求的内墙
水泥砂浆墙面（二）	1. 6mm 厚 1∶2.5 水泥砂浆罩面； 2. 6mm 厚 1∶1∶6 水泥石灰砂浆刮平扫毛； 3. 6mm 厚 2∶1∶8 水泥石灰砂浆打底扫毛； 4. 喷一道 107 胶水溶液，配比如下：107胶∶水＝1∶4	加气混凝土基层的外墙
水刷石墙面	1. 8mm 厚 1∶1.5 水泥石子（小八厘）或 10mm 厚 1∶1.25 水泥石子（中八厘）罩面； 2. 刷素水泥浆一道（内掺水重的 3％～5％107胶）； 3. 12 厚 1∶3 水泥砂浆打底扫毛	砖基层外墙

（2）墙裙。对有防水要求的内墙下段，应做墙裙对墙身进行保护。常用的做法有水泥砂浆抹灰、贴瓷砖和水磨石等，如图11.3 所示。一般的墙裙高度约 1.5m。

（3）引条线。由于外墙抹灰面积较大，为防止材料干缩和温度变化引起的裂缝，常将抹灰面层做分格，称为引条线。引条线的具体做法是在面层抹灰施工前的底灰上埋放不同形式的木引条，面层抹灰后取出木引条，再用水泥砂浆勾缝，如图11.4 所示。引条线对外墙面有一定的装饰作用，

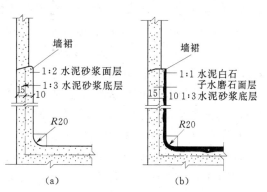

图 11.3　墙裙的构造（尺寸单位：mm）
(a) 水泥砂浆墙裙；(b) 水磨石墙裙

225

应结合立面要求设计。

11.1.3　贴面类墙面装修

　　贴面类墙面装修是用各种人造板或天然石板等直接粘贴，或通过绑、挂等连接方式固定于墙面的一种装饰方法。它具有耐久性强、装饰效果好、易于清洁等特点。常用的贴面类饰面材料有面砖、瓷砖、陶瓷锦砖、玻璃锦砖、人造板材和大理石、花岗岩等天然板材等。

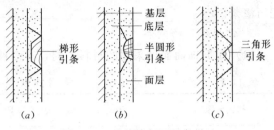

图 11.4　外墙抹灰面引条做法

1. 面砖、锦砖饰面

　　面砖多数是以陶土和瓷土为原料，压制成型后经高温煅烧而成的。面砖有上釉和不上釉两类，上釉的釉面砖又分为有光釉和无光釉两种。面砖有多种规格尺寸和色彩花纹。

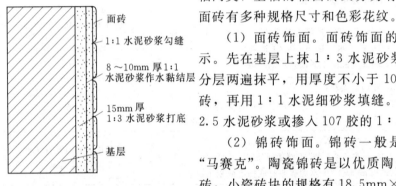

图 11.5　面砖饰面的构造

　　（1）面砖饰面。面砖饰面的做法，如图 11.5 所示。先在基层上抹 1∶3 水泥砂浆底灰，厚约 15mm，分层两遍抹平，用厚度不小于 10mm 的黏结砂浆贴面砖，再用 1∶1 水泥细砂浆填缝。常用黏结砂浆有 1∶2.5 水泥砂浆或掺入 107 胶的 1∶2.5 水泥砂浆。

　　（2）锦砖饰面。锦砖一般是指陶瓷锦砖，又称"马赛克"。陶瓷锦砖是以优质陶土烧制而成的小块瓷砖，小瓷砖块的规格有 18.5mm×18.5mm×5mm 等规格，生产时正面铺贴在 325mm×325mm 的牛皮纸上，又称为"纸皮砖"。陶瓷锦砖有上釉和不上釉两种。

　　与陶瓷锦砖类似，还有一种玻璃马赛克，它以玻璃烧制成片状小块，预贴在牛皮纸上。陶瓷锦砖和玻璃马赛克可设计成各种花纹图案，如图 11.6 所示。

　　玻璃马赛克为乳浊状半透明的玻璃质饰面材料，陶瓷锦砖不透明，两者在装饰效果上不尽相同。

　　锦砖的饰面构造与面砖类似，施工时将纸面朝外整块粘贴在 1∶1 水泥细砂砂浆上，用木板压平，待砂浆硬结后洗去牛皮纸即可。

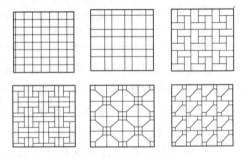

图 11.6　锦砖花纹图案示例

2. 人造石材、天然石材饰面

　　人造石材和天然石材按厚度有薄型和厚型两种，一般将厚度在 30～40mm 以下的称为板材，厚度在 40～130mm 以上的称为块材。

　　常用的人造石板有人造大理石板、水磨石板等。

　　常用的天然石材有大理石、花岗岩板材或块材。在石材的选择上要了解其结构特征、物理力学性能，以适应不同场合的需要。石材使用场合与物理性能关系，见表 11.2。

名称	容重	吸水率	抗压强度	冻融抗压强度	抗折强度	标准弹性模量	热膨胀系数	抗冲击强度	抗磨损强度	努式显微硬度
外墙面	××	×××	××	×××	×××	××	××			
内墙面	××	×	×		×			×××		
室外地面	××	×××	××	×××	××	×	×	××	×××	×××
室内地面	××	×	×		××			×××	×××	×××
屋面（不上人）	××	×××	××		××			××	×	×

表 11.2　　　　　　　石材使用场合与物理性能关系

注　×××为重要；××为一般；×为次要。

天然石材饰面构造一般有石材墙面挂贴法和石材墙面干挂法。人造石板饰面构造与天然石材类似。

（1）石材墙面挂贴法。石材墙面挂贴法又称为湿式工法，如图 11.7 所示。具体做法是在墙体结构中预埋 φ6 钢筋或 U 形构件，中距 500mm 左右，上绑 φ6 或 φ8 纵横向钢筋，形成钢筋网格，网格大小应根据石材规格确定。用直径不小于 2mm 的镀锌铅丝或铜片，穿过石材上下边缘处预凿的小孔，将石材固定在钢筋网格上，石材与墙体之间留有约 30mm 的缝隙，中间灌以 1∶3 水泥砂浆，使石材与基层紧密连接。

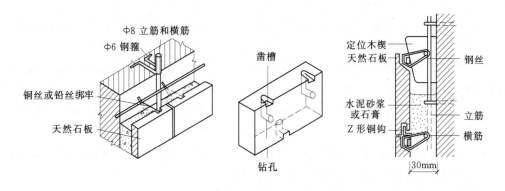

图 11.7　石材挂贴法的构造

由于石材与水泥砂浆的热膨胀系数不同，并且石材的吸水率低、背面平滑黏结力差，在长期温度、湿度变化条件有脱落的可能。挂贴石墙面高度超过 3m 时，底部必须落地，并加强拉结结构的可靠性。刚度小的建筑物，尤其是在地震地区应尽量避免采用。

（2）石材墙面干挂法。石材墙面干挂法又称为干式工法，如图 11.8 所示。这种做法是通过金属连接件，如不锈钢挂钩、金属支架和支座等将石材固定在墙体上，石材墙面干挂法能适应墙面温度变化及建筑物受风荷载、地震力作用变形的影响，石材面层与主体结构之间形成空气层，对建筑隔热或保温有利，但对设计、安装技术要求较高，造价高。石材面板之间的缝隙可以不做密封，也可以用密封胶嵌缝封闭。

11.1.4　涂料类墙面装修

涂料类墙面装修是在已经做好的墙面基层上，经局部或满刮腻子处理使墙面平整，然

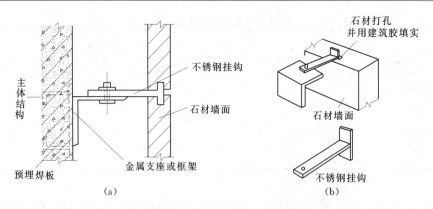

图 11.8　石材干挂法构造

后涂刷选定的材料，起到保护和装饰墙面的作用。这种方法省工省料、工效高、工期短、自重轻、更新方便、造价较低。

1. 涂料类装修的构成

涂料类装修的涂层一般由底层、中间层和面层构成。

（1）底层。底层的主要作用是增加涂层与基层之间的黏结力，还可以进一步清理基层表面灰尘，使一部分悬浮的灰尘颗粒固定于基层。

（2）中间层。中间层是涂层构造的成型层，通过特定的工艺可以形成一定的厚度，达到保护基层和形成装饰效果。

（3）面层。面层的作用是体现涂层的色彩和光感，为保证色彩均匀，并满足耐久性、耐磨性等要求，面层最少应涂刷两遍。

涂料类施工方式有刷涂、弹涂、滚涂等，不同的施工方式会产生不同的质感效果。

2. 涂料的类型

用于涂料类饰面的涂料品种繁多，应根据使用功能、墙面所处的环境、施工技术和经济条件选择无毒、着附力强、装饰效果好的涂料。

涂料按成膜物的不同，分为无机涂料和有机涂料两类。

（1）无机涂料。无机涂料有普通无机涂料和高分子无机涂料。

常用的普通无机涂料有石灰浆、大白浆、水泥浆等，多用于一般标准的室内装饰；无机高分子涂料具有耐水、耐酸碱、抗冻融和装饰效果好等特点，多用于外墙面装饰和有耐擦洗要求的内墙面装修。

（2）有机涂料。有机涂料按其主要成膜物质与稀释剂的不同，有溶剂型涂料、水溶性涂料和乳胶涂料。

溶剂型涂料是以高分子合成树脂为主要成膜物质，有机溶剂为稀释剂，加入一定量的颜料、配料和辅料配置成的挥发性涂料。溶剂型涂料有传统的油漆涂料、聚苯乙烯内墙涂料等。

水溶性涂料无毒无味，具有一定的透气性，但耐久性较差。目前常用的有聚乙烯醇水玻璃内墙涂料（106 涂料），聚合物水泥砂浆饰面涂料、改性水玻璃内墙涂料等。

乳胶涂料又称乳胶漆，具有无毒无味、不宜燃烧和环保等特点。常见的有乙丙乳胶涂料、苯丙乳胶涂料等。

涂料施工时，后一遍涂料必须在前一遍涂料干燥后进行，否则易发生皱皮、开裂等问题。当采用双组分和多组分的涂料时，施工前应严格按产品说明书规定的配合比，按用量分批混合，在规定时间内用完。

11.1.5 裱糊类墙面装修

裱糊类墙面装修是将各种装饰性的壁纸、壁布和织锦等卷材类装饰材料裱糊在墙面上的一种装修饰面。用于裱糊类饰面的材料和花色品种繁多，有套色印花并压纹、仿锦缎、仿木材、仿石材，还有带明显凹凸质感及静电植绒等。这种墙体饰面装饰性强、造价较经济、施工方法简捷高效、材料更换容易。

壁纸的基层材料有塑料、纸基、布基、石棉纤维等，面层材料多为聚乙烯和聚氯乙烯。特种壁纸有耐水壁纸、防火壁纸、木屑壁纸、金属箔壁纸等。

裱糊饰面基层涂抹的腻子应坚固，不得粉化、起皮和产生裂缝；胶黏剂应耐老化、耐潮湿、耐酸碱和防霉变。在裱糊施工中，先贴长墙面、后贴短墙面，粘贴每条壁纸均由上而下进行，上端不留余量，先在一侧对缝，对花形，拼缝到底，压实后，再抹平大面，阳角转角处不留拼缝。裱糊面不得有气泡、空鼓、翘边、皱褶和污渍。

11.1.6 铺钉类墙面装修

铺钉类墙面装修又称为镶板类墙面装修，是用各种天然或人造饰面板，通过镶、钉、拼、粘等构造措施对墙面的装修。铺钉类墙面由骨架和面板两部分组成。

1. 骨架

骨架分木骨架和金属骨架。木骨架由立柱和横掌组成，钉固在预埋的木砖上或用射钉等直接固定在墙面上。为防止由于墙面受潮损坏骨架和面板，应对骨架固定前的墙面做防潮处理，如抹一层 10mm 厚的混合砂浆，并涂刷热沥青两道等。金属骨架多用槽形截面的薄钢立柱和横撑组成。

2. 面板

常用的铺钉类饰面板有竹、木及其制品，石膏板、塑料板、玻璃板和金属薄板等。

硬木条板是室内墙面装饰的常用材

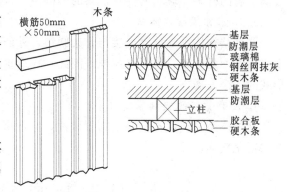

图 11.9　硬木条板饰面的构造

料，其构造是将各种截面形式的条板直接镶钉在骨架横撑上，如图 11.9 所示。

胶合板、纤维板等人造薄板可直接用圆钉或木螺丝固定在木骨架上，板间留有 5～8mm 的缝隙，保证面板正常的变形。

石膏板与金属骨架之间一般用自动螺丝或电钻打孔后用镀锌螺丝连接。

11.1.7 玻璃幕墙装修

玻璃幕墙是一种现代的建筑墙体装饰方法，它轻巧、晶莹，具有透射和反射性质，可以创造出明亮的室内光环境、内外空间交融的效果，还可反映出周围各种动和静的物体形态，具有十分诱人的魅力，它同时还承担着墙体的功能。

玻璃幕墙从大的方面说包括两部分，一是饰面的玻璃，二是固定玻璃的框架。目前用于玻璃幕墙的玻璃，主要有热反射玻璃（俗称镜面玻璃）、吸热玻璃（亦称染色玻璃）、双层中空玻璃及夹层玻璃，夹丝玻璃等品种。另外，各种无色或着色的浮法玻璃也常被采用。玻璃幕墙的框架多采用经特殊挤压成型工艺而制成的各种铝合金型材以及用于连接与固定的各种规格的连接件和紧固件。

幕墙装配时，先把骨架通过连接件安装在主体结构上，然后将玻璃镶嵌在骨架的凹槽内，周边缝隙用密封材料处理。为排除因密封不严而流入槽内的雨水，骨架横档支承玻璃的部位做成倾斜状，外侧用一条铝合金盖板封住（图 11.10）。下面介绍几种常见的幕墙结构类型。

1. 型钢框架体系

这种结构体系是以型钢做幕墙的骨架，将铝合金框与骨架固定，然后再将玻璃镶嵌在铝合金框内；但也可不用铝合金框，而完全用型钢组成玻璃幕墙的框架，如以钢窗料为框架做成的幕墙即属此类。

2. 铝合金型材框架体系

这种结构体系是以特殊截面的铝合金型材作为玻璃幕墙的框架，玻璃镶嵌在框架的凹槽内。

3. 不露骨架结构体系

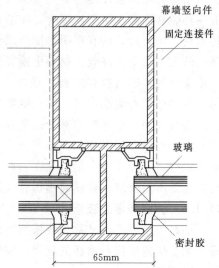

图 11.10　双层中空玻璃在立柱上的安装构造

这种结构体系是玻璃直接与骨架联结，外面不露骨架。这种类型的幕墙，最大特点在于立面既不见骨架，也不见窗框。因此，在造价方面占有优势，这种结构可能是幕墙结构形式的一个发展方向。

4. 没有骨架的玻璃幕墙体系

这种体系，玻璃本身既是饰面构件，又是承重构件。所使用的玻璃，多为钢化玻璃和夹层钢化玻璃。

11.2 地 面 装 修 构 造

11.2.1 地面装修构造的要求

楼面、地面分别为楼层与地层的面层，是日常生活、工作和生产时必须接触的部分。它们的构造要求和作法基本相同。对室内装修而言又统称地面，地面的构造要求体现在以下几个方面：

（1）有足够的刚度，保证在各种外力作用下不易磨损，且表面平整光洁、易清扫、不起灰。

（2）具有良好的吸声、消声和隔声能力，能有效地控制室内噪声，满足不同功能房间的要求，如居室、办公室、图书阅览室等。

（3）满足保温要求，使人行走时感到温暖舒适，不易疲劳。

（4）对有水作用的房间，地面应做好防水、防潮；对实验室等有酸碱作用的房间，地面具有耐腐蚀能力；在某些房间内，地面还要有较高的耐火性能。

（5）地面是建筑物空间的重要组成部分，应满足室内装饰的美观要求。

地面按材料和构造做法有整体类地面、板材类地面、卷材地面、涂料地面等形式。

11.2.2 整体类地面

整体类地面是指在现场用浇筑的方法做成的整片地面。常用的有水泥砂浆地面、细石混凝土地面和水磨石地面。

1. 水泥砂浆地面

水泥砂浆地面又称水泥地面，它构造简单、坚固耐磨、防水性能好、造价低廉，但易结露、易起灰、热传导性高、无弹性。常见的有普通水泥地面、干硬性水泥地面、防滑水泥地面、磨光水泥地面和彩色水泥地面等。

水泥砂浆地面有单层做法和双层做法。

单层做法为 15～20mm 厚 1∶2～1∶2.5 水泥砂浆抹光压平。

双层做法是先以 15～20mm 厚 1∶3 水泥砂浆打底找平，再用 5～10mm 厚 1∶1.5～1∶2 水泥砂浆抹面，如图 11.11 所示。双层抹面可以提高地面的耐磨性能，避免水泥砂浆的干缩裂缝。

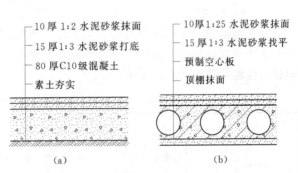

图 11.11　水泥砂浆地面（尺寸单位：mm）
(a) 底层地面；(b) 楼板层地面

2. 细石混凝土地面

细石混凝土地面是浇筑 30～40mm 厚 C20 细石混凝土层，在混凝土初凝时用铁滚压出浆水抹平，终凝前用铁板压光直接形成的地面。细石混凝土地面刚性好，强度高，不易起尘。为增加地面的整体性和抗震性能，可在细石混凝土中加配直径为 4mm、间距为 200mm 的钢筋网片。

3. 水磨石地面

水磨石地面是将天然石料的石屑用水泥砂浆拌和在一起，浇筑抹平结硬后再磨光、打蜡而成的地面。水磨石地面坚硬、耐磨、光洁美观，一般在完成顶棚和墙面抹灰后再施工。

水磨石地面系分层构造，先在结构层上用 15～20mm 厚 1∶3 水泥砂浆打底找平，面层铺 1∶1.5～1∶2.5 的水泥石屑浆，厚度为 10～15mm，底层和面层之间刷素水泥浆结合层。

为防止地面变形引起面层开裂，便于施工和维修，水磨石地面应设分隔条，如图 11.12 所示。分隔条有玻璃条和铝、铜等金属条，分隔条的高度与水磨石面层的厚度相同。分隔条在浇筑面层之前用 1∶1 水泥砂浆固定，水泥砂浆应形成八字角，高应比分隔条高度低 3mm。

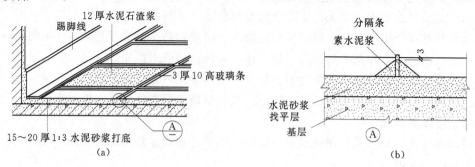

图 11.12　水磨石地面的构造（尺寸单位：mm）

11.2.3　板材类地面

板材类地面是利用各种预制块材或板材镶铺在基层地面上的地面。按材料分有陶瓷板块地面、石板地面、木地面。

1. 陶瓷板块地面

用于地面的陶瓷板块有缸砖、釉面砖、无釉防滑地砖、抛光同质地砖和陶瓷锦砖等类型。这类地面具有表面光洁、质地坚硬、耐压耐磨、抗风化、耐酸碱等特点。常用陶瓷地面砖的性能及适用场合，见表 11.3。

表 11.3　　　　　　　　　　　陶瓷地面砖的性能及适用场合

品　种	性　　能	适用场合
彩釉砖	吸水率不大于 10%，炻器材质，强度高，化学稳定性，热稳定性好，抗折强度不小于 20MPa	室内地面铺贴，以及室内外墙面装饰
釉面砖	吸水率不大于 22%，精陶材质，釉面光滑，化学稳定性良好，抗折强度不小于 17MPa	多用于厨房、卫生间
仿石砖	吸水率不大于 5%，质地酷似天然花岗岩，外观似花岗岩粗磨板或剁斧板；具有吸声、防滑和特别装饰功能，抗折强度不低于 25MPa	室内地面及外墙装饰，庭院小径地面铺贴及广场地面
仿花岗岩抛光地砖	吸水率不大于 1%，质地酷似天然花岗岩，外观似花岗岩抛光板，抗折强度不低于 27MPa	适用于宾馆、饭店、剧院、商业大厦、娱乐场所等室内大厅走廊的地面、墙面
瓷质砖	吸水率不大于 2%，烧结程度高，耐酸碱，耐磨度高，抗折强度不小于 25MPa	特别适用人流量大的地面、楼梯踏步的铺贴
劈开砖	吸水率不大于 8%，表面不挂釉的，其风格粗犷，耐磨性好，有釉面的则花色丰富，抗折强度大于 18MPa	室内外地面、墙面铺贴、釉面劈开砖不宜于室外地面
红地砖	吸水率不大于 8%，具有一定吸湿潮性	适宜地面铺贴

陶瓷板块地面的铺贴是在结构层找平的基础上，用 5～10mm 厚 1：1 水泥砂浆粘贴，必要时在砖块间留有一定宽度的灰缝，如图 11.13 所示。

2. 石板地面

石板地面包括天然石板地面和人造石板地面。

天然石板地面有花岗岩地面和大理石地面，它们具有很高的抗压性能，耐磨，色彩艳丽，属高档地面装饰材料。

天然石板地面的尺寸较大，铺设时需预先试铺，合适后再正式粘贴，粘贴表面的平整度要求较高。一般是用 30mm 厚 1：3～1：4 的干硬性水泥砂浆结合层黏结，板缝用稀水泥砂浆擦缝，如图 11.14 所示。

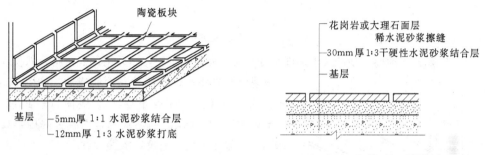

图 11.13　陶瓷板块地面　　　　　　　图 11.14　天然石板地面

人造石板有人造大理石板、预制水磨石板等，其构造做法与天然石板地面基本相同。

3. 木地面

木地面是由木板粘贴或铺钉形成面层的地面。木地面具有弹性良好、耐磨、不起尘，易清扫等特点。

木地面按面层的形式分为普通木地板、硬木条地板和拼花木地板等，为增加木地板的整体性，并避免木材变形引起的裂缝，木地板块之间需做拼缝处理，常用的拼缝形式如图 11.15 所示。

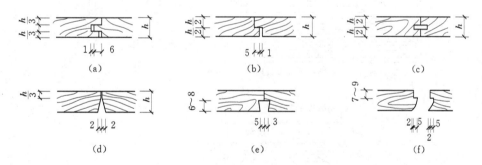

图 11.15　木地面拼缝形式（尺寸单位：mm）
(a) 企口；(b) 错口；(c) 销板；(d) 平口；(e) 裁口；(f) 企口

拼花木地板是用小块木条按一定规则拼接而成的一种硬木地板，小块木条可以现场拼装也可以在工厂预制成 200mm×200mm～400mm×400mm 的板块，然后运到工地粘贴或铺钉。拼花形式根据设计图案确定，如图 11.16 所示。

木地面按构造方式等粘贴式木地面、实铺式木地面和空铺式木地面。

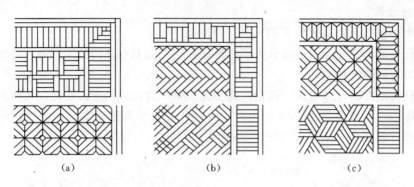

图 11.16 硬木地板拼花示例

（1）粘贴式木地面。粘贴式木地面是在基层上做好找平层，然后用环氧树脂、乳胶或热沥青等黏结材料将木板直接粘贴而制成的，如图 11.17 所示。为了防潮，可在找平层上涂热沥青一道或 20～30mm 厚沥青砂浆层。粘贴式木地面省去隔栅，具有防水耐蚀、施工方便、造价经济等特点。

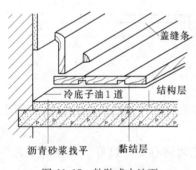

图 11.17 粘贴式木地面

（2）实铺式木地面。实铺式木地面是在混凝土垫层或钢筋混凝土结构层上每隔 400mm 铺设 50mm×60mm 的木隔栅，将木地板铺钉在隔栅上。地层地面为了防潮，需在基层和木隔栅的侧面、底面刷涂冷底子油和热沥青各一道。为保证潮气散发，还应在踢脚板上设置通风口。实铺式木地面有单层实铺式木地面和双层实铺式木地面，如图 11.18 所示。

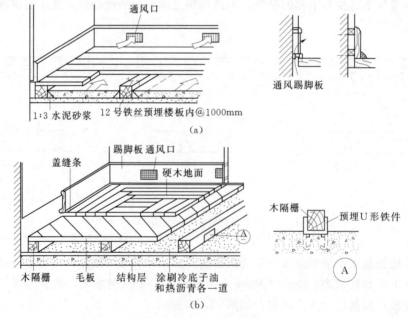

图 11.18 实铺式木地面

（a）单层木地板；（b）双层木地板

（3）空铺式木地面。空铺式木地面也称为架空式木地面，多用于底层地面。其做法是先砌筑地垄墙或砖墩，在其上搁置木隔栅，再做面层。隔栅与砖砌体之间应设垫木，垫木满涂沥青防腐。为增加整个地面的刚度，可根据需要在木隔栅间增设剪刀撑。为防止土壤中潮气和杂草生长，地垄间夯填100mm厚的灰土，空铺木地面应在勒脚和地垄墙上留出通风口，如图11.19所示。

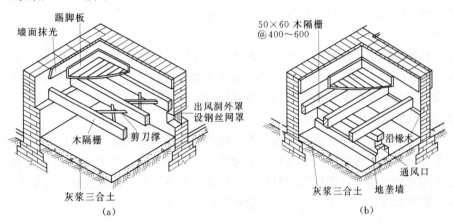

图 11.19　空铺木地面

11.2.4　卷材地面

常见的卷材地面有塑料地板地面、橡胶地毡地面和地毯地面等。

1. 塑料地板地面

塑料地板地面是用聚氯乙烯树脂塑料地板为饰面材料铺设的楼地面。塑料地板地面具有美观、耐磨、消声、柔韧性强、保暖、易清洗和有一定弹性等特点。

塑料地板按成品形状有卷材和块材；按厚度有薄地板和厚地板。

塑料地板铺贴前一般要求地面干燥，基层表面平整、坚硬结实、不空鼓、不起砂。塑料地板可以用胶黏剂与基层粘贴牢固，也可以和拼焊法将塑料地面接成整张地毡，不用胶黏剂空铺于找平层上，四周与墙身留有伸缩缝，以防地毡热胀拱起。塑料地面的拼焊是将拼接边切成斜口，用三角形塑料焊条和电热焊枪进行焊接，如图11.20所示。

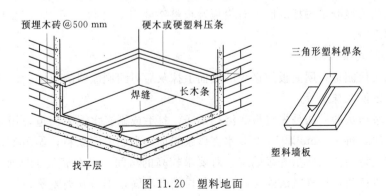

图 11.20　塑料地面

235

2. 橡胶地毡地面

橡胶地毡是以橡胶粉为基料,掺入软化剂经高温高压解聚后,加着色剂、补强剂,经混炼塑化、压制成卷的地面材料。这种材料具有弹性好、耐磨、消声、价格低廉等特点。

橡胶地毡地面施工时首先进行基层处理,要求水泥砂浆找平层平整、光洁、无灰尘和砂粒等。橡胶地毡地面可以干铺或用胶黏剂粘贴在找平层上。

3. 地毯地面

地毯的种类较多,按材料分有化纤地毯、人造纤维地毯、纯羊毛地毯等。地毯地面平整美观、柔软舒适,具有很强的吸引和室内装饰效果。地毯地面可直接干铺或固定铺置,固定铺法是用胶黏剂粘贴,四周用倒刺条或用带钉板条和金属条固定。

11.2.5 涂料地面

涂料地面是用涂料在水泥砂浆或混凝土地面的表面上涂刷或涂刮而成的地面。

目前常用的人工合成高分子涂料是由合成树脂代水泥或部分代替水泥,再加入填料、颜料等拌和而成的材料,经现场涂料施工,硬化后形成整体的涂料地面。它易于清洁、施工方便、造价较低,有一定的耐磨性、韧性和防水性能。

11.3 顶 棚 装 修 构 造

顶棚是屋面和楼板层下面的装饰层。顶棚的装饰处理能够改善室内的光环境、热环境和声环境,对室内艺术环境的创造和提高舒适度起着重要的作用。顶棚构造要满足耐久性、安全性要求,顶棚施工还应以安装方便、操作简单、省工省料为原则。对特殊房间还要具有防火、隔声、保温和隐蔽管线的功能。

按顶棚装饰面层与屋面、楼面结构基层的关系,顶棚分为直接式抹灰顶棚和悬吊式顶棚两大类。

11.3.1 直接式顶棚

直接式顶棚是指直接在屋面板、楼板等的底面直接进行喷刷、抹灰或粘贴壁纸等面层形成的顶棚。这种顶棚施工方便、造价低、构造层次少,能节省室内空间。

1. 直接喷刷顶棚

当室内对装饰要求不高时,可在屋面板或楼板的底面上直接用浆料喷刷,形成直接喷刷顶棚。当钢筋混凝土楼板的底面有模板及板缝空隙时,必须先用1:3水泥砂浆填缝抹平,再喷刷涂料。

2. 直接抹灰顶棚

直接抹灰顶棚是在屋面板或楼板的底面上抹灰后再喷刷涂料的顶棚。常用抹灰有水泥砂浆抹灰和纸筋灰抹灰等。

水泥砂浆抹灰的做法是先将板底清扫干净,打毛或刷素水泥浆一道,用5mm厚1:3水泥砂浆打底,再用5mm厚1:2.5水泥砂浆粉面,最后喷刷涂料,如图11.21所示。抹灰的遍数按设计的抹灰质量等级确定。对要求较高的房间,可在底板下增加一层钢丝网,在钢丝网上再抹灰,这种做法强度高,抹灰层结合牢固,不易开裂脱落。

3. 贴面顶棚

贴面顶棚是在屋面板或楼板的底面上用砂浆打底找平,然后用胶黏剂粘贴壁纸、泡沫塑料板、铝塑板或装饰吸音板等,形成贴面顶棚,如图 11.22 所示。

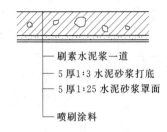

图 11.21　水泥砂浆抹灰顶棚
(尺寸单位: mm)

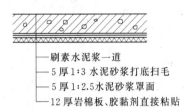

图 11.22　贴面顶棚
(尺寸单位: mm)

11.3.2 悬吊式顶棚

悬吊式顶棚又称吊顶,是指悬挂在屋面板或楼板下,由骨料和面板组成的顶棚。吊顶能美化室内环境,遮挡结构构件和各种管线、设备、灯具,并满足室内保温、隔热、防火等要求,吊顶对施工技术要求较高、造价较高。

1. 悬吊式顶棚的组成

悬吊式顶棚由吊筋、龙骨和面层三部分组成。

(1) 吊筋。吊筋是连接龙骨与楼板的承重传力构件。其作用是承受吊顶面层和龙骨的荷载,并将这一荷载传递给屋面板、楼板或屋架等构件;利用吊筋还能调节吊顶的悬挂高度,满足不同的吊顶要求。

吊筋的材料和形式与吊顶的荷载和龙骨形式有关,常用的吊筋有直径不小于 4~6mm 的圆钢,也可采用 40mm×40mm 或 50mm×50mm 的方木。

吊筋与屋面板或楼板的连接固定方式有预埋钢筋锚固、预埋锚件锚固、膨胀螺栓锚固和射钉锚固等,如图 11.23 所示。

(2) 龙骨。龙骨又称隔栅。龙骨与吊筋连接,承担吊顶的面层荷载,并为面层装饰板提供安装节点。吊顶龙骨一般由主龙骨、次龙骨和小龙骨组成。主龙骨由吊筋固定在屋面板或楼板等构件上,次龙骨固定在主龙骨上,小龙骨固定在次龙骨上并起支承和固定面板的作用,龙骨按材料有木龙骨和金属龙骨,常用的金属龙骨有铝合金龙骨和轻钢龙骨。龙骨断面的大小,应根据结构计算确定。

(3) 面层。吊顶的面层分为抹灰类、板材类和隔栅类。其作用是装饰室内空间,满足使用功能。抹灰面层为湿作业,有板条抹灰、板条钢丝网抹灰等;板材面层有木质板、防火石膏板、铝合金板等。隔栅类面层吊顶也称为开敞式吊顶,有木隔栅、金属隔栅和灯饰隔栅等。隔栅类吊顶具有既遮又透的效果,可减少吊顶的压抑感。

2. 金属龙骨吊顶构造

金属龙骨吊顶具有自重轻、刚度大、防火性能好、施工速度快等特点,应用较为广泛。

(1) 铝合金龙骨吊顶构造。铝合金龙骨吊顶根据面层与骨架的关系,分为明装系统和

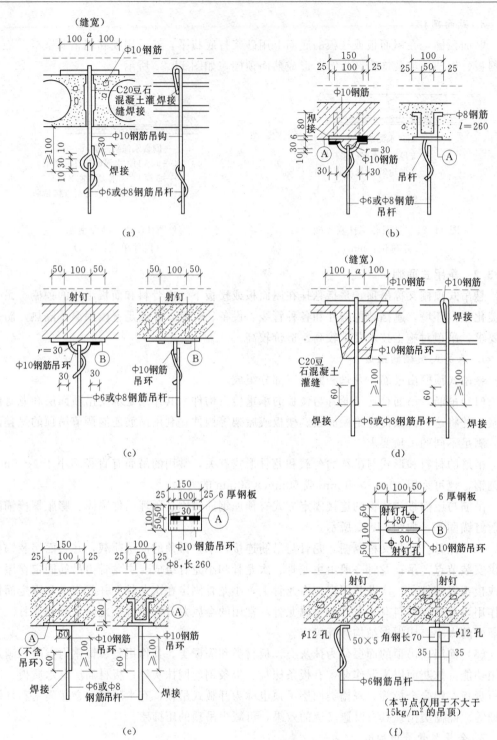

图 11.23 吊筋的固定（尺寸单位：mm）

(a) 吊杆插入板缝；(b) 吊杆绕于半圆环上；(c) 吊杆绕于半圆环上；(d) 吊杆焊于吊筋上；

(e) 吊杆焊于埋件上；(f) 吊杆绕于埋件上

暗装系统。明装系统铝合金吊顶是将面板直接搁置在骨架内，铝合金骨架部分外露；暗装系统铝合金吊顶是将面层固定在龙骨外侧，龙骨隐蔽在面层内。

明装 T 形铝合金龙骨吊顶构造，如图 11.24 所示。

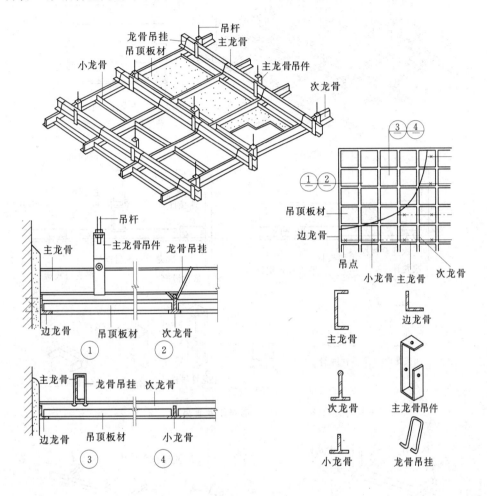

图 11.24　明装 T 形铝合金龙骨吊顶

（2）轻钢龙骨吊顶构造。轻钢龙骨吊顶的轻钢龙骨截面形式多为 U 形。一般在主龙骨下悬吊次龙骨，为铺钉装饰面板和保证龙骨的整体刚度，可在龙骨之间增设横撑，并根据面板类型和规格确定间距，面层板材用自攻螺丝固定或直接搁置在龙骨上。U 形轻钢龙骨吊顶构造，如图 11.25 所示。

3. 木龙骨吊顶构造

木龙骨吊顶通常由主龙骨和次龙骨组成。主龙骨钉接或栓接于吊筋上，主龙骨底部钉装次龙骨，次龙骨一般沿纵横双向布置，间距应根据材料规格确定，面层板材一般用木螺丝或圆钢钉固定在次龙骨上。木质吊顶构造，如图 11.26 所示。

239

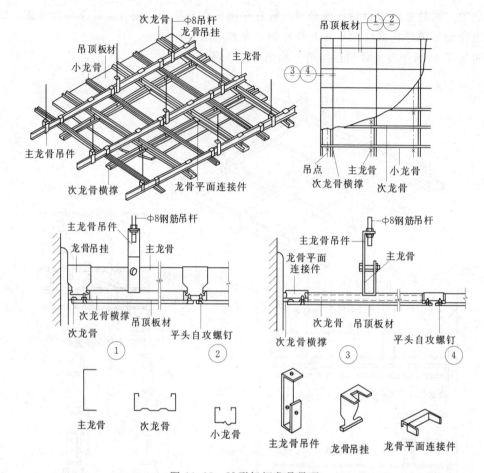

图 11.25　U 形轻钢龙骨吊顶

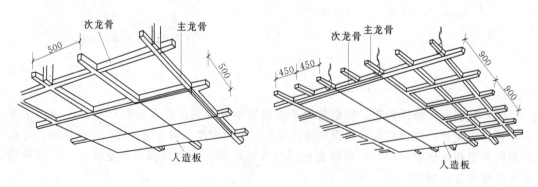

图 11.26　木质吊顶的构造（尺寸单位：mm）

本 章 小 结

（1）墙面装修对墙体有保护作用，可以改善墙体的使用功能，并提高建筑物的艺术效果。

墙面装修的类型有室外装修和室内装修，按材料和施工方式的不同又有抹灰类墙面装修，涂料类墙面装修，贴面类墙面装修，铺钉类墙面装修，裱糊类墙面装修，幕墙装修等。不同装修方式有其不同构造组成和做法。

（2）地面装修要求有足够的刚度，良好的吸声、消声和隔声性能，要满足保温要求，对有水作用的房间，地面应做好防水、防潮，还要满足室内装饰的美观要求。

地面装修按材料和构造做法有整体类地面、板材类地面、卷材地面、涂料地面等形式。

（3）顶棚是屋面和楼板层下面的装饰层，顶棚的装饰处理能够改善室内的光环境、热环境和声环境。

顶棚装修按装饰面层与屋面楼面结构基层的关系，可分为直接抹灰顶棚和悬吊式顶棚两大类。

思 考 题

11.1 墙面装修的作用是什么？墙面装修有哪些类型？

11.2 抹灰类墙面装修的组成是什么？常用做法有哪些？

11.3 贴面类墙面装修常用的饰面材料有哪些？常用做法是什么？

11.4 涂料类墙面装修的构造组成是什么？涂料的类型有哪些？

11.5 裱糊类墙面装修的施工方法是什么？

11.6 铺钉类墙面装修的构造组成是什么？

11.7 玻璃幕墙装修中，常用的幕墙结构类型有哪些？

11.8 地面装修构造要求是什么？

11.9 整体类地面有哪些类型？其做法是什么？

11.10 板材类地面有哪些常用做法？

11.11 常见卷材类地面有哪些？

11.12 直接式抹灰顶棚的做法是什么？

11.13 悬吊式顶棚的构造组成是什么？

第12章 工业建筑构造

教学要求：

要求掌握工业建筑的分类，单层厂房的结构类型、组成和厂房内部的起重运输设备；掌握柱网尺寸的含义及单层厂房纵横向定位轴线的定位方法；掌握单层工业厂房主要结构构件的作用、位置与构造；了解外墙的类型与构造，屋面类型、组成及排水、防水构造，了解矩形天窗、侧窗、大门、梯、地面、地沟等组成部分的构造。

12.1 工业建筑概述

工业建筑是为满足工业生产需要而建造的各种不同用途的建筑物和构筑物的总称。直接用于工业生产的建筑物称为工业厂房，人们按生产工艺过程在其中进行各类工业产品的加工和制造。通常把按生产工艺要求完成某些工序或单独生产某些产品的单位称为生产车间。此外，还有作为生产辅助设施的构筑物，如烟囱、水塔、冷却塔、各种管道支架等。

12.1.1 工业建筑的分类

工业建筑通常按厂房的用途、层数和内部生产状况进行分类。

1. 按厂房的用途分类

（1）主要生产厂房。指各类工厂的主要产品从备料、加工到装配等主要工艺流程的厂房，如机械制造厂的机械加工与机械制造车间，钢铁厂的炼钢、轧钢车间。在主要生产厂房中常常有较大的生产设备和起重运输设备。

（2）辅助生产厂房。为生产服务的厂房，如机修车间、工具车间、模型车间等。

（3）动力用厂房。为全厂提供能源和动力的厂房，如发电站、锅炉房、氧气站等。

（4）储存用房。为生产提供存储原料、半成品、成品的仓库，如炉料、油料、半成品、成品库房等。

（5）运输工具用房。为生产或管理用车辆的存放与检修的房屋，如汽车库、机车库等。

（6）其他。如解决厂房给水、排水问题的水泵房、污水处理站等。

2. 按车间内部生产状况分类

（1）冷加工车间。在常温状态下进行生产的车间，如机械加工车间、金工车间等。

（2）热加工车间。在高温和熔化状态下进行生产的车间，生产中散发大量余热、烟雾、灰尘、有害气体，如铸造、锻压、冶炼、热轧、热处理等车间。

（3）恒温恒湿车间。在恒温（20℃左右）、恒湿（相对湿度在 50%～60%）条件下进行生产的车间，如精密机械车间、纺织车间等。

（4）洁净车间。要求在高度洁净的条件下进行生产，防止大气中的灰尘及细菌的污染，如药品车间、集成电路车间等。

(5) 其他特种状况的车间。产品生产对环境有特殊需要的车间，如防爆、防腐蚀、防放射性物质、防电磁波干扰等车间。

3. 按厂房层数分类

(1) 单层厂房 (图 12.1)。只有一层的厂房，适用于生产工艺流程以水平运输为主，有大型设备及加工件、大型起重运输设备及较大动荷载的厂房。广泛用于机械、冶金等工业。

(2) 多层厂房 (图 12.2)。二层及二层以上的厂房，适用于竖向布置生产工艺流程，设备及产品较轻的厂房。主要用于电子、精密仪表、轻工、食品等工业。

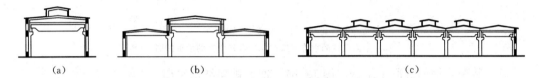

(a)　　　　　　　(b)　　　　　　　(c)

图 12.1　单层厂房

(a) 单跨；(b) 高低跨；(c) 等高多跨

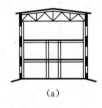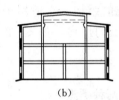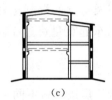

(a)　　　　　　　(b)　　　　　　　(c)

图 12.2　多层厂房

(3) 混合层数的厂房 (图 12.3)。在同一厂房内既有单层又有多层，主要用于化工、电力等工业。

12.1.2　单层工业厂房的结构类型和构造组成

12.1.2.1　单层工业厂房的结构类型

单层工业厂房的结构类型主要有墙承重结构、排架结构和刚架结构等形式。

1. 墙承重结构 (图 12.4)

墙承重结构采用砖墙、砖柱承重，屋架

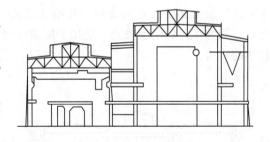

图 12.3　混合层次的厂房

采用钢筋混凝土屋架或木屋架、钢木屋架。这种结构构造简单、造价低、施工方便，但承载力低，只适用于无吊车或吊车荷载小于 5t 的厂房及辅助性建筑，其跨度一般在 15m 以内。

2. 排架结构

排架结构是目前单层厂房中最基本的、应用比较普遍的结构形式。它的特点是把屋架看作一个刚度很大的横梁，屋架与柱子的连接为铰接，柱子与基础的连接为刚接 (图 12.5)。排架结构的优点是整体刚度好，稳定性强。排架结构厂房按其用料不同主要有两种类型：

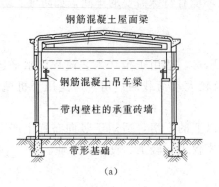
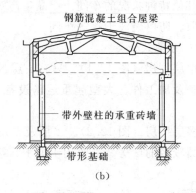

图 12.4 墙承重结构

(a) 带内壁柱的承重砖墙；(b) 带外壁柱的承重砖墙

（1）装配式钢筋混凝土结构（图 12.6）。这类排架结构采用的是钢筋混凝土或预应力钢筋混凝土构件，跨度可达 30m，高度可达 20m 以上，吊车起吊重量可达 150t，适用范围很广。

（2）钢屋架与钢筋混凝土柱组成的结构。它适用于跨度在 30m 以上、吊车起重量可达 150t 以上的厂房，如图 12.7 左部分所示。

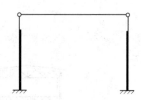

图 12.5 排架结构

3. 刚架结构

刚架结构厂房按材料不同主要有两种类型：

（1）装配式钢筋混凝土门式刚架（图 12.8）。这种结构是将屋架（或屋面梁）与柱子合并为一个构件，柱子与屋架（或屋面梁）的连接处为刚接，柱子与基础一般为铰接。目前单层厂房中常用的是两铰和三铰刚架形式。其优点是梁柱合一，构件种类少，结构轻巧，空间宽敞，但刚度较差，适用于屋盖较轻的无桥式吊车或吊车吨位不大、跨度和高度较小的厂房。

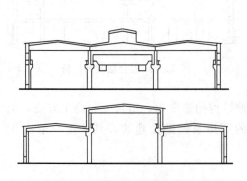

图 12.6 装配式钢筋混凝土结构

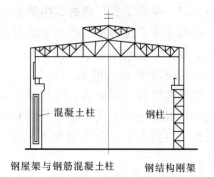

图 12.7 钢屋架结构

（2）钢结构刚架。这种结构的主要构件（屋架、柱、吊车梁等）都用钢材制作。屋架与柱做成刚接，以提高厂房的横向刚度。这种结构承载力大，抗震性能好，但耗钢量大，耐火性能差，适用于跨度较大、空间较高、吊车起重量大的重型和有振动荷载的厂房，如炼钢厂等，见图 12.7 右部分。

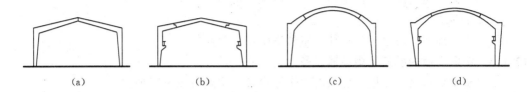

图 12.8 装配式钢筋混凝土门式刚架结构

(a) 人字形刚架；(b) 带吊车的人字形刚架；(c) 弧形拱刚架；(d) 带吊车弧形拱刚架

12.1.2.2 单层工业厂房的构造组成

装配式钢筋混凝土排架结构在单层工业厂房中应用较为广泛，如图 12.9 所示。现以之为例来说明单层厂房的构造组成。

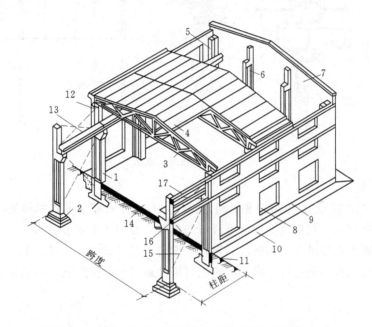

图 12.9 装配式钢筋混凝土排架结构单层厂房的构造组成

1—柱；2—基础；3—屋架；4—屋面板；5—端部柱；6—抗风柱；7—山墙；8—窗洞口；9—勒脚；
10—散水；11—基础梁；12—外纵墙；13—吊车梁；14—地面；15—柱间支撑；16—连系梁；17—圈梁

1. 承重结构

单层厂房的承重结构由三部分组成：

(1) 横向排架。由基础、柱、屋架（或屋面梁）组成，它承受厂房的各种荷载。

(2) 纵向连系构件。由基础梁、连系梁、吊车梁、大型屋面板等组成。它们将横向排架连成一体，构成了坚固的骨架系统，保证了横向排架的稳定性和厂房的整体性；纵向连系构件还承受作用在山墙上的风荷载及吊车纵向制动力，并将它传给柱子。

(3) 支撑系统。为了保证厂房的刚度，还设置屋架支撑、柱间支撑等支撑系统。

2. 围护构件

单层工业厂房的围护构件包括外墙、屋顶、地面、门窗、天窗等。

3. 其他构造

如散水、地沟、坡道、吊车梯、室外消防梯、隔断等。

12.1.3 单层厂房内部的起重运输设备

吊车是单层厂房中使用广泛的起重运输设备,主要有以下三种。

1. 单轨悬挂式吊车

单轨悬挂式吊车(图 12.10)由电葫芦(即滑轮组)和工字形钢轨组成。工字形钢轨悬挂在屋架下弦,电葫芦装在钢轨上,按钢轨线路运行及起吊。单轨悬挂吊车的起重量一般不超过 5t。由于钢轨悬挂在屋架下弦,因此要求屋盖结构有较高的强度和刚度。

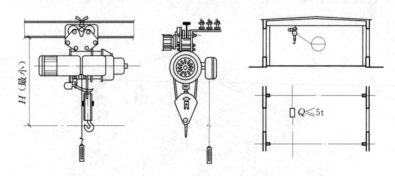

图 12.10　单轨悬挂式吊车

2. 梁式吊车

梁式吊车(图 12.11)由梁架和电葫芦组成,有悬挂式和支承式两种类型。悬挂式是在屋架下弦悬挂双轨,在双轨上设置可滑行的单梁,在单梁上安装电葫芦。支承式吊车是在排架柱的牛腿上安装吊车梁和钢轨,钢轨上设可滑行的单梁,单梁上安装滑轮组。梁式吊车的单梁可按轨道纵向运行,梁上滑轮组可横向运行和起吊重物,起重幅面较大,但起重量不超过 5t。

3. 桥式吊车

桥式吊车(图 12.12)由桥架和起重小车(或称行车)组成。通常在排架柱的牛腿上设置吊车梁,梁上安放轨道,上设桥架沿轨道纵向行驶。在桥架上设置起重小车,小车沿桥架上的轨道横向运行,小车上有供起重用的滑轮组。桥式吊车起重幅度较大,起重量也较大,起重范围为 5~400t。桥式吊车一般由专职人员在桥架一端的司机室内操纵,厂房内应设置供人员上下的钢梯。

12.1.4 单层工业厂房的定位轴线

单层厂房定位轴线是确定厂房主要承重构件位置及其标志尺寸的基准线,同时也是施工放线和设备安装的依据。定位轴线有纵向和横向之分。通常,与厂房横向排架平面相平行的称为横向定位轴线,与横向排架平面相垂直的称为纵向定位轴线。

1. 柱网尺寸

厂房柱网是确定承重柱位置的定位轴线在平面上排列所形成的网格。定位轴线的划分

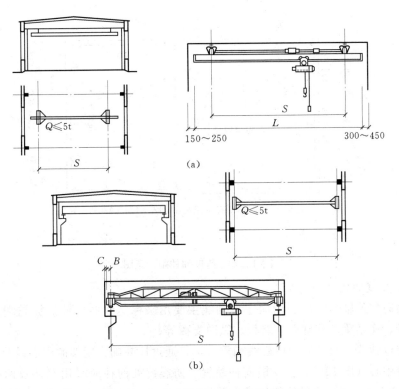

图 12.11　梁式吊车（尺寸单位：mm）

（a）悬挂式梁式吊车；（b）支承式梁式吊车

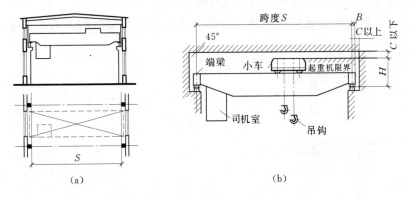

图 12.12　电动桥式吊车

（a）平、剖面示意；（b）吊车安装尺寸

是在柱网布置的基础上进行的。因为承重柱纵向定位轴线间的距离是跨度，横向定位轴线间的距离是柱距，所以，厂房柱网尺寸实际上是由跨度和柱距组成的。

　　柱网尺寸的选择与生产工艺、建筑结构、材料等因素密切相关，并应符合《厂房建筑模数协调标准》（GBJ 6—86）中的规定（图 12.13）。厂房的跨度在 18m 或 18m 以下时，应采用扩大模数 30M 数列；在 18m 以上时，应采用扩大模数 60M 数列。单层厂房的柱距应采用扩大模数 60M 数列，一般采用 6m；厂房山墙处抗风柱柱距宜采用扩大模数 15M 数列。

247

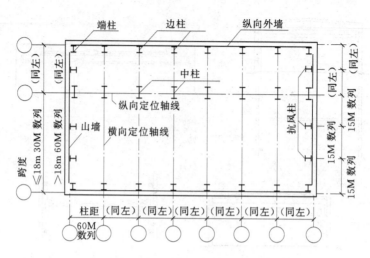

图 12.13 跨度和柱距示意图

2. 定位轴线的定位

（1）横向定位轴线。厂房横向定位轴线主要用来标定纵向构件的标志端部，如屋面板、吊车梁、连系梁、基础梁、墙板、纵向支撑等。

横向定位轴线一般与柱的中心线相重合，且通过柱基础、屋架的中心线及各纵向连系构件的接缝中心（图 12.14）。在横向伸缩缝、防震缝处的柱应采用双柱及两条横向定位轴线（图 12.15）。两定位轴线间加插入距 a_i，a_i 应等于伸缩缝或防震缝的宽度 a_e。柱的中心线均应从定位轴线向两侧各移 600mm。在非承重墙山墙处，横向定位轴线应与墙内缘相重合，且端部柱的中心线应自定位轴线向内移 600mm（图 12.16）。在砌体承重山墙处，墙内缘与横向定位轴线间的距离应分别为半块或半块砌块的倍数或墙厚的一半（图12.17）。

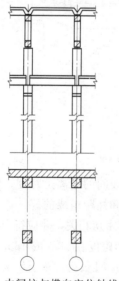

图 12.14 中间柱与横向定位轴线的定位

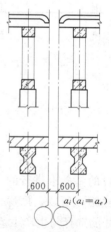

图 12.15 横向变形缝处柱与横向定位轴线的定位
（尺寸单位：mm）

a_i—插入距；a_e—变形缝宽度

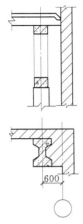
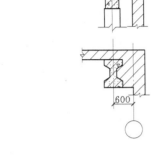

图 12.16　非承重山墙与横向定位轴线的定位
（尺寸单位：mm）

图 12.17　承重山墙与横向
定位轴线的定位

（2）纵向定位轴线。纵向定位轴线主要用来标定屋架等横向构件的标志端部。厂房纵向定位轴线的定位应视其位置不同而具体确定。

1）外墙、边柱与纵向定位轴线的定位：在有吊车的厂房中，为使吊车规格与厂房结构相协调，规定二者的关系为：

$$S = L - 2e$$

式中　L——厂房跨度，即纵向定位轴线间的距离；

　　　S——吊车跨度，即吊车轨道中心线间的距离；

　　　e——吊车轨道中心线至定位轴线间的距离（一般为 750mm，当构造需要或吊车起重量大于 75t 时为 1000mm）。

从图 12.18 中可以看出，e 值是由上柱截面高度 h、吊车侧方宽度尺寸 B（即轨道中心线至吊车端部外缘的距离），以及吊车侧方间隙 C_b（吊车运行时，吊车端部与上柱内缘间的安全间隙尺寸）等因素确定的。在实际工程中，由于各种条件的不同，外墙、边柱与纵向定位轴线的定位可出现封闭结合或非封闭结合两种情况。

封闭结合指纵向定位轴线与边柱外缘、外墙内缘三者相重合的定位方法 ［12.19 (a)］。这样确定的轴线称为"封闭轴线"，此时 $e - (h + B) \geqslant C_b$。这种定位方法，采用整数块标准屋面板，即可铺到屋架的标志端部，屋面板与外墙内表面之间无缝隙，构造简单、施工方便。适用于无吊车或只设悬挂式吊车的厂房，以及柱距为 6m、吊车起重量不超过 20/5t 的厂房。

非封闭结合指纵向定位轴线与柱外缘、墙内缘不相重合，中间出现联系尺寸的定位方法 ［图 12.19 (b)］。当柱距为 12m、吊车起重量不小于 30t 或上柱截面高度 $h \geqslant 500mm$ 时，都可能导致 $e - (h + B) < C_b$，如采用封闭结合，不能满足吊车运行所需的安全间隙。此时，需将边柱的外缘从定位轴线向外推移，即边柱外缘与定位轴线之间增设联系尺寸 a_c，使 $(e + a_c) - (h + B) \geqslant C_b$，以满足吊车运行所需的安全间隙。当外墙为墙板时，$a_c$ 应为 300mm 或其整数倍；当外墙为砌体结构时，a_c 可采用 50mm 或其整数倍。

2）中柱与纵向定位轴线的定位：等高跨厂房中柱无变形缝时宜设单柱和一条纵向定

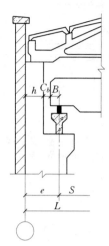

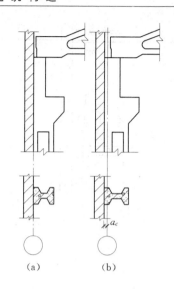

图 12.18　吊车跨度与厂房跨度的关系
h—上柱截面高度；B—吊车侧方尺寸；C_b—吊车侧方间隙

图 12.19　外墙、边柱与纵向定位轴线的定位
(a) 封闭结合；(b) 非封闭结合

位轴线，柱的中心线宜与纵向定位轴线相重合 [图 12.20 (a)]。如出现边柱采用非封闭结合或有其他构造要求需设置插入距时，中柱可采用单柱、两根纵向定位轴线 [图 12.20 (b)]。柱中心线宜与插入距中心线相重合。其插入距 a_i 应采用 300mm 或其整数倍。当外墙为砌体结构时，a_i 可采用 50mm 或其整数倍。

当等高跨厂房设有纵向伸缩缝时，采用单柱并设两条纵向定位轴线。伸缩缝一侧的屋架或屋面梁应搁置在活动支座上，两轴线间插入距 a_i 等于伸缩缝宽 a_e（图 12.21）。等高跨厂房需设置纵向防震缝时，应采用双柱及两条纵向定位轴线。其插入距 a_i 应根据防震缝的宽度及两侧是否封闭结合，分别等于 a_e，或 a_e+a_c，或 $a_c+a_e+a_c$，如图 12.22 (a)、(b)、(c) 所示。

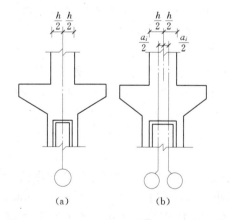
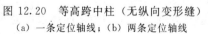

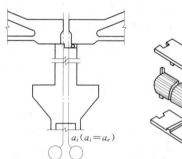

顶板焊在屋架端头下

钢轴

底板焊在柱顶上

图 12.20　等高跨中柱（无纵向变形缝）
(a) 一条定位轴线；(b) 两条定位轴线

图 12.21　等高跨中柱（有纵向伸缩缝）的纵向定位轴线
a_e—伸缩缝宽；a_i—插入距

不等高跨中柱无变形缝时，根据高跨是否采用封闭结合，以及封墙与低跨屋面位置的高低等，分别采用单柱单轴线或单柱双轴线的几种定位方法，如图 12.23 (a)、（b）、

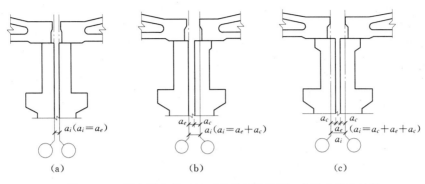

图 12.22　等高跨中柱双柱（有纵向防震缝）的纵向定位轴线

a_i—插入距；a_e—防震缝宽；a_c—联系尺寸

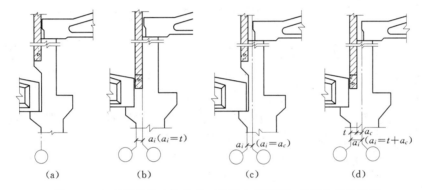

图 12.23　不等高跨中柱单柱（无纵向变形缝）的纵向定位轴线

a_i—插入距；t—封墙厚度；a_c—联系尺寸

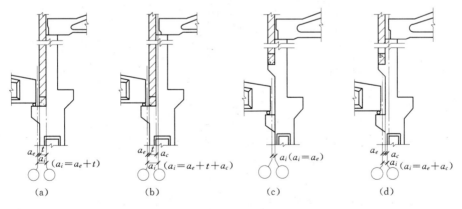

图 12.24　不等高跨中柱单柱（有纵向伸缩缝）的纵向定位轴线

a_i—插入距；a_e—伸缩缝宽；t—封墙厚度；a_c—联系尺寸

（c）、（d）所示。

　　不等高跨中柱设纵向伸缩缝时，采用单柱双定位轴线，同时，低跨的屋架或屋面梁应搁置在活动支座上。其插入距 a_i 根据封墙位置的高低及高跨是否封闭，分别为 $a_i=a_e$，或 $a_i=a_e+t$，或 $a_i=a_e+a_c$，或 $a_i=a_e+t+a_c$（图 12.24）。不等高跨中柱处设纵向防震缝时，应采用双柱和两条纵向定位轴线的定位方法，如图 12.25 所示。

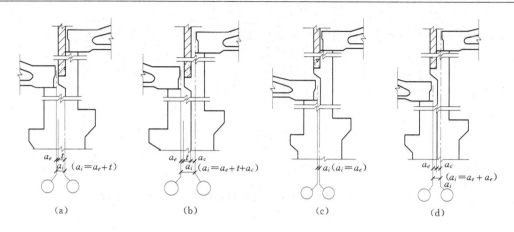

图 12.25　不等高跨中柱双柱（有纵向防震缝）的纵向定位轴线

a_i—插入距；a_e—防震缝宽；t—封墙厚度；a_c—联系尺寸

3. 纵横跨相交处定位轴线的定位

在有纵横跨的厂房中，纵横跨交接处应设变形缝，使两侧结构各自独立，所以纵横跨分别有各自的柱列和定位轴线，形成双柱、双定位轴线。纵横跨分别遵循各自的定位原则，先按山墙处柱横向定位轴线及边柱纵向定位轴线的定位方法定位，然后再组合起来。其插入距 a_i 应视单墙或双墙、封墙材料，以及横跨是否封闭结合和变形缝的跨度等因素确定，如图 12.26 所示。

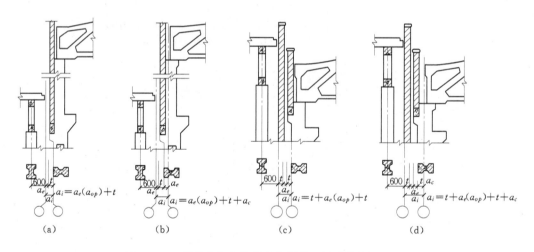

图 12.26　纵横跨相交处的定位轴线（尺寸单位：mm）

(a)、(b) 单墙方案；(c)、(d) 双墙方案

12.2　单层工业厂房的主要结构构件

12.2.1　基础与基础梁

1. 基础

基础承受厂房结构的全部荷载，并传给地基，是工业厂房的重要构件之一。

装配式钢筋混凝土单层排架结构厂房的基础，一般采用独立基础，最常见的形式为杯形基础。杯形基础的剖面形状一般为椎形或阶梯形，顶部预留杯口，以便于插入预制柱并加以固定（图 12.27）。杯形基础的构造要点如下。

（1）材料。基础所用的混凝土强度等级一般不低于 C15，钢筋采用 HPB235 或 HRB335 级钢筋。基础底面通常要先浇灌 100mm 厚 C7.5 的素混凝土垫层，垫层宽度一般比基础底面每边宽出 100mm，以便于施工放线和保护钢筋。

（2）杯口尺寸及安装构造。为了便于柱的安装，杯口顶应比柱子每边大出 75mm，杯口底应比柱子每边大出 50mm，杯口深度按结构要求确定。杯口底面与柱底面之间应预留 50mm 找平层，在柱子就位前用高强度等级的细石混凝土找平。杯口与四周缝隙用 C20 细石混凝土填实。基础杯口底面厚度一般应不小于 200mm，基础杯壁厚度应不小于 200mm。

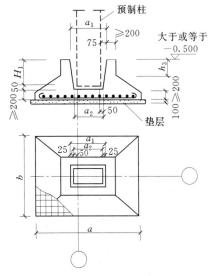

图 12.27　杯形基础
（高程单位：m；尺寸单位：mm）

（3）杯口顶面标高。基础杯口顶面标高一般应在室内地坪以下至少 500mm。

2. 基础梁

在装配式钢筋混凝土排架结构的厂房中，墙体是仅起围护和分隔作用的自承重墙，一

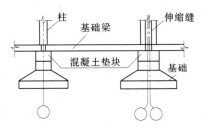

图 12.28　基础梁的支承

般设置基础梁来承受墙体的荷载，并将两端搁置在基础杯口上再传到杯形基础上去（图 12.28）。这样做，可以防止因两者不均匀沉降而导致的墙体开裂。基础梁的构造要点如下。

（1）基础梁的形状。基础梁的截面形状常用倒梯形，因为倒梯形基础梁的预制较为方便，可利用已制成的梁为模板（图 12.29）。

（2）基础梁的位置。为了不影响开门并兼起防潮层的作用，基础梁顶面标高应低于室内地坪至少 50mm，高于室外地坪至少 100mm（图 12.30）。

（3）基础梁的搁置方式。基础梁搁置在杯形基础顶面的方式应视基础的埋深而定（图 12.31）。

（4）基础梁下的回填土构造。为了使基础梁与柱基础一起沉降，基础梁下的回填土要虚铺，并留有 50～100mm 的空隙。寒冷地区要铺设较厚的干砂或炉渣等松散材料，以防地基土冻胀将基础梁及墙体顶裂。

12.2.2　柱

在装配式钢筋混凝土排架结构单层厂房中，柱有排架柱和抗风柱两类。

排架柱主要承受屋盖和吊车梁及部分外墙等传来的垂直荷载，以及风荷载和吊车制动

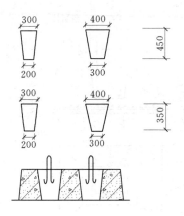

图 12.29 基础梁截面形式 (G320、CG420)
(尺寸单位: mm)

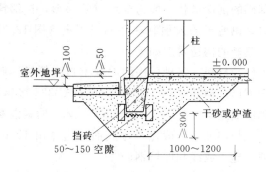

图 12.30 基础梁的位置与回填土构造
(尺寸单位: mm)

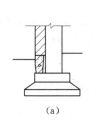 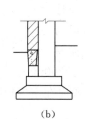 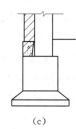 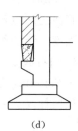

| (a) | (b) | (c) | (d) |

图 12.31 基础梁的搁置方式
(a) 放在柱基础顶面; (b) 放在混凝土垫块上; (c) 放在高杯口基础上; (d) 放在柱牛腿上

力等水平荷载, 是厂房结构的主要承重构件之一。

1. 柱的截面形式

如图 12.32 所示, 钢筋混凝土柱可分为单肢柱和双肢柱两类。单肢柱的截面形式有矩形、工字形、单管圆形。双肢柱是由两肢矩形截面或圆形截面柱用平腹杆或斜腹杆连接而成。矩形柱外型简单、施工方便, 但自重大, 材料消耗多, 主要用于截面尺寸较小的柱。工字形柱与矩形柱相比, 自重轻, 节省材料, 受力较合理, 但外形复杂、制作麻烦, 一般

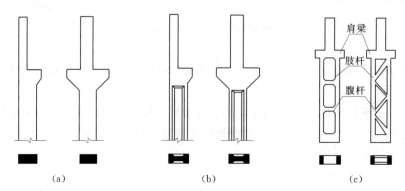

| (a) | (b) | (c) |

图 12.32 钢筋混凝土柱
(a) 矩形柱; (b) 工字形柱; (c) 双肢柱

用于截面尺寸较大的柱。当厂房高度很高或吊车起重量较大时，采用双肢柱较为经济合理。双肢柱的每个单肢主要承受轴向压力，能充分发挥混凝土的强度。双肢间便于通过管道，节省空间，但施工时支模较复杂。

2. 柱的构造

（1）柱截面的构造尺寸与外形要求。一般工字形柱的翼缘厚度不宜小于80mm，腹板厚度不宜小于60mm，否则浇捣混凝土操作困难，同时，过薄在运输和安装过程中容易碰坏。为了加强吊装和使用时的整体刚度，在柱与吊车梁、柱间支撑连接处、柱顶处、柱脚处均应做成矩形截面，如图12.33所示。

（2）柱的预埋件。柱的预埋件是指预先埋设在柱身上与其他构件连接用的各种铁件（如钢板、螺栓及锚拉钢筋等）。图12.34为柱的预埋件图，图中：

M—1 与屋架焊接；   M—2、M—3 与吊车梁焊接；

M—4 与上柱支撑焊接；   M—5 与下柱支撑焊接；

2φ6 预埋钢筋与砖墙锚拉；   2φ12 预埋钢筋与圈梁锚拉。

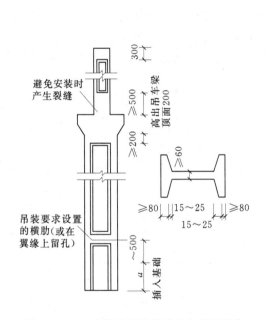

图 12.33　工字形柱的构造尺寸和外形要求
（尺寸单位：mm）

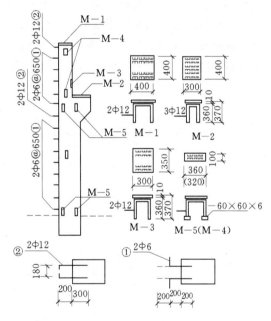

图 12.34　柱的预埋件
（尺寸单位：mm）

12.2.3 屋盖

屋盖由承重构件和覆盖构件组成。承重构件有屋架和屋面梁，覆盖构件有屋面板和檩条等。

单层厂房屋盖结构根据其构件布置不同分为无檩体系和有檩体系两类（图12.35）。无檩体系是将大型屋面板直接焊接在屋架或屋面大梁上，在一般单层厂房中最常用。有檩体系是将各种小型屋面板搁置在檩条上，檩条支承在屋架或屋面梁上，用于轻型厂房。

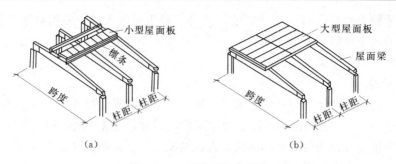

图 12.35　屋盖结构的形式

(a) 有檩体系；(b) 无檩体系

1. 屋面梁与屋架

屋面梁与屋架直接承受屋面荷载和安装在屋架上的悬挂吊车、管道及其他工艺设备的重量以及天窗架等荷载。屋架和柱、屋面板连接起来，使厂房构成一个整体的空间结构，对于保证厂房的空间刚度起着重要作用。除了跨度很大的重型车间和高温车间采用钢屋架之外，一般多采用钢筋混凝土屋面梁和屋架。

(1) 屋面梁。屋面梁主要用于跨度较小的厂房，有单坡和双坡之分，单坡仅用于边跨。截面有 T 形和工字形两种，因腹板较薄故常称其为薄腹梁（图 12.36）。屋面梁的特点是形状简单，制作和安装较方便，重心低、稳定性好，屋面坡度较平缓，但自重较大。

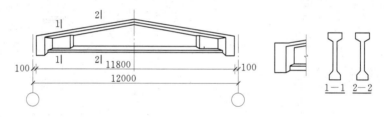

图 12.36　预应力钢筋混凝土工字形屋面梁（尺寸单位：mm）

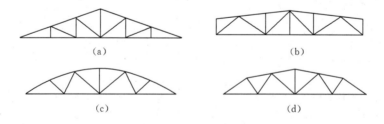

图 12.37　桁架式屋架的外形

(a) 三角形屋架；(b) 梯形屋架；(c) 拱形屋架；(d) 折线形屋架

(2) 屋架。

1) 屋架的类型：钢筋混凝土屋架按其形式不同，有两铰拱或三铰拱屋架以及桁架式屋架两大类。当厂房跨度较大时，采用桁架式屋架较经济。桁架式屋架外形通常有三角形、梯形、拱形、折线形等几种，如图 12.37 所示。

2) 屋架的端部形式：屋架端部形式按檐口及中间天沟的排水方式不同，分为自由落水、外天沟及内天沟等三种节点形式，如图 12.38 所示。

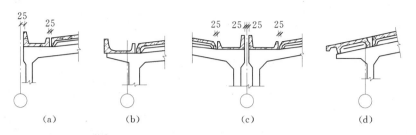

图 12.38 屋架的端部形式（尺寸单位：mm）

(a) 内天沟；(b) 外开沟；(c) 中间天沟；(d) 自由落水

3）屋架与柱的连接：屋架与柱的连接有螺栓连接和焊接两种方法，目前多采用焊接的方式，如图 12.39 所示。

2. 覆盖构件

覆盖构件主要包括屋面板、檩条、天沟板等。

（1）屋面板。屋面板分小型屋面板和大型屋面板两种。小型屋面板搁置在檩条上，用于有檩体系屋盖；大型屋面板直接焊接在屋架或屋面梁上，用于无檩体系屋盖。单层厂房屋面板的形式很多，常用的屋面板，如图 12.40 所示。目前采用最多的是预应力混凝土大型屋面板，它与屋架构成刚度较大、整体性较好的屋盖系统。预应力混凝土大型屋面板的外形尺寸常用 1.5m×6.0m 规格。

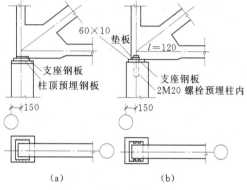

图 12.39 屋架与柱的连接（尺寸单位：mm）

(a) 焊接；(b) 螺栓连接

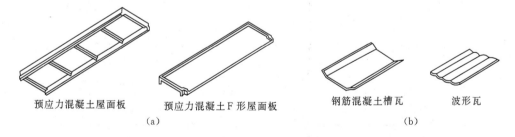

图 12.40 屋面板的类型

(a) 大型屋面板；(b) 小型屋面板

（2）天沟板。天沟板主要用于采用有组织排水方式的屋面。天沟板的断面形状为槽形，两边肋高低不同，低肋依附在犀面板边，高肋在外侧，如图 12.41 所示。

（3）檩条。檩条用于有檩体系的屋盖结构中，起着支撑槽瓦等小型屋面板的作用，并将屋面荷载传给屋架。檩条应与屋架上弦连接牢固，以保证厂房纵向刚度。檩条有钢和钢筋混凝土的两种。钢筋混凝土檩条的截面形状常为倒 L 形和 T 形，如图 12.42 所示。

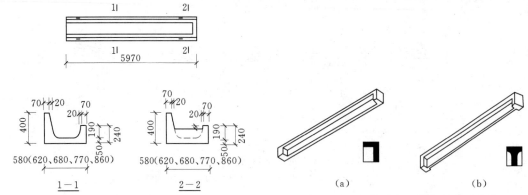

图 12.41 天沟板（G410）（尺寸单位：mm）

图 12.42 钢筋混凝土檩条的截面形状
（a）L 形檩条；（b）T 形檩条

3. 覆盖构件与屋架或屋面梁的连接

（1）屋面板与屋架或屋面梁的连接。屋面板与屋架或屋面梁的连接采用焊接。每块屋面板纵向主肋端底部的预埋铁件与屋架上弦相应处的预埋铁件相互焊接，焊接点应不少于三点（图 12.43）。板间缝隙用不低于 C15 的细石混凝土填实，以加强屋盖的整体刚度。

（2）天沟板与屋架的连接，见图 12.44。

（3）檩条与屋架的连接，见图 12.45，两根檩条的对应空隙用水泥砂浆填实。

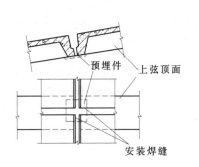

图 12.43 大型屋面板与屋架焊接

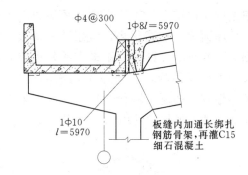

图 12.44 天沟板与屋架焊接（尺寸单位：mm）

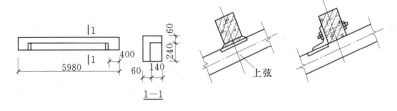

图 12.45 檩条与屋架焊接（尺寸单位：mm）

12.2.4 吊车梁、连系梁、圈梁

12.2.4.1 吊车梁

设有支承式梁式吊车或桥式吊车的厂房，为铺设轨道需设置吊车梁。吊车梁支承在排

架柱的牛腿上，沿厂房纵向布置，是厂房的纵向连系构件之一。它直接承受吊车荷载（包括吊车自重、吊车起重量，以及吊车启动和刹车时产生的纵、横向水平冲力）并传递给柱子，同时对保证厂房的纵向刚度和稳定性起着重要作用。

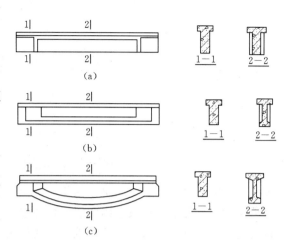

1. 吊车梁的截面形式

吊车梁按外形和截面形状划分，有等截面的T形、工字形和变截面的鱼腹式吊车梁。

T形、工字形等截面吊车梁是较常见的形式。T形吊车梁梁顶翼缘较宽，可增加梁的受压面积，也便于固定吊车

图12.46　吊车梁的类型

轨道。这种梁施工简单，制作方便，但自重较大，用材料多。工字形吊车梁，自重较轻，节省材料。鱼腹式吊车梁的外形与梁的弯矩影响线包络图基本相似，受力合理，能充分发挥材料强度，腹板较薄，节省材料，可承受较大荷载，但构造和制作较复杂（图12.46）。

2. 吊车梁的连接构造

为了使吊车梁与柱、轨道便于连接及安装管线，在吊车梁上需设置预埋件及预留孔（图12.47）。吊车梁与柱的连接，多采用焊接连接的方法（图12.48）。吊车梁的对头空隙、吊车梁与柱之间的空隙均需用C20混凝土填实。

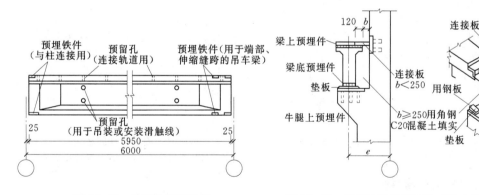

图12.47　吊车梁的预埋件　　　图12.48　吊车梁与柱的连接（尺寸单位：mm）

3. 轨道的安装

吊车梁与轨道的连接方法一般采用螺栓连接，如图12.49所示。

12.2.4.2　连系梁

如图12.50所示，连系梁是厂房纵向列柱的水平连系构件，主要用来增强厂房的纵向刚度，并传递风荷载至纵向柱列。连系梁的断面形式有矩形（用于一砖厚墙）及L形（用于一砖半厚墙）两种。连系梁有设在墙内与墙外两种，设在墙内的称为墙梁，墙梁有

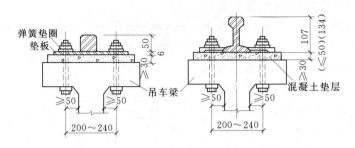

图 12.49　吊车梁与吊车轨道的固定连接（尺寸单位：mm）

承重和非承重之分。非承重墙梁的主要作用是减少砖墙的计算高度，增加墙体的稳定性，同时承受墙体上的水平荷载，因此它与柱的连接应做成只传递水平力的构造，一般用螺栓或钢筋连接。承重墙梁除了起非承重墙梁的作用外，还将墙的重量传给柱子，因此它必须搁置在柱的牛腿上，并与柱焊接或螺栓连接。承重墙梁一般用于高度大、刚度要求高、地基土较差的厂房中。

12.2.4.3　圈梁

圈梁是沿厂房外纵墙、山墙设置在墙内的连续封闭的梁。圈梁的作用是将墙体同厂房排架柱、抗风柱等箍在一起，以加强厂房墙体的稳定性和整体刚度。圈梁可现浇也可预制，并且应与柱子上的预留插筋拉接，如图 12.51 所示。

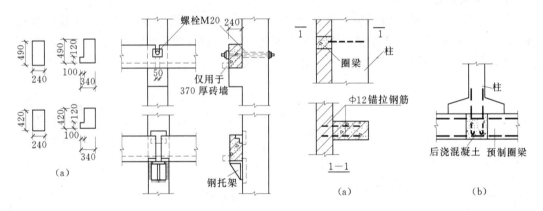

图 12.50　连系梁的断面形式及与柱的连接
（尺寸单位：mm）

图 12.51　圈梁与柱的连接
（a）现浇圈梁的连接；（b）预制圈梁的连接

12.2.5　抗风柱与支撑系统

1. 抗风柱

单层工业厂房的山墙面积较大，所受到的风荷载也较大，因此在山墙上设置抗风柱，其作用是使风荷载一部分由抗风柱传至基础，另一部分则由抗风柱上端通过屋盖系统传到厂房的纵向排架中去。

抗风柱一般采用钢筋混凝土柱，柱下端插入杯形基础，柱身伸出钢筋与山墙拉结。抗风柱与屋架的连接一般采用弹簧板做成柔性连接，如图 12.52（a）所示，以保证有效地传递水平风荷载，并在竖直方向允许屋架和抗风柱有相对的位移的可能。厂房沉降较大时，则宜采用螺栓连接的方法，如图 12.52（b）所示。

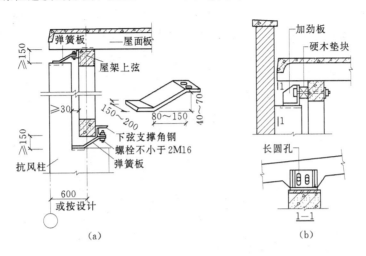

图 12.52 抗风柱与屋架的连接（尺寸单位：mm）
(a) 弹簧板连接；(b) 螺栓连接

2. 单层厂房支撑系统

支撑系统主要作用是加强厂房结构的空间整体刚度和稳定性，同时能传递水平荷载，如山墙风荷载及吊车纵向制动力等。单层厂房支撑系统分屋盖支撑及柱间支撑两类。

（1）屋盖支撑。屋盖支撑包括横向水平支撑、纵向水平支撑、垂直支撑及纵向水平系杆（或称加劲杆）等（图 12.53）。屋盖支撑主要用以保证屋架上下弦杆件受力后的稳定，并保证山墙受到风力后的传递。

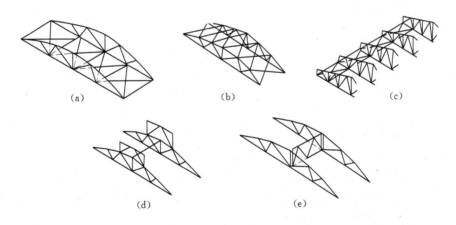

图 12.53 屋盖支撑的种类
(a) 下弦横向水平支撑；(b) 上弦横向水平支撑；(c) 纵向水平支撑；
(d) 纵向水平系杆；(e) 垂直支撑

（2）柱间支撑。柱间支撑的主要作用是加强厂房的纵向刚度和稳定性，一般设在横向变形缝区段的中部，或距山墙与横向变形缝处的第二柱间。位于吊车梁以上的称为上柱支

261

撑，用以承受作用在山墙上的风荷载，并保证厂房上部的纵向刚度；位于下柱的称为下柱支撑，承受上柱支撑传来的力和吊车梁传来的吊车纵向刹车力，并传至基础。柱间支撑一般用型钢制作，多采用交叉式，支撑斜杆与柱上预埋件焊接。

当柱间需要通行、放置设备或柱距较大而不宜或不能采用交叉式支撑时，可采用门架式支撑，如图 12.54 所示。

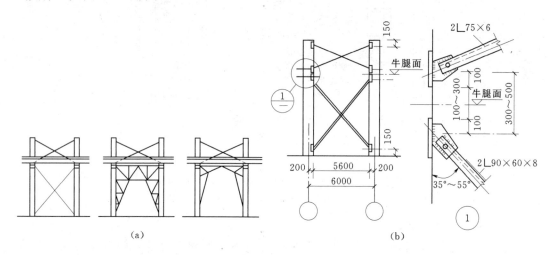

图 12.54　柱间支撑（尺寸单位：mm）
(a) 柱间支撑的形式；(b) 柱间支撑的连接

12.3　单层工业厂房的墙体构造

12.3.1　厂房的外墙构造

1. 砖砌外墙

（1）承重砖墙。目前，我国单层厂房用砖砌外墙仍较多。承重砖墙是由墙体承受屋顶及吊车荷载，在地震区还要承受地震荷载。其形式可做成带壁柱的承重墙，墙下设条形基础，并在适当位置设置圈梁。承重砖墙只适用于跨度小于 15m、吊车吨位不超过 5t、柱高不大于 9m 以及柱距不大于 6m 的厂房。

（2）非承重砖墙。当吊车吨位重、厂房较高大时，一般均采用强度较高的材料（钢筋混凝土或钢）做骨架来承重，使承重与围护的功能分开，外墙只起围护作用和承受自身重量及风荷载。单层厂房非承重外墙一般不做带形基础，而是直接支撑在基础梁上，这样可以避免墙、柱基础相遇处构造处理复杂、耗材多，同时可加快施工速度。采用基础梁支撑墙体重量时，当墙体高度（240mm 厚）超过 15m 时，上部墙体由连系梁支撑，经柱牛腿传给柱子再传至基础，下部墙体重量则通过基础梁传至柱基础。砖墙与柱子（包括抗风柱）、屋架端部采用钢筋连接，由柱子、屋架沿高度每隔 500～600mm 伸出 2φ6 钢筋砌入砖墙水平缝内，以达到锚拉的作用。

单层厂房砖外墙表面或为清水墙，或为混水墙，视生产环境要求及经济条件而定，内表面一般应进行饰面处理。

2. 块材墙

为了改变砖墙存在的缺点，块材墙在国内外均得到一定的发展，与民用建筑一样，厂房多利用轻质材料制成块材或用普通混凝土制空心块砌墙，如图 12.55 所示。

块材墙的连接与砖墙基本相同，即块材之间应横平竖直、灰浆饱满、错缝搭接，块材与柱子之间由柱子伸出钢筋砌入水平缝内实现锚拉。块材墙的整体性与抗震性比砖墙好。

3. 板材墙

在单层工业厂房中，墙体围护结构采用墙板，能减轻墙体自重，改善墙体的抗震性能，有利于墙体改革，促进建筑工业化，简化、净化施工现场，加快施工速度。但板材墙目前还存在造价偏高、连接构件不理想，接缝不易保证质量，有时渗水、透风、保暖、隔音不能令人满意等缺点，有待逐步克服。

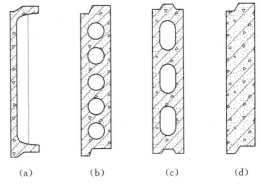

图 12.55　单一材料的墙板
(a) 槽形板；(b) 预应力钢筋混凝土空心板；
(c) 钢筋混凝土椭圆孔空心板；(d) 陶料混凝土板

（1）墙板材料。墙板可以选用单一材料的外墙板，如钢筋混凝土槽形板、空心板，钢筋轻混凝土墙板等，也可以选用复合墙板、组合板、夹心板，经常采用的是在钢筋混凝土石棉板、塑料板、薄钢板、铝板的外壳内填一保温材料，如矿棉、泡沫塑料等制成的板材。

轻质板材墙仅起围护作用，墙板除传递水平风荷载外，不承受其他荷载，墙板的自重也由厂房的骨架承受。轻质板材墙一般用于不要求保温、隔热的热加工车间、防爆车间或仓库建筑的外墙。轻质板材墙可采用轻质的石棉水泥板、金属瓦楞板、塑料墙板、铝合金板等材料制作，目前采用较多的是波纹石棉水泥瓦、金属楞瓦等。

（2）墙板的规格。墙板的规格尺寸，应符合相关的模数，板材的长度为 6000mm、9000mm、12000mm；高度为 300mm 倍数，常用 900mm、1200mm、1500mm、1800mm。视厂房柱距、高度及洞口条件确定，应使类型尽量减少，便于成批生产及施工。板厚采用 160mm、180mm、200mm、224mm、240mm、260mm、300mm 等，以 20mm 递变，以适用钢模的使用。

墙板有一般板、山墙板、勒脚板、女儿墙板等。

（3）墙板的连接。大型板材与柱或梁应用金属件连接，一般有两种方案：柔性连接和刚性连接。

1）柔性连接：柔性连接指的是螺栓连接。在大型墙板上预留安装孔，同时在板的两侧的板距位置预埋铁件，吊装前焊接连接角钢，并安上螺栓钩，吊装后用螺栓钩将上下两块大型板连接起来，也可以在墙板外侧加压条，再用螺栓与柱子压紧、压牢。这种连接方法安装方便、维修容易，对地基下沉不均匀或有较大振动的厂房比较适宜，但用钢量大，金属连接件外露多，在腐蚀环境中需严加防护，此外，厂房的纵向刚度较差。拉紧螺栓钩后，板缝用水泥石棉砂浆嵌缝，或用防水油膏嵌缝。

2）刚性连接：刚性连接指的是焊接连接。其具体做法是在柱子侧边及墙板两端预留铁件，然后用型钢进行焊接连接。这种方法工序简单，安装比较灵活，连接用钢量少，连接刚度大，可以增加厂房的纵向刚度，但在地基不良或振动较大的厂房中，墙板容易开裂。因此不宜用于烈度 7 度以上的地震设防区，有可能产生不均匀沉降的厂房也不宜使用。

4. 压型钢板外墙

薄金属板经压制成波形断面后可大大改善力学性能，例如厚 0.8mm 的薄钢板压成波高 130mm 的 W 形屋面板，檩距可达到 5m。压型钢板一般均由施工单位在建房现场将成卷的薄钢板通过成型冷轧机压制而成，并可切成任一所需长度，从而大大减少了接缝处理与雨水渗透途径。压型钢板可根据设计要求采用不同的彩色涂层，既可增强防腐性能又有利于建筑艺术处理与总图以着色为标志的区段划分，如图 12.56 所示。

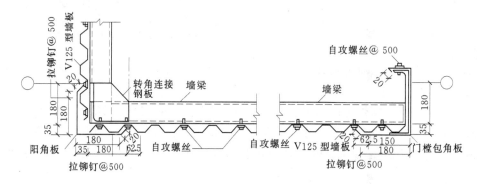

图 12.56　压型钢板外墙（尺寸单位：mm）

12.3.2　隔板构造

在单层工业厂房中，根据生产状况的不同，需要进行分隔，有时因生产和使用的要求，也须在车间分隔出车间办公室、工具库、临时库房等。分隔用的隔断常采用 2100mm 高的木板、砖砌墙、金属网、钢筋混凝土板、混合隔断等，如图 12.57 所示。

（1）木隔断。这种隔断多用于车间内的办公室，由于构造的不同，可分木隔断和组合木隔断。木隔板、隔扇也可安装玻璃，但造价较高。

（2）砖隔断。砖隔断常采用 240mm 厚砖墙，或带有壁柱的 120mm 厚砖墙。这种做法造价较低，防火性能好。

（3）金属网隔断。金属网隔断由金属网和框架组成。金属网可用钢板网和镀锌铁皮网。

（4）钢筋混凝土隔断。这种隔断多为预制装配式，施工方便，适用于火灾危险性大和湿度大的车间。

（5）混合隔断。混合隔断的下部用 1m 左右的 120mm 厚砖墙，上部用玻璃木隔扇或金属网隔扇组成。隔断的稳定性靠砖柱来保证。砖柱距为 3m 左右。

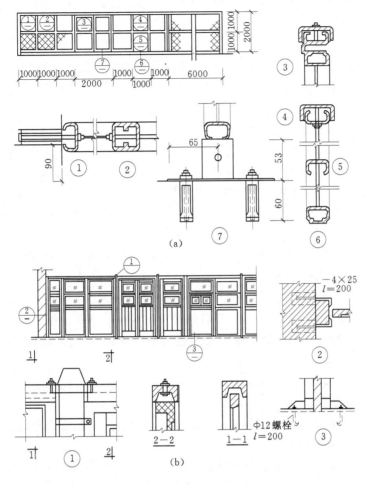

图 12.57　隔断（尺寸单位：mm）
(a) 金属网隔断；(b) 混合隔断

12.4　单层工业厂房的其他组成及构造

12.4.1　侧窗

在工业建筑中，侧窗不仅要满足采光和通风的要求，还要满足生产工艺方面的其他特殊要求。例如：有爆炸危险的车间，侧窗应便于泄压；要求恒温的车间，侧窗应有足够的保温隔热性能；洁净车间要求侧窗防尘和密闭，等等。同时，工业建筑侧窗面积较大，如果处理不当，容易产生变形损坏和开关不便，不但给生产带来不良影响，还会增加维修费用，因此在进行侧窗构造设计时，应在坚固耐久，开关方便的前提下，节省材料，降低造价。

1. 侧窗的层数

为节省材料和造价，工业建筑侧窗一般情况下采用单层窗，只有在严寒地区，在4m以下高度或生产有特殊要求的车间（如恒温、恒湿、洁净车间），才部分或全部采用双层窗。双层窗冬季保温、夏季隔热，而且防尘密闭性能均较好，但造价高，施工复杂。

2. 侧窗的种类

（1）侧窗的材料种类。按所用材料不同分，工业建筑侧窗有木侧窗、钢侧窗及塑料窗，木侧窗、塑料窗的构造与民用建筑中的构造基本相同。由于钢侧窗坚固耐久、防火、耐湿、关闭相对紧密、遮光少等优点，因此目前工业建筑中大量采用。钢侧窗分为实腹和空腹薄壁钢窗两种。

工业厂房钢窗侧窗多采用 32mm 高的标准钢窗型钢，它适用于中悬窗、固定窗和平开窗。洞口尺寸以 300mm 为模数。为便于运输和制作，基本钢窗扇的高度为：固定窗及中悬窗带固定窗不大于 2.4m；平开窗带固定窗不大于 2.1m；宽度不大于 1.8m。一樘较大面积的钢侧窗由数个基本窗拼接而成，其间要设中竖梃和中横梃，拼接方法与民用建筑钢侧窗基本相同。考虑侧窗应具有一定的刚度以抵抗风荷载及使用中不易变形等因素，标准组合窗的高度一般不超过 4.8m，宽度可达 6m。

空腹薄壁钢侧窗质量轻，刚度大，外形美观，比实腹钢侧窗可省钢材 40%～50%，但不宜用于有酸碱介质侵蚀的车间。

（2）侧窗的构造种类。按侧窗的开启方式分，有中悬窗、平开窗和垂直旋转窗。

1）中悬窗：窗扇沿水平轴转动，开启角度大，有利于泄压，便于机械开关或绳索手动开关，常用于外墙上部。中悬窗缺点是构造复杂、开关扇周边的缝隙易漏雨和不利于保温。

2）平开窗：构造简单、开关方便，通风效果好，并便于组成双层窗。多用于外墙下部，作为通风的进气口。

3）固定窗：构造简单、节省材料，多设于外墙中部，主要用于采光。对有防尘要求的车间，其侧窗也多做成固定窗。

4）垂直旋转窗：又称立转窗。窗扇沿垂直轴转动，并可根据不同的风向调节开启角度，通风效果好，多用于热加工车间的外墙下部，作为通风的进气口。

根据厂房和通风的需要，厂房外墙的侧窗，一般将悬窗、平开窗、固定窗等组合在一起，如图 12.58 所示。

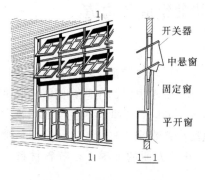

图 12.58　侧窗组合实例

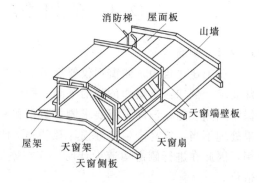

图 12.59　矩形天窗的组成

12.4.2　天窗构造

在大跨度或多跨的单层厂房中，为了满足天然采光和自然通风的要求，常在厂房的屋顶上设置各种类型的天窗。

按天窗的作用分有采光天窗、通风天窗和采光兼通风天窗；按天窗的形式分有矩形天窗、锯齿形天窗，M形天窗、平天窗、下沉式天窗等。

1. 矩形天窗

矩形天窗既可采光又可通风，而且防雨和防太阳辐射均较好，所以在单层工业厂房中被广泛应用。但矩形天窗的天窗架支撑在屋架上弦，增加了房屋的荷载，增大了建筑物的体积和高度。

矩形天窗主要由天窗架、天窗扇、天窗屋面、天窗侧板及天窗端壁板等组成，如图12.59所示。

矩形天窗沿厂房纵向位置，在厂房屋面两端和变形缝两侧的第一柱间常不设天窗，一方面可以简化构造，另一方面还可作为屋面检修和消防的通道。在每一段天窗的端部应设置上天窗屋面的消防检修梯。

（1）天窗架。天窗架是天窗的承重结构，它直接支承在屋架上，天窗架的材料一般与屋架一致，常用的有钢筋混凝土天窗架、钢天窗架。天窗架的宽度根据采光、通风要求一般为厂房跨度的 1/2～1/3。考虑屋面板的尺寸，以及尽可能将天窗架支承在屋架的节点上，目前所采用的天窗架宽度为3m的倍数，即6m、9m、12m。天窗架的高度根据所需天窗扇的排数和每排窗扇的高度来确定，多为天窗架跨度的 0.3～0.5 倍。

钢筋混凝土天窗架有Ⅱ形、W形和Y形等，如图12.60所示。钢天窗架的形式有多压杆式和桁架，如图12.61所示。

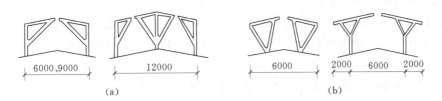

图 12.60　钢筋混凝土天窗架（尺寸单位：mm）

（a）钢筋混凝土天窗架；（b）W形、Y形天窗架

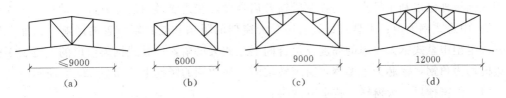

图 12.61　钢天窗架形式（尺寸单位：mm）

（2）天窗端壁。矩形天窗两端的承重围护结构构件称为天窗端壁。通常采用预制钢筋混凝土端壁板，如图12.62所示；或钢天窗架石棉瓦端壁板，如图12.63所示。前者用于钢筋混凝土屋架，后者多用于钢屋架。钢筋混凝土端壁板常做成肋形板，并可代替钢筋混凝土天窗架。端壁板及天窗架与屋架的连接均通过预埋铁件焊接。寒冷地区的车间需要保温时，应在钢筋混凝土端壁板内表面加设保温层。

267

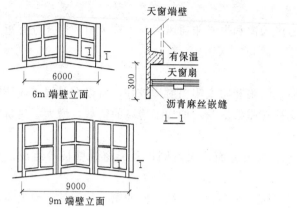

图 12.62　钢筋混凝土端壁（尺寸单位：mm）　　图 12.63　石棉水泥端壁

（3）天窗扇。天窗扇由钢材、木材、塑料等材料制作。钢天窗扇具有耐久、耐高温、质量轻、挡光少、使用过程中不易变形、关闭严密等优点。因此，钢天窗被广泛采用。钢天窗扇的开启方式有上悬式和中悬式两种。上悬式钢天窗最大开启角度为 45°，所以通风效果差，但防雨性能较好。中悬式钢天窗扇开启角度可达 60°～80°，所以通风性能好，但防水较差。

1）上悬式天窗扇：我国 J815 定型上悬钢天窗扇的高度有三种，即 900mm、1200mm、1500mm（标志尺寸）。根据需要可以组合成不同高度的天窗。上悬钢天窗扇可布置成通长和分段两种，如图 12.64（a）、（b）所示。

无论是通长天窗扇，还是分段天窗扇，其开启扇与开启扇之间均设固定扇，该固定扇起窗框的作用，防雨要求较高的厂房应在固定扇的后侧设置倾斜的挡雨扇，以防止开启扇两侧飘入雨水，见图 12.65 中大样①和②。

上悬钢天窗扇的构造见图 12.64 中①～⑦大样图，它是由上梃、下梃、边梃、窗芯盖缝板及玻璃组成。在钢筋混凝土天窗架上部预埋铁板，用角钢与预埋铁件焊接，再将通长角钢∟100×8 焊接在短角钢上，用螺栓将弯铁固定在通长角钢∟100×8 上，而上悬钢天窗扇的槽钢上梃则悬挂在弯铁上。窗扇的下梃为异形断面的型钢，天窗关闭时，下梃位于横档或侧板外缘以利于排水。为控制天窗开启角度，在边梃及窗芯上方设止动板。

2）中悬式钢天窗：中悬式钢天窗因受天窗架的阻挡和受转轴位置的影响，只能分段设置。定型中悬式钢天窗扇的高度及组合同上悬式天窗扇，中悬式钢天窗扇的上梃、下梃及边梃均为角钢，窗芯为∟型钢，窗扇转轴固定在两侧的竖框上，如图 12.65 所示。

（4）天窗檐口。天窗檐口构造有两类：

1）带挑檐的屋面板无组织排水的挑檐出挑长度一般为 500mm，若采用上悬式天窗扇，因防水较好，故出挑长度可小于 500mm，若采用中悬式天窗时，因防雨较差，其出挑长度可大于 500mm，如图 12.66（a）所示。

2）设檐沟板有组织排水可采用带檐沟屋面板，如图 12.66（b）所示。或者在钢筋混凝土天窗架端部预埋铁件焊接钢牛腿，支撑天沟，如图 12.66（c）所示。

（5）天窗侧板。在天窗扇下部需设置天窗侧板，侧板的作用是防止雨水溅入及防止因

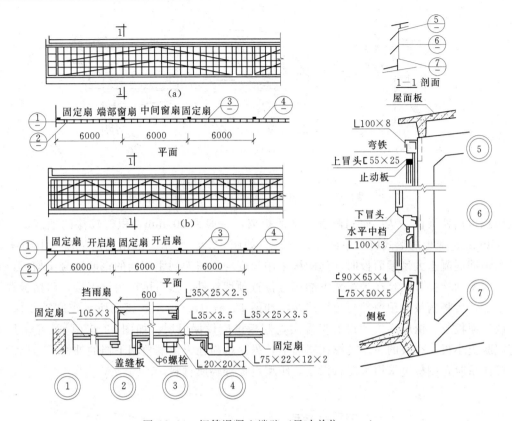

图 12.64　钢筋混凝土端壁（尺寸单位：mm）

(a) 通长天窗扇立面；(b) 分段天窗扇

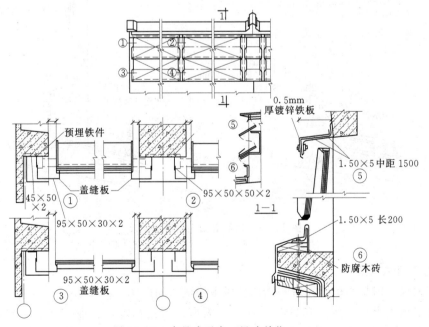

图 12.65　中悬式天窗（尺寸单位：mm）

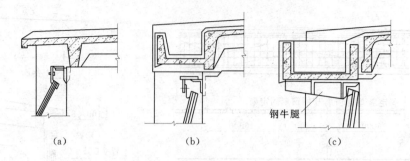

图 12.66　钢筋混凝土檐口构造

(a) 挑檐板；(b) 带檐沟的屋面板；(c) 牛腿支撑檐沟板

屋面积雪挡住天窗。从屋面到侧板上缘的距离，一般为 300mm，积雪较深的地区，可采用 500mm。侧板的形式应与屋面板相适应，如图 12.67 所示。采用钢筋混凝土Ⅱ形天窗架和钢筋混凝土大型屋面板时，则侧板采用长度与天窗架间距相同的钢筋混凝土槽板，它与天窗架的连接方法是在天窗架下端相应位置预埋铁件，然后用短角钢焊接，将槽板置于角钢上，再将槽板的预埋件与角钢焊接，如图 12.67 (a) 所示。该图所示车间需要保温，所以屋面板及天窗屋面板均设有保温层，侧板也应设保温层。如图 12.67 (b) 是采用钢筋混凝土小板，小板的一端支撑在屋面上，另一端靠在天窗框角钢下档的外侧。当屋面为有檩体系时，侧板可采用水泥石棉瓦、压型钢板等轻质材料。

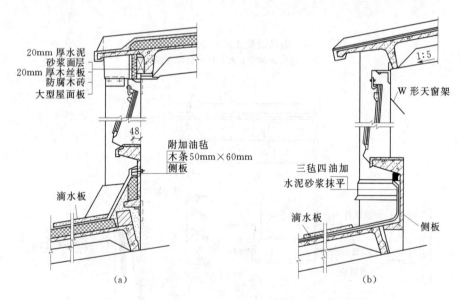

图 12.67　钢筋混凝土檐口及侧板

(a) 对拼天窗架（屋面保温）；(b) W 形天窗架（不保温）

2. 矩形通风天窗

矩形通风天窗是在矩形天窗两侧加挡风板构成，如图 12.68 所示。

矩形通风天窗挡风板，其高度不宜超过天窗檐口的高度，一般应比檐口稍底，$E =$ (0.1~0.5) h。挡风板与屋面板之间应留空隙，$D = 50 \sim 100$mm，便于排出雨雪和积尘。

在多雪的地区不大于 200mm，因为缝隙过大，风从缝隙吹入，产生倒灌风，影响天窗的通风效果。挡风板的端部必须封闭，防止平行或倾斜于天窗纵向吹来的风，影响天窗排气。是否设置中间隔板，应根据天窗长度、风向和周围环境等因素而定。在挡风板上还应设置供清灰和检修时通行的小门。

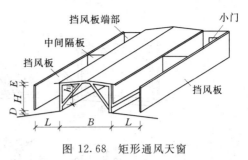

图 12.68 矩形通风天窗

（1）风板的形式及构造。挡风板形式有立柱式（直或斜立柱式）、悬挑式（直或斜悬挑式），如图 12.69 所示。

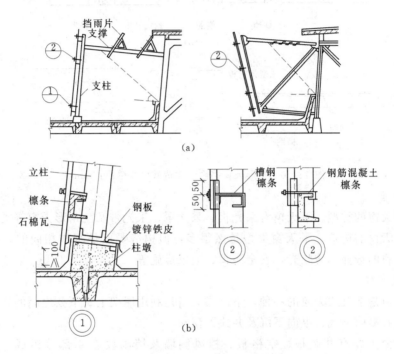

（a）

（b）

图 12.69 钢筋混凝土檐口及侧板（尺寸单位：mm）

（a）立柱式；（b）悬挑式

挡风板由面板和支架两部分组成。面板材料常采用石棉水泥瓦、玻璃钢板、压型钢板等轻质材料。支架的材料主要采用型钢及钢筋混凝土。

立柱式是将立柱支撑在屋架上弦的柱墩上，用支撑与天窗加以连接，结构受力合理，但挡风板与天窗之间的距离受屋面板排列的限制，立柱式防水处理比较复杂。悬挑式的支架固定在天窗架上，挡风板与屋面板完全脱开，处理灵活，适用于各种屋面，但增加了天窗架的荷载，对抗震不利。

（2）水平口挡雨片的构造。水平口挡雨板片由挡雨片及其支承部分组成。挡雨片可用石棉水泥瓦、钢丝网水泥、钢筋混凝土、薄钢板等制作。支承部分有组合檩条、型钢支架、钢檩条、钢筋混凝土格架、钢格架等。为了增大挡雨片的透光系数，可采用铅丝玻璃、钢化玻璃、玻璃钢等透光材料，如图 12.70 所示。

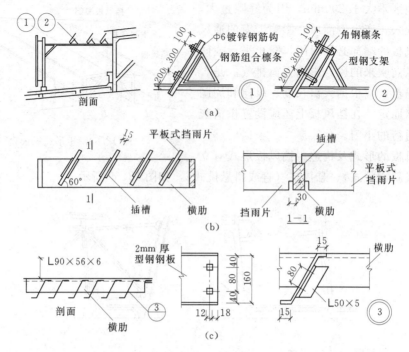

图 12.70 矩形天窗挡雨片构造（尺寸单位：mm）

3. 平天窗

（1）平天窗的类型。平天窗有采光板、采光罩、采光带及三角形天窗等类型。

（2）平天窗的构造。平天窗类型虽然很多，但构造要点是基本相同的，即井壁、横档、透光材料的选择，防眩光，安全防护、通风措施等。

4. 井式天窗

井式天窗是下沉式天窗的一种，下沉式天窗是利用屋架上、下弦之间的高差形成的天窗，其形式有横向下沉、纵向下沉及井式天窗。

井式天窗主要有井底板、空格板、挡风侧墙及挡雨设施 4 部分组成，如图 12.71 所示。

（1）井底板。井底板的布置方式有两种：横向布置和纵向布置。

1）横向布置：横向布置是指井底板长边方向平行于屋架的布置。

2）纵向布置：纵向布置是指井底板长边方向垂直于屋架的布置。

（2）井式天窗挡雨板设施。井式天窗的挡雨板设施有五种做法：井口做挑檐、井口设挡雨片、垂直口设挡雨板、垂直口设窗扇和水平口设窗扇。

1）井口作挑檐：在井口处设挑檐板，遮

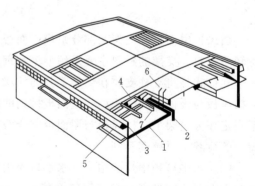

图 12.71 边井式天窗构造组成

1—井底板；2—檩条；3—檐沟；4—挡雨设施；
5—挡风侧墙；6—铁梯；7—空格板

挡雨水飘入室内，挑檐板的出挑长度应满足设计飘雨角度的要求。

2）水平口设挡雨片：为了使井口获得较多的采光通风面积，而在水平口设置搁置在空格板上的挡雨板。水平口设挡雨片采光及通风较好，吊装方便。同时由于设置空格板使屋顶纵向刚度增加，钢筋混凝土用量较多。

3）垂直口设挡雨板：在垂直口设挡雨板，既便于通风，又能防雨。挡雨板的尺寸及层数应满足设计飘雨角的要求。其构造常采用型钢支架上挂石棉瓦或预制钢筋混凝土板。

4）垂直口设窗扇：沿厂房纵向的垂直口呈矩形，窗扇开启方式可以采用上悬式或中悬式。

5）水平口设窗扇：水平口设置的窗扇有中悬式和推拉式两种，因中悬式窗扇支承在空格板或檩条上，开启角度可任意调整，故采用较多。

（3）边井式天窗外排水。在井式天窗的屋架上弦及下弦铺设屋面板时，既要考虑上弦部位的屋面排水，又要考虑下弦部位的屋面排水，因此，排水设计比较复杂。设计时应根据井式天窗的位置、厂房的高度、车间内部产生灰尘量及年降水量和暴雨量的大小等因素，选择排水方式。

12.4.3 大门

工业厂房的大门主要是供日常车辆和人通行，以及紧急情况疏散之用。因此它的尺寸应根据所需运输工具类型、规格、运输货物的外形并考虑通行方便等因素来确定。一般门的宽度应比满载货物时的车辆宽 600～1000mm，高度应高出 400～600mm。

一般大门的材料有木、钢木、普通型钢和空腹薄壁钢等几种。门宽 1.8m 以内时采用木制门，当门洞尺寸较大时，为了防止门扇变形和节约木料，常采用型钢作骨架的钢木大门或钢板门。高大的门洞采用各种钢门或空腹薄壁钢门。

大门按开启方式有平开推拉、升降、上翻、卷帘门等，如图 12.72 所示。

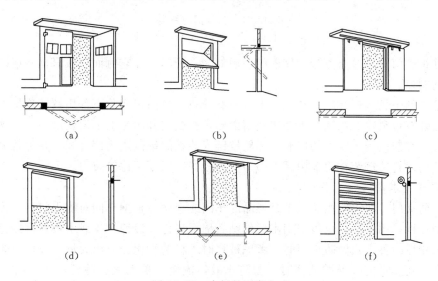

图 12.72　大门的开启方式

（a）平开门；（b）上翻门；（c）推拉门；（d）升降门；（e）折叠门；（f）卷帘门

1. 一般大门

（1）平开门。平开门构造简单，门扇常向外开，门洞应设雨棚。当运输货物不多，大门不需经常开启时，可在大门扇上开设供人通行的小门。平开门受力状态较差，易产生下垂或扭曲变形，故门洞大时不易采用。

门洞尺寸一般不宜大于 $3.6m \times 3.6m$。当门的面积大于 $5m^2$ 时，宜采用角钢骨架。当门洞宽大于 3m 时，设钢筋混凝土门框，在安装铰链处预埋铁件。洞口较小时可采用砖砌门框，墙内砌入有预埋件的混凝土块，砌块的数量和位置应与门扇上铰链的位置相适应。一般是每个门扇设两个铰链。

（2）推拉门。推拉门的开关是通过滑轮沿着导轨左右推拉，门扇受力状态较好，构造简单，不易变形，常设在墙的外侧。雨篷沿墙的宽度最好为门宽的两倍。工业厂房中广泛采用推拉门，但不宜用于密闭要求高的车间。

（3）折叠门。折叠门由几个较窄的门扇相互间以铰链连接组合而成。开启时通过门扇上下滑轮沿着导轨左右移动。这种形式在开启时可使几个门扇折叠在一起，占用的空间较少，适用于较大门洞。

折叠门一般分为侧挂式、侧悬式、中悬式折叠三种，如图 12.73 所示。

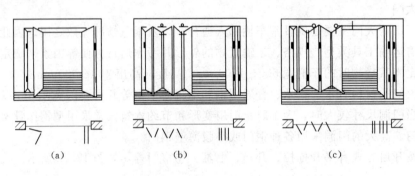

图 12.73 折叠门的种类
(a) 侧挂式；(b) 侧悬式；(c) 中悬式

侧挂折叠门可用普通铰链，靠框的门扇如为平开门，在它侧面一般只挂一扇门。不适于较大的洞口。

侧悬式和中悬式折叠门，在洞口上方设有导轨，各门扇间除下部用铰链连接外，在门扇顶部还装有带滑轮的铰链，下部装地槽滑轮，折叠门开闭是上下滑轮沿导轨移动，带动门扇折叠。它们适用于较大的门洞。滑轮铰链安装在门扇侧边为侧悬式，开关较灵活。中悬式折叠门滑轮铰链装在门扇中部，门扇受力较好，但开关比较费力。

2. 特殊要求的门

（1）防火门。防火门用于加工易燃品的车间或仓库。根据车间对防火门耐火等级的要求，门扇可以采用钢板，也可采用木板外贴石棉板再包以镀锌铁皮或木板外直接包镀锌铁皮。当采用后两种方式做防火门时，考虑被烧时木材的炭化会放出大量气体，因此在门扇上应设泄气孔。室内有可燃液体时，为防止液体流淌，扩大火灾蔓延，防火门下宜设门槛，高度以液体不流淌到门外为准。

（2）保温门、隔声门。保温门要求门扇具有一定热阻值和门缝密闭处理，故常在门扇两层板间填以轻质疏散的材料（如玻璃棉、矿棉、岩棉、软木、聚苯板等）。隔声门的隔声效果于门扇的材料和门缝的密闭有关，虽然门扇越重隔声越好，但门扇过重开关不便，五金也易损坏，因此隔声门常采用多层复合结构，即在两层面板之间填吸声材料（如矿棉、玻璃棉、玻璃纤维板等）。

12.4.4　金属梯

厂房重，由于生产操作和检修需要，常设置各种钢梯，如到达操作平台的工作梯，到达吊车操作室的吊车梯及消防检修梯等。金属梯一般宽为 600～800mm，其形式有直梯和斜梯两种。金属梯构件断面尺寸视生产状况不同有所差异，如车间相对湿度较大，或有腐蚀性介质作用时构件断面尺寸应加一级。除 90°的直梯外，其他扶梯均应设有栏杆扶手。

（1）作业平台梯。作业平台梯多用钢梯，坡度一般为 45°、54°、73°、140°等，宽度有 600mm 和 800mm 两种，如图 12.74 所示。

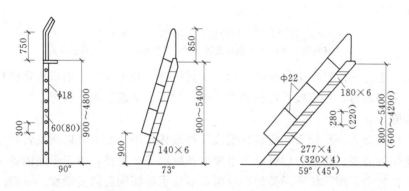

图 12.74　作业平台梯（尺寸单位：mm）

（2）吊车梯。吊车梯是供司机上下吊车而设置，应设置便于上下吊车操作室的位置，一般多设在端部第二个柱距的柱边。如车间有两台吊车，则应设置两个吊车梯。吊车梯均采用斜梯，梯段有单跑和双跑两种，其坡度应不大于 60°，如图 12.75 所示。

（3）消防检修梯。单层厂房屋顶高度不大于 10m 时，应有专用梯自室外的地面通至屋顶，以及从厂房屋面至天窗屋面，以作为消防检修之用。相邻厂房高差在 2m 以上时，也应该设消防检修梯。

消防检修梯一般沿外墙设置，且多设于端部山墙上，其位置应按防火规范的规定设置。消防检修梯多为直梯，梯的底端应高出室外地面 1.0～1.5m，以防止无关人员攀登。钢梯与墙之间相距应不小于 250mm。梯梁用焊接的角钢埋入墙内，墙内应预留 240mm×240mm 的孔洞，深度最小为 240mm，然后用 C15 混凝土嵌固；也可作成带角钢的预埋块随墙砌筑，再将梯梁焊接在角钢上，如图 12.76 所示。

（4）走道板。走道板是为维修吊车轨道及检修吊车而设。走道板均沿吊车

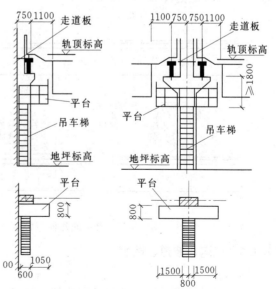

图 12.75　吊车梯（尺寸单位：mm）

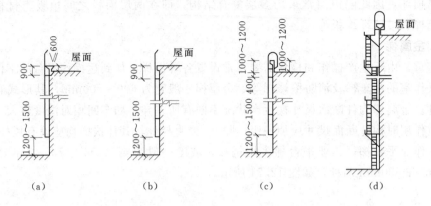

图 12.76 消防梯（尺寸单位：mm）

(a) 山墙设置；(b)、(c) 纵墙设置；(d) 厂房很高时消防检修梯形式

梁顶面铺设。走道板设置在边柱和中柱均可，其构造一般由支架、走道板及栏杆组成。支架和栏杆均采用钢材，走道板所用材料有木板、钢板及钢筋混凝土板等。

12.4.5 地面

单层厂房地面的面积较大，应具有抵抗各种破坏作用的能力，以满足各种生产使用的要求，如防尘、防潮、防水、抗腐蚀、耐冲击和耐磨等。另外，由于车间内各工段生产要求的不同，往往会采用几种不同类型的地面，增加了地面构造的复杂性。一般厂房地面约占厂房总造价的 10%～30%，应合理设计厂房地面，使其既满足使用要求，又经济合理。厂房地面的组成与民用建筑基本相同，一般由面层、垫层和基层组成。当面层材料为块状材料或地面有特殊使用时，还应增加一些附加层，如结合层、防水层、防潮层、保温层和防腐蚀层等，如图 12.77 所示。

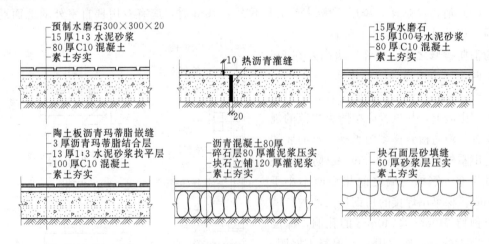

图 12.77 常见的几种厂房地面的做法（尺寸单位：mm）

12.4.6 地沟、坡道、散水

1. 地沟

在厂房建筑中，地沟是为了容纳各种管道，如电缆、采暖压缩空气蒸汽等管道而设置

的。地沟由底板、沟壁和盖板组成，常用的材料由砖和混凝土。砖砌沟壁一般为120～140mm，厚度一般不小于240mm，应做防潮处理。地沟的沟宽和沟深应根据敷设和检修管线的需要而定。盖板一般采用钢筋混凝土或铸铁，盖板上应装活络拉手，以便开启，其表面应与地面平齐。当有地下水影响时，常将地沟底板与沟壁做成现浇整体混凝土，如图12.78所示。

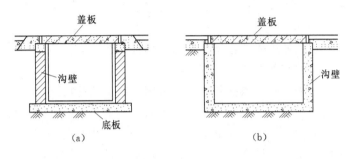

图 12.78　地沟及盖板
(a) 砖砌地沟；(b) 混凝土地沟

2. 坡道

厂房的室内外高差一般为150mm左右，为便于各种车辆通行，一般在厂房门外设混凝土坡道。坡道的坡度一般为8％～15％，大于10％时坡面应做齿槽防滑。坡道左右应宽出大门300～500mm，比雨篷宽度小150mm左右。坡道与墙体交接处应留出10mm的缝隙。

3. 散水

为排除雨水及保护地基不受雨水侵袭，在厂房四周应做散水，其宽度应比无组织排水挑檐宽出300mm左右，通常为600～1000mm，湿陷性黄土地区宽度应不小于1200mm，坡度为3％～5％。

4. 交接缝

交接缝指建筑中不同材料的地面交接处。由于缝两边材料的不同，接缝处易遭破坏，故需在构造上采取措施。当面层为水泥砂浆等脆性材料时，常在边缘处预埋角钢作护边处理，如图12.79(a) 所示。当接缝两边均为砂、矿渣等非刚性垫层时常设置混凝土块进行加固，如图12.79 (b) 所示。

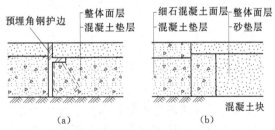

图 12.79　地面及接缝处理
(a) 预埋角钢接缝处理；(b) 混凝土块进行加固

本 章 小 结

(1) 工业建筑是指从事各类工业生产及直接为工业生产需要服务而建造的各类房屋。工业建筑属于生产性建筑，其特点由生产性质和实用功能所决定。本章主要讲述工业建筑的设计特点及单层厂房的各部构造。

（2）工业建筑的分类：主要按用途、生产状况和层数等进行分类。

（3）单层工业厂房的组成与结构类型：主要墙体承重结构、排架结构和刚架结构等形式。

（4）单层厂房内部起重运输设备有单轨悬挂式吊车、梁式吊车、桥式吊车。

（5）单层工业厂房的重要构件：基础、基础梁、柱；吊车梁、连系梁、圈梁、支撑系统、屋盖。

（6）单层工业厂房的外墙构造：墙体构造、墙板构造。

（7）单层工业厂房的其他构造：

侧窗：主要是满足采光和通风的要求，并根据生产工艺的特点，满足其他特殊要求。

天窗：按天窗的作用可分为采光天窗、通风天窗和采光兼通风的天窗；按天窗的形式分，常见的天窗有矩形天窗、M形天窗、平天窗、下沉式天窗等。

钢梯：在厂房中根据生产操作和检修的需要，常设置各种钢梯，如到达操作平台的工作梯，到达吊车操作室的吊车梯以及消防检修梯等。

地面：单层厂房地面的面积较大，应具有抵抗各种破坏作用的能力，以满足各种生产使用要求，如防尘、防潮、防水、抗腐蚀、耐冲击和耐磨等。

（8）地沟、坡道、散水：在厂房建筑中，地沟是为了容纳各种管道而设置的，如电缆、采暖、压缩空气、蒸汽等管道。厂房的室内外高差一般为150mm左右，为便于各种车辆通行，一般在厂房门外设混凝土坡道。为排除雨水及保护地基不受雨水侵袭，在厂房四周应做散水。交界缝指建筑中不同材料的地面交接处的处理。

思 考 题

12.1　什么是工业建筑？工业建筑的特点及分类如何？

12.2　单层厂房结构组成有哪几部分？各部分组成构件又有哪些？其主要作用是什么？

12.3　厂房内部的起重吊车有哪几种？

12.4　基础梁搁置在基础上的方式有哪几种？各有什么要求？

12.5　柱子在构造上有哪些要求？一般柱子上有哪些预埋件？其作用是什么？

12.6　吊车梁的作用是什么？它与柱是怎样连接？它与吊车架怎样连接？

12.7　单层厂房支撑系统包括哪两大部分？各有什么作用？怎样布置和连接的？

12.8　单层厂房支撑系统包括哪两大部分？各支撑系统的作用及布置如何？

12.9　厂房屋面排水方式有哪几种？排水系统包括哪些？

12.10　天窗的作用及类型如何？

12.11　厂房的地面一般有哪些构造层次？各有什么作用？

参 考 文 献

1 丁春静. 建筑识图与房屋构造. 重庆：重庆大学出版社，2003

2 王文仲. 建筑识图与构造. 北京：高等教育出版社，2003

3 赵研. 建筑识图与构造. 北京：中国建筑工业出版社，2004

4 李小静. 房屋构造与维护管理. 广东：广东高等教育出版社，2004

5 GB/T 50001—2001《房屋建筑制图统一标准》

6 GB/T 50103—2001《总图制图标准》

7 GB/T 50104—2001《建筑制图标准》

8 GB/T 50106—2001《给水排水制图标准》

9 混凝土结构施工图平面整体表示方法制图规则和构造详图（03G101—1）. 北京：中国建筑标准设计研究院出版社，2003

10 陆文华. 建筑电气识图教材. 上海：上海科学技术出版社，2000

11 刘宜才. 新编建筑识图与构造. 合肥：安徽科学技术出版社，2001

12 王崇杰. 房屋建筑学. 北京：中国建筑工业出版社，2000